冶金行业职业技能鉴定培训系列教材

镀 锌 工

（高级工）

主编 李铁军

北 京
冶 金 工 业 出 版 社
2018

内 容 简 介

本书是“冶金行业职业技能鉴定培训系列教材”之一，全书共分4章，主要内容包括带钢连续热镀锌概述、热镀锌理论、钢的基础知识与热镀锌生产工艺。

本书可作为镀锌工职业技能培训和职业技能鉴定培训教材，也可供有关工程技术人员及大专院校相关专业师生参考。

图书在版编目(CIP)数据

镀锌工：高级工/李铁军主编．—北京：冶金工业出版社，2018.10

冶金行业职业技能鉴定培训系列教材

ISBN 978-7-5024-7922-0

Ⅰ.①镀…　Ⅱ.①李…　Ⅲ.①镀锌—职业技能—鉴定—教材　Ⅳ.①TQ153.1

中国版本图书馆CIP数据核字（2018）第235656号

出 版 人　谭学余

地　　址　北京市东城区嵩祝院北巷39号　邮编　100009　电话　(010)64027926

网　　址　www.cnmip.com.cn　电子信箱　yjcbs@cnmip.com.cn

策划编辑　张　卫　责任编辑　俞跃春　贾怡雯　美术编辑　彭子赫

版式设计　孙跃红　责任校对　郭惠兰　责任印制　李玉山

ISBN 978-7-5024-7922-0

冶金工业出版社出版发行；各地新华书店经销；三河市双峰印刷装订有限公司印刷

2018年10月第1版，2018年10月第1次印刷

787mm×1092mm　1/16；11.25印张；271千字；170页

38.00元

冶金工业出版社　投稿电话　(010)64027932　投稿信箱　tougao@cnmip.com.cn

冶金工业出版社营销中心　电话　(010)64044283　传真　(010)64027893

冶金书店　地址　北京市东四西大街46号(100010)　电话　(010)65289081(兼传真)

冶金工业出版社天猫旗舰店　yjgycbs.tmall.com

编者的话

在中国政府倡导弘扬工匠精神、培育大国工匠、打造工匠队伍、实施制造强国战略的引领下，本系列教材从贴近一线、注重实用角度来具体落实——一分要求，九分落实。为此，本系列教材特设计了一个标志 GJ。

本标志意在体现工匠的匠心独运，字母 G、J 分别代表“工”“匠”的首字母，♥代表匠心，G 与 J 结合并配上一颗心，形象化地勾勒出工匠埋头工作的状态，同时寓意“工匠心”。有匠心才有独运，有独运才有绝伦，有绝伦才有独树一帜的技术，才有一流产品、一流的创造力。

以此希望，全社会推崇与学习这种匠心精神，并成为年轻人的价值追求！

编者

2018 年 6 月

前　言

本教材是为了便于开展冶金行业职业技能鉴定和职业技能培训工作，依据技术工人职称晋升标准和要求，以及典型职业功能和工作内容，经过大量认真、细致的调查研究，充分考虑现场的实际情况编写而成的。在具体内容的组织安排上，考虑到岗位职工学习的特点，力求通俗易懂，图文并茂，理论联系实际，重在应用。

本教材系统地介绍了镀锌理论、镀锌生产工艺、镀锌产品缺陷及处理等内容，贴近一线，丰富实用，指导性强。镀锌生产工艺还配有相关视频资料，读者可通过扫描第 4 章二维码获得。读者对象主要是在岗的一线技术工人，也可供工程技术人员及大专院校相关专业师生参考。

本教材是校企高度合作的成果，由首钢工学院李铁军担任主编，首钢工学院梁苏莹，首钢技师学院杨卫东、李琳、张红文参编。在编写过程中参考了大量文献资料，得到了有关单位的大力支持，在此一并表示衷心的感谢！

由于编者水平有限，书中不妥之处，敬请广大读者批评指正。

编　者

2018 年 8 月

目　　录

1 带钢连续热镀锌概述

钢铁是世界上目前应用得最广泛的一种金属，但是钢铁产品的1/10消耗于腐蚀。被腐蚀报废的金属制品的制造价值往往要比金属本身的价值高很多。通常解决钢材腐蚀问题采用合金防腐和表面包层防腐两种。合金防腐就是将钢制成含有镍、铬等化学成分的不锈钢及耐蚀钢；表面包层就是在钢材表面形成金属镀层（锌、铝、锡、铅等）、非金属涂层（漆、塑料）或非金属膜。

锌是一种既可以防止钢铁腐蚀又能受自身腐蚀产物保护使自身腐蚀速度减慢的金属，用锌作为表面包层来保护钢材成本比较低，这就促成了热镀锌工业的发展，使热镀锌成为应用最广泛的金属防腐蚀方法。

钢板热镀锌最早在1836年由法国工程师索勒研制成功并应用于工业生产，但是这种采用热轧钢板作为原板进行热浸镀锌的方法镀出的镀锌板质量不好、镀层不均匀并且成本很高。经过人们的不懈努力，在单张热镀锌法沿用了一百年后，由波兰工程师森吉米尔在1931年第一次设计出使用冷轧卷带钢连续生产热镀锌钢板，使热镀锌板在此后的发展中进入了一个新的进程。从森吉米尔法带钢连续热镀锌机组问世以来，机组速度从25m/min开始，到20世纪50年代就提高到90m/min。20世纪60年代中期，由于采用气刀替代传统的镀辊，同时采用了改良森吉米尔法和美钢联法后，工艺速度普遍提高到了180m/min左右。

由于新建的生产线，速度普遍提高，因而促进了作业线内有关的工艺、设备的不断改进发展，例如带钢厚度自动测量和镀层厚度控制，带钢张力自动控制，采用炉内热张紧辊控制张力，退火炉、锌锅、光整机等设备的改进以及采用过程计算机控制系统等。这样生产出的产品质量提高、品种多样化，并且极大地降低了成本。热镀锌机组生产的镀锌薄板（带）除一部分直接作为商品板（带）供应市场外，还有相当部分作为彩涂薄板（带）的原料，进行彩涂深加工。

就生产品种而言，目前我国热镀锌板生产企业还不能生产单面热镀锌板，这种产品国内尚属空白。汽车、家用电器等行业用镀锌板还不能完全满足市场的要求。就装备水平而言，国企的机组大多从国外引进，比较先进，民营企业镀锌机组规模偏小，且镀锌用冷轧原板依靠外购，因此产品品种和质量都受到一定制约。

1.1 镀锌层的保护原理

锌在大气环境中能在表面形成耐蚀性的薄膜，它不仅保护了锌层本身，而且也保护了钢基，经热镀锌后的钢材可以延长使用寿命。而使用寿命与镀层及其所处的环境有关，见表1-1。

表 1-1　锌层大气腐蚀试验

腐蚀环境气氛	腐蚀速度 /μm·a^{-1}	15 年的腐蚀损失（双面）		厚 50μm（350g/m^2）腐蚀年限
		厚度/μm	质量/g·m^{-2}	
距海岸 100m 内盐浓度大	15	225	3150	3 年 4 个月
距海岸 17km 内盐浓度小	6	90	1260	8 年 4 个月
工业城市空气污染严重	8	120	1680	6 年 3 个月
一般城市空气较新鲜	3	45	630	16 年 8 个月
农村空气新鲜	1	15	210	50 年

热镀锌薄板在不同环境中，其腐蚀速度是不同的，从理论上讲腐蚀有两种情况，化学腐蚀和电化学腐蚀，故此金属的腐蚀定义为：金属受周围介质的化学或电化学作用而引起的损坏称为金属腐蚀。金属腐蚀是自由能降低的自发过程。金属腐蚀后失去了金属的特性，变成化合物的稳定形态而存在。

1.1.1　化学腐蚀

化学腐蚀是金属同周围介质发生直接的化学作用。如不含水分的气体和不导电的液体介质，对锌所起的化学作用均称为化学腐蚀，其化学反应公式：

$$2Zn + O_2 = 2ZnO \tag{1-1}$$

$$Zn + H_2O = ZnO + H_2\uparrow \tag{1-2}$$

$$Zn + CO_2 = ZnO + CO\uparrow \tag{1-3}$$

上述三式在高温下反应剧烈，会生成致密的氧化锌薄膜，而在室温下进行得非常缓慢。ZnO 膜的每 100h 增加厚度约 1Å（Å 为长度单位埃的符号，$1Å = 10^{-10}m$）。膜厚在 200Å 以下时肉眼是察觉不到的。它的生长起始于锌的结晶体，而且和它下面金属结合很牢固。随着 ZnO 薄膜的增加，达到 300~400Å 时，人们肉眼才看到。由于 ZnO 比锌的体积大44%~59%。特别在膜厚度较大时，在内部或外部应力的作用下容易产生破裂，这时保护作用也即失去。

1.1.2　电化学腐蚀

电化学腐蚀是指金属在潮湿气体以及导电的液体介质中（电解质），由于电子的流动而引起的腐蚀。如：锌在酸、碱、盐溶液中和海水中，以及在潮湿的空气中的腐蚀均属电化学腐蚀。

镀锌板表面有水存积的时候，由于水中溶解一定量的氧、二氧化碳及二氧化硫等腐蚀性介质，使形成了电解液。其化学反应不可避免地发生了。其反应式如下：

阳极反应：

$$Zn - 2e^- \longrightarrow Zn^{2+} \tag{1-4}$$

阴极反应：

$$O_2 + 2H_2O + 4e^- \longrightarrow 4OH^- \tag{1-5}$$

在阳极反应过程中，锌被溶解。在阴极发生的反应称为氧的去极化反应。因在电解液中溶解有一定量的氧，特别在电解液和空气接触的界面处，此反应进行得更为激烈，常称为界面腐蚀，反应结果产生的锈蚀产物为：

$$Zn^{2+}+OH^{-} \longrightarrow Zn(OH)_2 \longrightarrow ZnO \cdot H_2O \tag{1-6}$$

在实际中，环境的不同对热镀锌板的大气腐蚀状况也是不同的。在农村，空气新鲜，电解液的酸性介质浓度很低，其化学反应的结果就可能产生非溶性的化合物。如氢氧化锌（$Zn(OH)_2$）、氧化锌（ZnO）、碳酸锌（$ZnCO_3$）。这些物质以沉淀的形式析出，并形成致密的薄膜，一般可达几微米，较牢固的黏附在镀锌层的表面，由于它不易被水溶解，故此形成了一个自身保护膜，对防腐起到了极其重要的作用。这就是热镀锌板在好的环境中抗腐年限多达几十年的原因。相反，在空气污染严重的地方，镀锌层没有形成自身的保护膜，起阳极保护作用的镀锌层将会很快被溶解，以牺牲自身来保护钢基，但这种保护不持久。锌的腐蚀产物随大气中的腐蚀性介质不同而不同，如在海洋气分下出现 $ZnCl_2$，在工业污染气分下生成 ZnS、$ZnSO_4$ 等，这些腐蚀产物被通称为白锈。

1.1.3　锌层对钢铁腐蚀的保护过程

锌层对钢铁腐蚀的保护过程如图 1-1 所示。

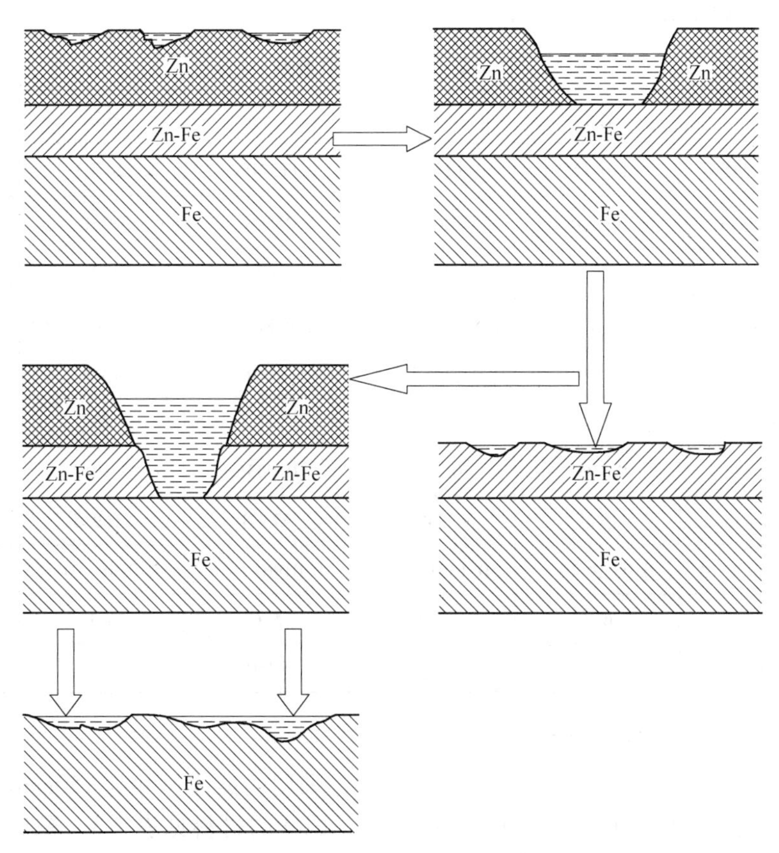

图 1-1　锌层对钢铁腐蚀的保护过程

（1）表面的镀层完整，锌层对钢材进行物理保护，锌在大气中被腐蚀。

（2）镀层中的合金层暴露于大气中，锌层对钢材进行物理保护，由于电极电位的不同，纯锌层对合金层提供阳极保护而优先腐蚀。

（3）纯锌层腐蚀完毕，合金层完整，合金层对钢材提供物理保护，发生的腐蚀是 Zn-Fe 合金层在大气中的腐蚀。

（4）镀层部分破损使钢板局部裸露于大气中，由于 Zn、Fe 和 Zn-Fe 合金的电极电位分别为-0.762V、-0.439V 和-0.59～-0.66V，所以发生的腐蚀是 Zn 的电化学腐蚀，锌对钢基提供阳极保护。

（5）纯锌层腐蚀完毕，钢铁部分裸露在大气中，合金层对钢铁阳极保护。

（6）全部镀层消耗完毕，发生钢铁腐蚀。

1.1.4　国产镀锌板的耐蚀性研究

国产镀锌板的耐蚀性研究内容包括了镀锌板在自然环境中的大气曝晒试验的研究和镀锌板耐蚀性能机理的研究两部分。研究我国几个具有典型气候环境特征下的镀锌板的腐蚀情况，揭示不同材料状况与不同气候类型的腐蚀性关联；结合材料腐蚀机理研究对国产镀锌板的加工生产提出改进意见，同时也为轿车用热镀锌板材在我国不同气候类型环境的合理使用提供借鉴。

试验选取了以下几种材料进行挂片，见表 1-2。

表 1-2　试验站环境参数

试验地点		北京	青岛	广州	武汉	江津
地理位置	东经	116°16′	120°25′	113°19′	114°03′	106°17′
	北纬	39°54′	36°06′	23°08′	30°38′	29°19′
海拔高度/m		73.4	18.0	6.6	23.3	208.6
气候类型特征		温和城市气候	温和海洋溅射	亚热带城市气候	亚热带城市气候	亚热带乡村气候
年平均温度/℃		11.9	12.3	21.0	16.8	17.9
年平均相对湿度/%		57	72	77	76	81
大气中 SO_2/mg·m^{-3}		0.1081	0.1309	0.0336	0.1012	0.2316
降水中 Cl^-/mg·L^{-1}		痕量	34488	573.3	1169.5	1711.9
空气中 Cl^-/mg·cm^{-2}·d^{-1}		0.0389×10^{-2}	0.1381×10^{-2}	0.0196×10^{-2}	0.0148×10^{-2}	0.0084×10^{-2}
pH		6.3	7.5	5.6	6.1	4.2
水中 SO_4/mg·m^{-3}		痕量	29938	9360	—	14192

1.1.4.1　腐蚀速率的测量

根据 ISO9226 中关于评定大气腐蚀性的规定，采用的试样尺寸为 150mm×100mm，试样固定在曝晒架上，与水平呈 45°角，面向南面。试样的材料见表 1-3。曝晒试验从 1996 年 10 月开始在北京、广州、青岛、江津、武汉 5 个城市或地区曝晒场进行，分别在 1 年、2 年、4 年曝晒后取样，每种材料取 3 个平行试样进行测试。所有试样的腐蚀损失均采取失重的方法进行评价。腐蚀产物按 ISO84079 规定的方法用化学溶液反复清洗去除。腐蚀速率用线性回归外推清洗次数为零时试样的失重来表示，下面是不同材料的清洗液。

表 1-3 大气曝晒试验材料

编号	种类	镀层厚度 /g·m^{-2}	基板厚度/mm	处理方式	基材	锌层形态
1	电镀锌	20/20	0.60	钝化	Al 镇静	—
2	热镀锌	140/140	0.50	钝化	Al 镇静	大锌花
3	热镀锌	100/100	0.60	钝化	Al 镇静	大锌花
4	高强热镀锌	140/140	1.50	未钝化	Al 镇静	大锌花
5	深冲电镀锌	20/20	1.00	钝化	IF 钢	—
6	深冲热镀锌	140/140	1.50	未钝化	Al 镇静	小锌花
7	冷轧 05 板	—	0.80	钝化	IF 钢	—
8	深冲热镀锌	70/70	0.90	钝化	IF 钢	小锌花

碳钢 Clark 溶液

HCl ($d=1.16$)

Sb_2O_3 20g/L

$SbCl_2$ 50g/L

镀锌板 CrO_3 200g/L

$BaCrO_4$ 1g/L

1.1.4.2 试验结果与讨论

试验站挂片的腐蚀损失见表 1-4。

表 1-4 各试验站挂片的年腐蚀速率

编号	周期/a	腐蚀速率/μm·a^{-1}				
		广州	江津	北京	青岛	武汉
1	1	0.9815	5.8891	1.2269	2.2084	0.3681
2	1	0.9815	1.8404	0.8588	2.6992	0.3681
3	1	1.5950	2.3311	0.9815	2.9187	0.7361
4	1	1.5950	2.2084	1.2269	2.9446	0.8588
5	1	2.3311	10.6740	0.8588	1.3469	0.6135
6	1	1.8404	2.6692	0.9815	2.9187	0.8588
7	1	71.2384	122.441	30.3876	90.6063	72.2402
8	1	1.5950	1.9630	0.9815	3.1899	0.6135

同种材料在不同试验站的腐蚀速率如图 1-2~图 1-4，从同种材料的腐蚀情况看，不同试验站的环境腐蚀程度是有差异的，其中青岛腐蚀性最严重，江津次之，武汉的环境腐蚀性最轻。在对材料腐蚀性的影响的因素中，相对湿度的影响是主要的，江津的相对湿度最高、青岛、广州次之，北京最低，同时高的相对湿度加上大气污染的影响（如 SO_2、Cl^-）会使腐蚀进一步加剧。与此相反，如果仅有大气污染而相对湿度低，则腐蚀未必严重。北

京就是一例，北京大气中 SO_2 含量高于江津、广州，但材料的腐蚀最轻，原因就在于北京的相对湿度低。但这里需指出的是，以上腐蚀数据的比较仅是相对的，若要准确推算镀锌板 10 年、20 年的寿命，应以镀锌板 8 年或 10 年的大气曝晒数据为根据，那时镀锌板的腐蚀速率会趋于稳定。同理，与国外镀锌板耐腐蚀性能的对比也应延后进行。按 ISO9223 中的规定，根据几个环境参数的数值可以对试验站的腐蚀性进行评估，见表 1-5。

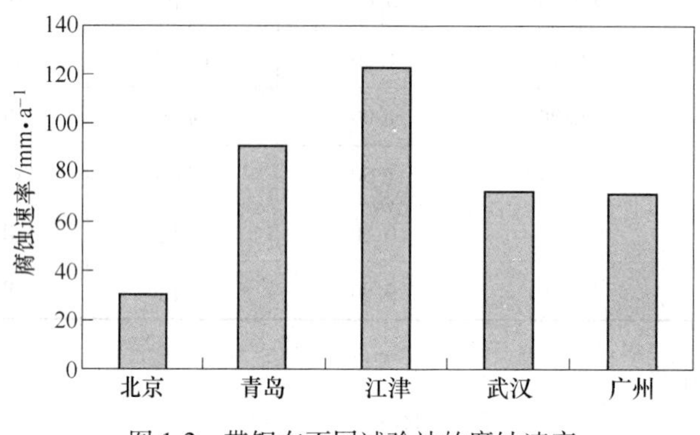

图 1-2　带钢在不同试验站的腐蚀速率

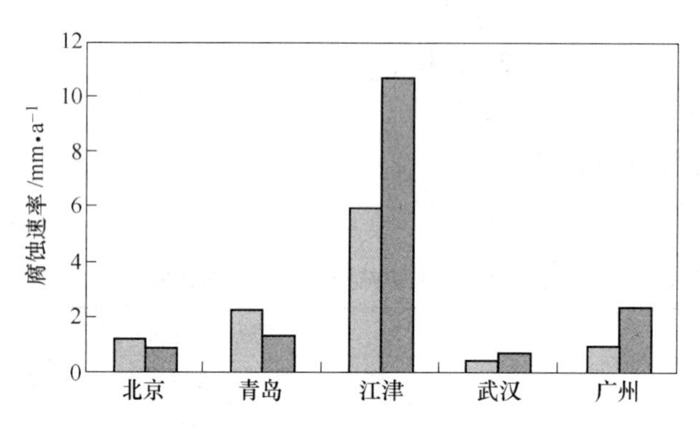

图 1-3　电镀锌在不同试验站的腐蚀速率

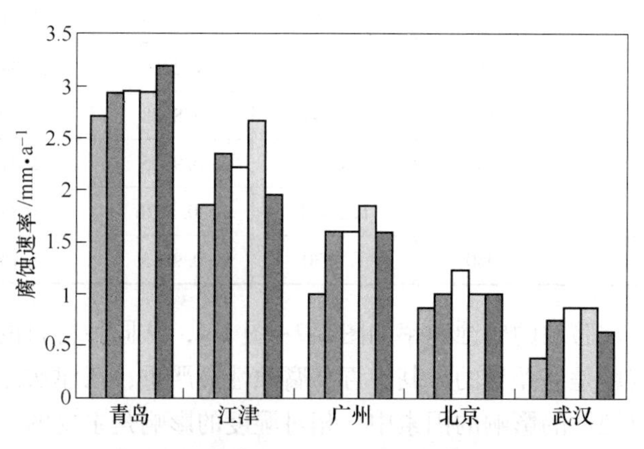

图 1-4　热镀锌在不同试验站的腐蚀速率

表 1-5　按 ISO9223 各试验站的环境腐蚀性分级

试验站地点	环境参数分级		
	潮湿时间	SO_2 污染	Cl^- 污染
北京	τ_3	P_2	S_0
青岛	τ_4	P_3	S_3
江津	τ_5	P_3	S_0
广州	τ_4	P_2	S_{0-1}
武汉	τ_4	P_1	S_0

从结果可以看到，试样曝晒腐蚀数据与按 ISO9223 中环境参数的分级有某种对应关系，这也被其他方面的试验结果所证实。因此，通过本研究不仅可以说明在以上 5 个试验站地区镀锌板的耐蚀性情况，而且可以推广到其他类似地区在已知环境参数下镀锌板腐蚀的大致情况，对指导汽车用材和工程建设选材有重要意义。

不同材料在同一试验站的腐蚀情况如图 1-5～图 1-9 所示，从同一地区不同材料的腐蚀数据对比中，可明显地看到镀锌板的寿命比碳钢高 30～100 倍，热镀锌与电镀锌板的耐蚀性是近似的，证实了镀锌板的耐蚀性主要取决于镀锌层的厚度，而与镀层的组织结构关系不大。江津地区电镀锌呈现高的腐蚀速率，原因是电镀锌的厚度很薄（20/20 相当于 2.8μm）。一年的曝晒试验使镀锌板表面锌层腐蚀露出基体，腐蚀速率是镀锌层和基板腐蚀速率的叠加。热镀锌板与电镀锌板的差别还在于热镀锌与基板之间存在合金层，合金层在镀锌层腐蚀后对基板仍有保护作用，此现象在以后的曝晒中应会有所反映。关于镀锌板的钝化，传统上认为钝化镀锌板比未钝化的钝化板的耐蚀性要好，某些学者还在实验室中推导出钝化膜厚度与镀锌层厚度的近似对应关系。

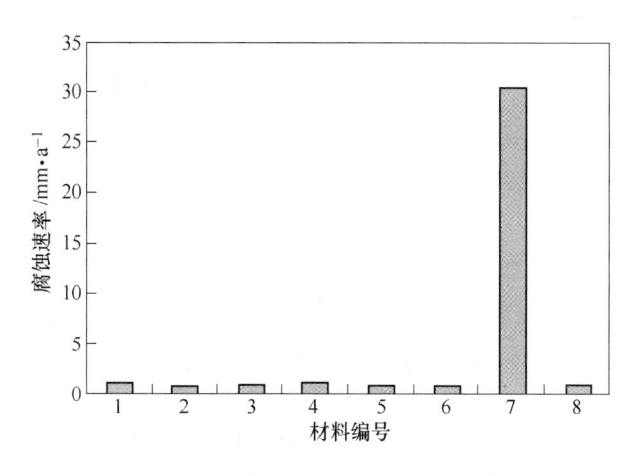

图 1-5　北京试验站不同材料的腐蚀速率

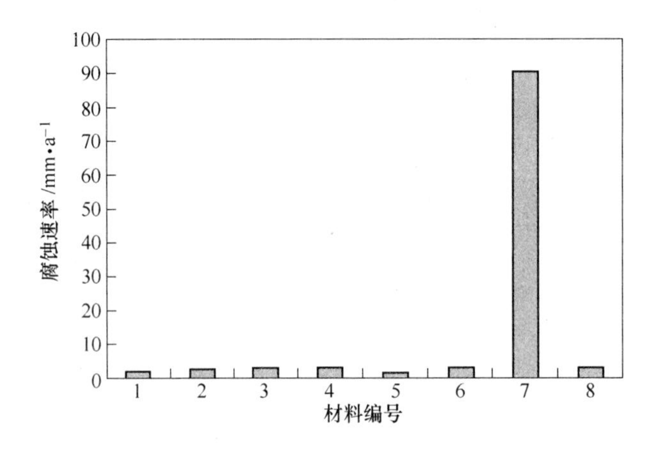

图 1-6　青岛试验站不同材料的腐蚀速率

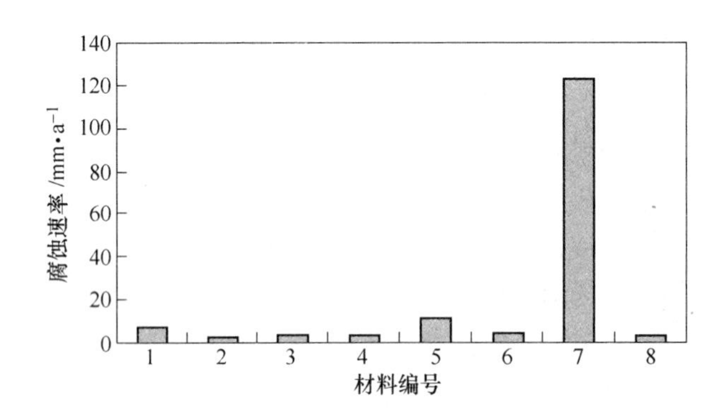

图 1-7　江津试验站不同材料的腐蚀速率

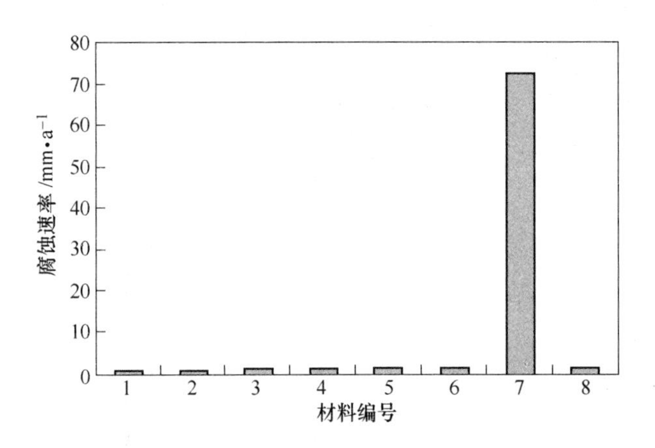

图 1-8　武汉试验站不同材料的腐蚀速率

从本试验看，钝化与未钝化的试样在一年曝晒试验中结果近似，原因是钢厂镀锌板表面钝化层是白色或透明的，钝化层很薄，即钝化膜中 Cr^{6+} 含量很低，钝化膜实质上只解决镀锌产品生产出来后的短期存放和储运问题。相对于镀锌板的整体寿命仅起到减缓镀锌板

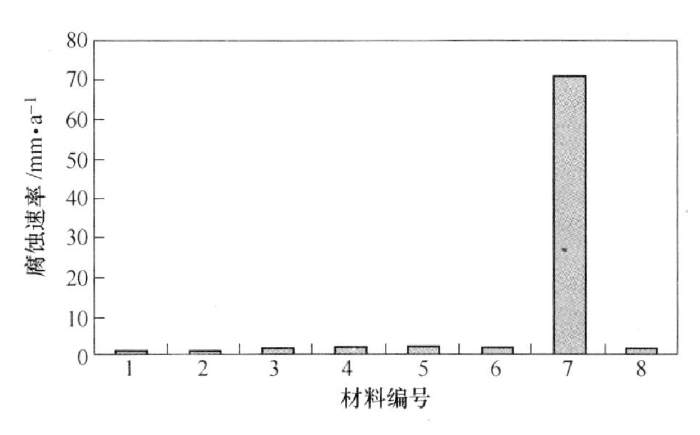

图 1-9　广州试验站不同材料的腐蚀速率

产生“白锈”时间，如果把镀锌板表面出现“白锈”的时间称为“孕育期”，不同钝化膜厚度的镀锌板的“孕育期”是有差异的，但寿命主要还是取决于镀锌层厚度。这也解释了一些用户错误理解镀锌板钝化膜的作用，把镀锌板产品露天存放，风吹雨淋导致镀锌板生锈而影响正常使用。同样，关于镀锌板的表面状态（大锌花、小锌花和无锌花）的区别对镀锌板寿命也无重要影响，镀锌板的表面状态只影响镀锌板的后加工性能（如涂漆性）和用户的喜好。对寿命若有影响也仅是对“孕育期”产生影响。真正对镀锌板寿命有影响的因素，除镀锌层厚度外，应是合金元素的影响。据国外报告，热镀 Zn-5Al-ReGalfan 和 Zn-55AlGalvalume 的耐大气腐蚀性能分别是镀锌板的 3～5 倍和 6～8 倍；电镀锌铁和锌镍合金的耐大气腐蚀性能分别是电镀锌的 2～3 倍和 3～5 倍。镀层的出现，在相同耐蚀寿命条件下，合金镀层厚度大大降低，质量减轻，节约材料，节省能耗，同时也改善了镀锌板的后加工性能。

1.1.4.3　结论

（1）潮湿时间长和大气污染（SO_2、Cl^-等）是产生严重大气腐蚀的必要条件。对所有材料来说，潮湿期、SO_2 污染及大气中 Cl^-含量是产生腐蚀的决定性因素。

（2）大气的腐蚀性可按主要环境参数或标准试样一年曝晒的腐蚀数据来划分等级，通过这两种方法评定的大气腐蚀具有一致性。因此，可以根据环境参数粗略地对材料的选择和使用进行筛选，当然，材料的腐蚀不仅要考虑主要环境参数，还要考虑其他环境参数（如 pH、NO_3、固体颗粒等）；另外，材料的腐蚀与材料使用状况，如金属接触、连接方式等也有很大关系。

（3）镀锌板的耐蚀性明显优于碳钢，其寿命正比于镀锌层厚度，与镀锌层结晶结构、是否钝化、锌花形态等关系不大。

（4）目前尚没有一种试验室加速试验方法可模拟实际的曝晒试验，但实验室研究有助于解释曝晒试验现象并从中总结出规律。

思考题

1-1-1　钢的表面为什么要镀锌？

1-1-2　简述镀锌层的保护原理和锌层对钢铁腐蚀的保护过程。

1.2　热镀锌钢板工艺简介

从整体上来说，带钢连续热镀锌生产工序可以分为如下五大部分：原板准备→镀前处理→热镀锌→镀后处理→成品检验。原板准备是将原料卷经上料开卷、焊接后连续的供给生产线；镀前处理是将带钢表面的油污、铁粉等清除干净，使之形成一个适合镀锌的表面，并对冷轧后的钢卷进行再结晶退火软化带钢，为镀锌做准备；热镀锌是在带钢表面镀上一层均匀、表面光洁的能与带钢牢固结合的锌层并控制锌层厚度；镀后处理就是通过对热镀锌带钢进行光整、拉伸弯曲矫直、钝化、涂膜和涂油等处理工序，使热镀锌带钢能够达到所需的力学性能和防腐要求；成品检验标准是按照国标、企标和用户要求等对成品热镀锌板进行在线、离线等一系列的性能检验。

简单地说，带钢连续热镀锌工艺如下：开卷→焊接→清洗→退火→镀锌→镀后冷却→光整拉矫→钝化→涂油→卷取。

根据镀前处理方法的不同将钢板热镀锌工艺分为线外退火和线内退火两大类，线外退火就是将冷轧钢板进入热镀锌线之前在退火炉中进行再结晶退火；线内退火就是将热轧或冷轧带卷作为热镀锌的原板，在热镀锌作业线内进行连续再结晶退火，目前新建机组多采用的改良森吉米尔法或美钢联法都属于这个类型，只是在前处理工艺和退火工艺上有区别。

1.2.1　热镀锌生产工艺发展

最早期的镀锌生产都采用线外退火类型的单张镀锌法，直到 1953 年才产生惠林法。这是线外退火中最著名的一种连续熔剂法的生产方法。线外退火又可分为湿法热镀锌和干法热镀锌，两种镀锌方法都是钢板在退火后清除表面的氧化铁皮，然后涂上一层由氯化锌或者氯化铵与氯化锌混合组成的溶剂进行保护，从而防止钢板被再次氧化。如果钢板表面溶剂不经烘干就进入其表面覆有熔融态熔剂的锌液进行热镀锌，此方法即称为湿法热镀锌。湿法热镀锌中为减少浸锌时间，降低锌液对钢基的侵蚀以及容易捞取锌渣，往往在锅体下部充有大量的铅液，而在锌锅表面只存有少量锌液，所以此法又称为铅-锌法热镀锌。这种方法在生产中，由于锌渣都沉积在锌液与铅液的界面处，当钢板穿过界面层时受到污染，表面质量不好，所以目前基本已被淘汰，而干法热镀锌通过改进清洗和烘干工艺，特别是采用辊镀法控制锌层厚度之后，镀层质量获得显著提高，对于小规模生产目前还保留着一定的市场。

为了适应钢卷为厚料的镀锌工艺而产生的一种大规模生产模式，出现了线内退火类型的热镀锌方法，主要有森吉米尔法，改良森吉米尔法、美钢联法、赛拉斯法、莎伦法等。森吉米尔法是线内退火最具代表性的例子，它的主要设备有开卷机、焊机、缓冲活套、退火炉、镀层装置、冷却系统、卷取机等。最早是由波兰人森吉米尔发明的，因此，此工艺被称为森吉米尔法，并于 1931 年在波兰建设了第一套宽度为 300mm 的连续带钢镀锌线。

森吉米尔法的线内退火炉主要包括氧化炉、还原炉两个组成部分。带钢在氧化炉中由煤气火焰直接加热到450℃左右，此时，可把带钢表面残存的轧制油烧掉，起到净化表面的作用。在还原炉中由分解氨生成的$\varphi(H_2)=75\%$、$\varphi(N_2)=25\%$的保护气体把带钢表面的氧化铁皮还原为海绵状铁，由此形成适合于热镀锌的活性表面。并且通过还原炉，在大约900℃的炉温工况下把带钢加热到700~800℃，完成再结晶退火。经再冷却段控制适合的带温进入锌锅，温度大约480℃。最后在不接触空气的情况下直接进入锌液中进行热镀锌。因为森吉米尔法产量高，镀锌质量较好，所以，获得广泛的应用。

美国钢铁公司于1948年设计并投产的一条热镀锌线称为美国钢铁联合公司法，此法也是森吉米尔法的一个变种，它仅仅是利用一个碱性电解脱脂槽取代了氧化炉的脱脂作用，其余的工序和森吉米尔法基本相同。它也是直接用冷轧带钢作为镀锌原板。原板进入镀锌作业线之后，首先进行电解脱脂，然后水洗、烘干，再通过充满保护气体的还原炉进行再结晶退火，最后在密封情况下导入锌锅进行热镀锌。这种方法由于带钢不经过过氧化炉加热，所以表面的氧化膜较薄，可适当降低还原炉中保护气体的氢含量，对炉子的安全生产和降低生产成本有利，在目前发展高表面质量产品的情况下，更多地被用于工业生产。由于在生产中，带钢经清洗后直接进入还原炉加热，增大了炉子的热负荷，所以为了节约能源，带钢进入加热段前，经过被加热后的保护气体预热再进行辐射加热，从而减轻炉子的热负荷。这一改进的工艺现已成为目前的主流工艺被广泛应用。

1.2.2 森吉米尔法与美钢联法的发展

1965年美国的阿姆柯公司首次发展了森吉米尔法，被称为改良森吉米尔法。它的主要特点是把森吉米尔法中各自独立的氧化炉和还原炉用一个截面积较小的过道连接起来，这样包括预热炉、还原炉和冷却段在内的整个退火炉便构成了一个有机的整体，过道与前后炉子结合为气体密封性焊接结构连接，在预热炉内采用的空燃比小于1，与森吉米尔法相比大大地降低带钢的氧化。在接近还原气氛加热，所以被称为无氧化预热炉。带钢在无氧化炉加热过程中氧化量很少，经过道进入还原炉，过道尽可能将两段的气氛环境分开，并在保护气体的通入条件下保持前后炉子的压差，最大限度地将氧化性气氛排除在还原炉外。

近些年，由于用户对镀锌产品的质量要求越来越高，尤其是在汽车制造领域，镀锌板被广泛应用。相应开发了烘烤硬化钢、双相钢、相变诱导塑性钢等新产品，这些产品的强度都很高，在退火时需要通过特殊的处理过程来保证产品的性能。因而目前炉子中出现了同连续退火机组极为相似的过时效段、感应加热段、控制冷却段等新的退火工艺。

下面为几个连续热镀锌机组的示意图，基于改良森吉米尔法和美钢联法，现在生产高级汽车板和家电板通常有三种工艺，图1-10中全辐射管退火炉，退火炉有过时效段和感应再加热段，工艺和连退机组相似，生产BH、DP和TRIP钢时采用过时效工艺，然后再加热到460℃进锌锅镀锌；图1-11中采用全辐射管退火炉，无过时效段，直接到460℃进锌锅镀锌，采用美钢联法生产工艺；图1-12中DFF炉+辐射管退火炉，炉子有或没有过时效段，采用的是改良森吉米尔法生产工艺。

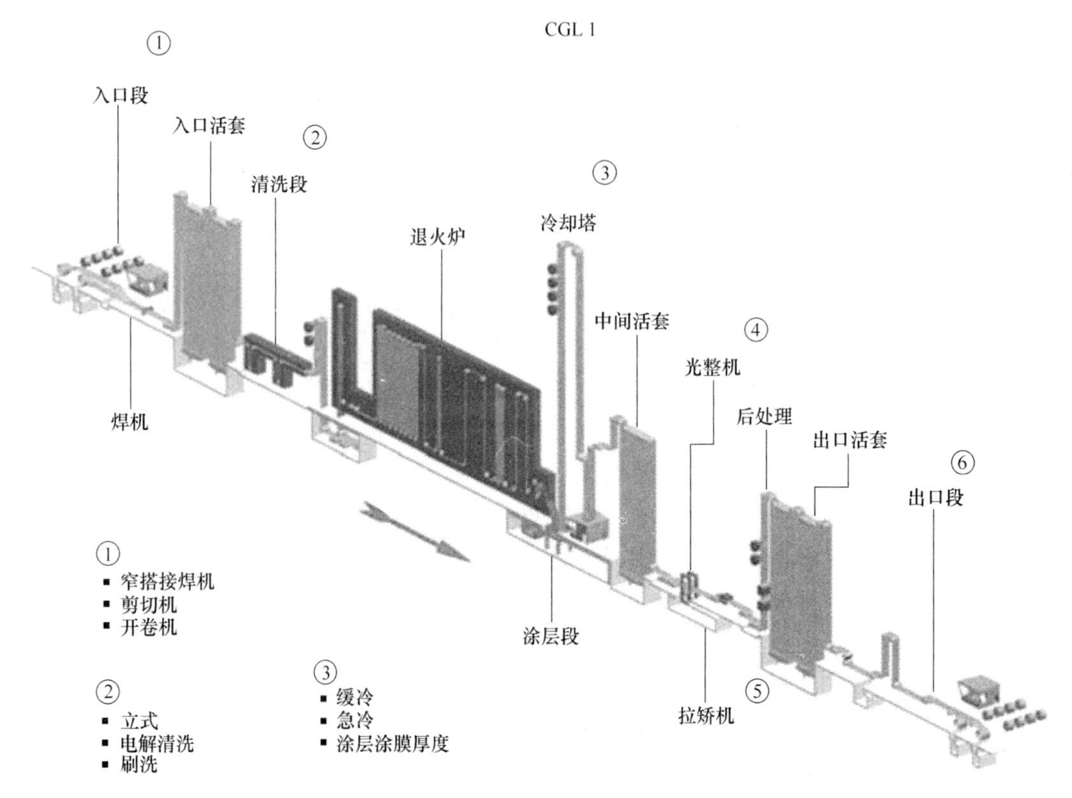

图 1-10　全辐射管退火炉+过时效段+感应再加热段

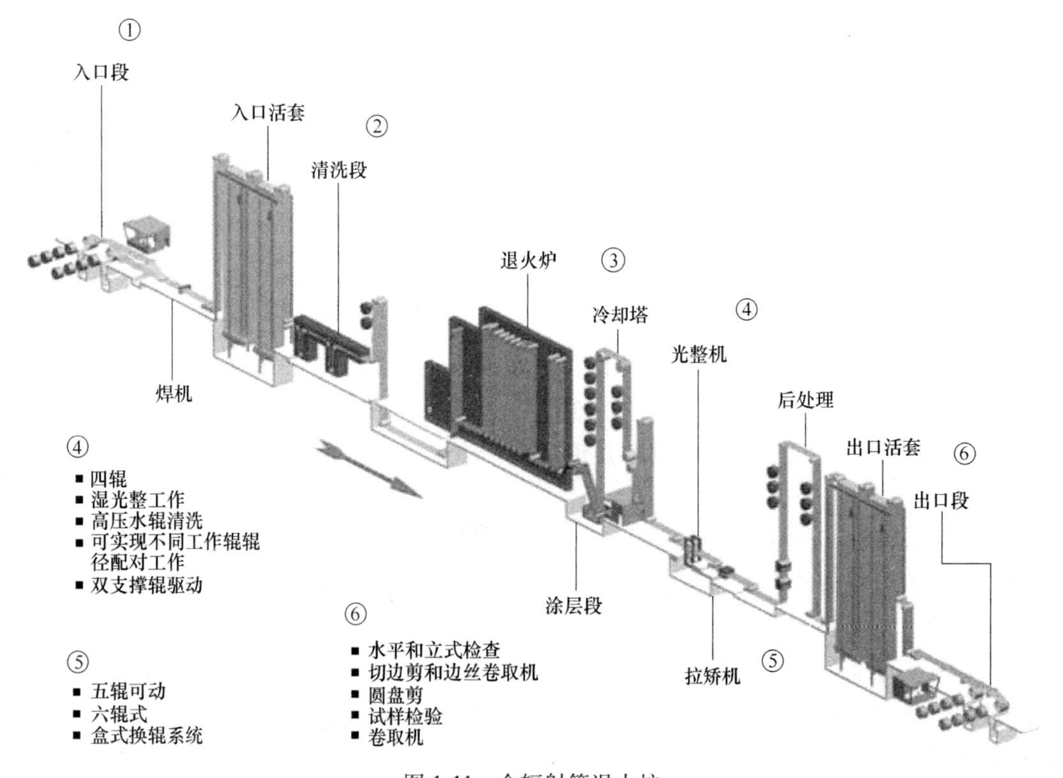

图 1-11　全辐射管退火炉

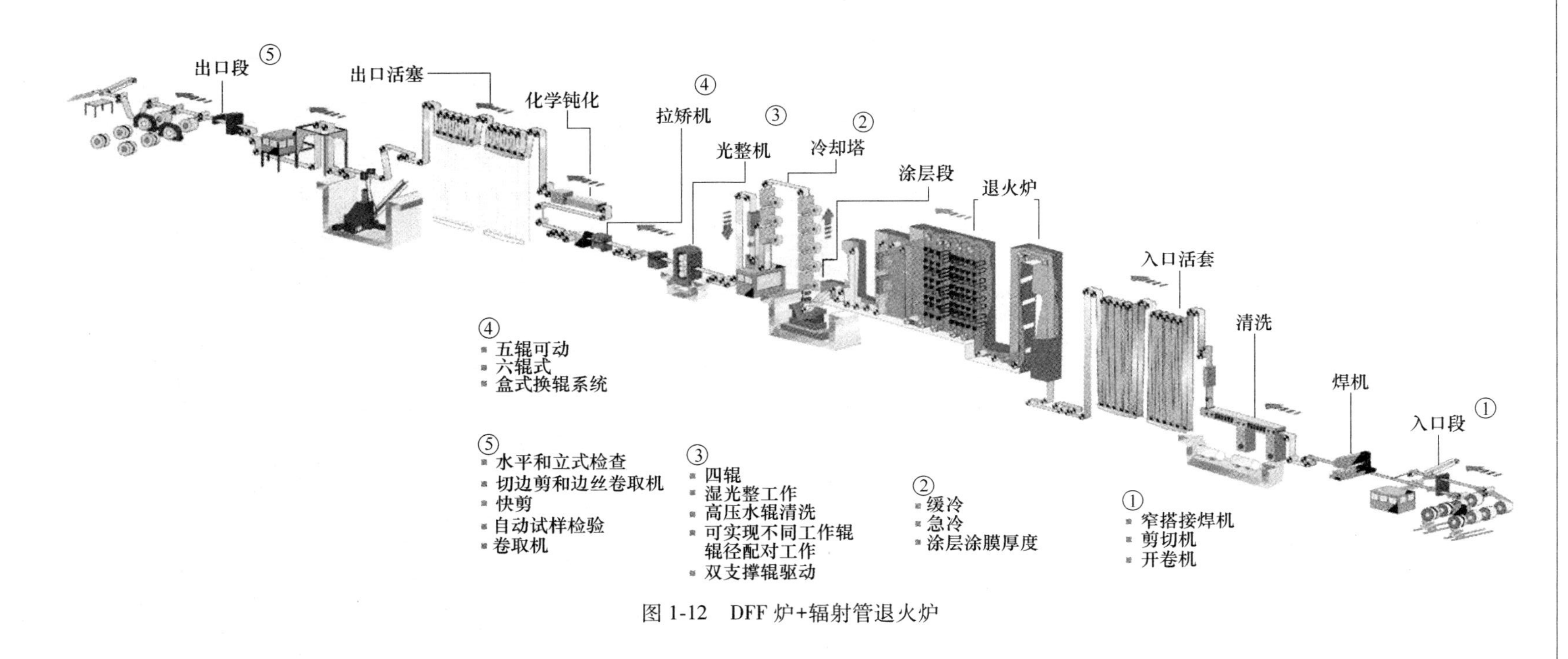

图 1-12 DFF 炉+辐射管退火炉

思考题

1-2-1　简述热镀锌的工艺步骤。

1-2-2　简述热镀锌生产工艺发展的过程和现状。

1.3　热镀锌产品定义及分类

随着钢板生产和热镀锌工艺的发展，热镀锌钢板产品也大为增加。它们因基板材质、表面外观、镀层成分、表面处理的不同而在性能和用途上存在明显差别。

1.3.1　国标

《连续热镀锌钢板及钢带》（GB/T 2518—2008）对热镀锌钢带和钢板产品分类方法从不同的角度做出规定。

（1）按加工性能划分。热镀锌产品按加工性能可分为普通用途、机械咬合、冲压、深冲、特殊镇静钢深冲、无时效超深冲等。普通用途和机械咬合这两类，所对应的产品是CQ级别，如Q195、Q195AL、XSt01Z，XSt02Z；冲压类对应DQ级；深冲对应DDQ级；特殊镇静钢深冲和无时效超深冲对应于EDDQ、SEDDQ级。

（2）按基板划分。按基板可分为冷轧卷板和热轧酸洗卷板。

（3）按锌层质量划分。国际规定热镀锌产品，镀层是按其每平方米带钢原板表面涂覆的锌质量进行划分，用 g/m^2 表示。镀锌钢板适用于防腐为主的用途，在大气中镀锌层的保护作用与单位面积锌层质量成正比。锌层质量应与所要求的使用期限、基体金属的厚度以及成形要求相适应。

1）差厚镀层：实质上是双面镀层的一种，与双面镀层的区别仅为两面镀层存在锌层质量差，即一面镀层薄、一面镀层厚。

2）单面镀层：采用特殊的生产工艺，使带钢原板一面涂覆锌另一面无锌。

（4）按表面结构划分。国标中仅规定了目前国内可以生产的正常锌花、小锌花、无锌花、锌铁合金4个类别。在国际上，还有锌铝合金，铝锌合金产品。

1）正常锌花镀层（spangle coating）：锌在正常凝固过程中，锌晶粒经自由长大形成的，具有明显锌花形貌的锌镀层。一般直径大于4mm。民用、建筑等普通商用板，均要求正常锌花供货。

2）小锌花镀层（minimized spangle coating）：锌在凝固过程中，锌晶粒被人为限制，形成尽可能细小的锌花镀层。通常直径小于4mm。小锌花常常作为彩色涂层板基材使用，或者作为需要进一步涂漆的各种容器、家电、电气设备外壳等。

3）无锌花镀层（spangle-free）：通过调整镀液化学成分所得到的，不具有肉眼可见的锌花形貌和表面均匀一致的镀层锌花。通常锌花直径小于1mm，主要用途是汽车制造业、家电或彩涂基板。

4）锌铁合金镀层（zinc-iron alloycoating）：对通过镀锌后的钢带进行热处理，使得整个镀层生成锌与铁的合金层，这种镀层外观呈暗灰色，没有金属光泽，在剧烈成型过程中易于粉化，适用于除一般的清洗外，不用进一步处理即可直接涂漆的镀层。主要用于汽车工业。

（5）按表面质量划分。定量对产品表面进行检验分类，国标中分为普通表面、较高级表面、高级表面，见表1-6。

表1-6 表面质量

表面质量代号	名称	特　征
FA	普通级表面	允许存在小腐蚀点、不均匀的锌花、划伤、暗点、条纹、小钝化斑等，可以有拉伸矫直痕和锌流纹
FB	较高级表面	不得有腐蚀点，但允许有轻微的不完美表面，例如拉伸矫直痕、光整压痕、划痕、压印、锌花纹、锌流纹、轻微的钝化缺陷等
FC	高级表面	其较优一面不得对优质涂漆层的均匀一致外观产生不利影响，对其另一面的要求必须不低于表面级别FB

（6）按表面处理划分。为了保证镀锌产品在用户使用前表面不产生氧化，需对其进行处理，按国标处理方法分为钝化、涂油、磷化、漆封和不处理。

1）钝化：锌镀层通过钝化处理，可减少潮湿储运条件下产生的锈蚀（白锈）。但这种化学处理的防腐蚀性能是有限的，而且，妨碍大多数涂料的附着性。这种处理一般不用在锌铁合金镀层，除光整表面外，作为常规，生产厂对其他类型的锌镀层均进行钝化处理。

2）涂油：涂油可减少潮湿储运条件下的钢板锈蚀，经钝化处理的钢板及钢带再涂油，将进一步减少潮湿存储条件下的锈蚀。油层应能够用不损伤锌层的脱脂剂去除。

3）漆封：通过涂敷一层极薄的透明有机涂层膜，可提供一种附加的防腐蚀作用，特别是耐指纹，在成型时，改善润滑性，并作为后续涂层的黏附底层。

4）磷化：通过磷化处理，使各种镀层种类的镀锌钢板，除正常清洗外，不需进一步处理即可涂层。这种处理可改善涂层的附着性能和防腐性能，减少储运过程中被腐蚀的危险。磷化后与适合的润滑剂配用，可改善成型性能。

5）不处理：只有在订货者做出了不处理的表述并对此负责的情况下，按国标供货的钢板及钢带才可以不进行表面处理，即不钝化、不涂油、不漆封、不磷化。

上述分类总结见表1-7。

表1-7 热镀锌板国标

<table>
<tr><th>分类方法</th><th>类　别</th><th colspan="2">符　号</th></tr>
<tr><td rowspan="7">按加工性能</td><td>普通用途</td><td colspan="2">01</td></tr>
<tr><td>机械咬合</td><td>02</td><td>锌层质量不得超过350</td></tr>
<tr><td>冲压</td><td>03</td><td rowspan="4">范围为≥0.4mm，锌层质量不得超过275</td></tr>
<tr><td>深冲</td><td>04</td></tr>
<tr><td>特殊镇静钢深冲</td><td>05</td></tr>
<tr><td>无时效超深冲</td><td>06</td></tr>
<tr><td>结构</td><td colspan="2">220、250、280、320、350、400、450、550（厚度小于0.4mm的钢板不适用于220、250、280和320级）</td></tr>
</table>

续表 1-7

分类方法	类　别		符　号
按基板	冷轧卷板		—
	热轧酸洗卷板		H
按锌层质量	锌	(60)	(Z60)
		80	Z80
		100	Z100
		120	Z120
		150	Z150
		180	Z180
		200	Z200
		250	Z250
		275	Z275
		350	Z350
		450	Z450
		600	Z600
	锌铁合金	(40)	(ZF40)
		60	ZF60
		80	ZF80
		100	ZF100
		120	ZF120
		150	ZF150
		(180)	(ZF180)
按表面结构	正常锌花		N（不光整）、NS（光整）
	小锌花		M（不光整）、MS（光整）
	无锌花		F（不光整）、FS（光整）
	锌铁合金		ZF（不光整）、ZFS（光整）
按表面质量	普通表面		FA
	较高级表面		FB
	高级表面		FC
按表面处理	钝化		C
	涂油		O
	漆封		L
	磷化		P
	不处理		U

1.3.2　基板

根据基板热镀锌钢板可以分为热轧镀锌板和冷轧镀锌板两大类。热轧镀锌钢板多用于要求不高的建筑板，这里不做过多描述。冷轧热镀锌钢板用途广泛，尤其对于汽车工业，从钢种的分类来看，现在基本上可以分为深冲用钢（Al 镇静钢、IF 钢）、高强钢（BH、IF-HSS、固溶强化钢和微合金钢）和最近几年开发的超高强钢（DP、CP、TRIP 和 MART）。

1.3.2.1 铝镇静钢

现在低碳钢板多用镇静钢。镇静钢就是钢水在浇注前加入锰铁、硅铁和铝等脱氧剂进行充分脱氧，然后凝固时碳和氧不再发生化学反应，没有 CO 气泡产生。

当钢中的硅含量较高时，会产生圣德林效应，镀层变厚并形成灰色镀层，镀层的黏附性极差，另外硅对钢材的冲压性能极为不利；而铝镇静钢在生产过程中可通过控制氮化铝的固溶和析出，使铝镇静钢具有抗时效性和良好的冲压成型性能，因此一般采用铝镇静钢作为热镀锌基板。

1.3.2.2 IF 钢

IF 钢即真空脱碳的且添加微细的钛铌铝镇静钢，化学成分为 $w(C) \leqslant 0.003\%$，$w(Mn) = 0.15\% \sim 0.30\%$，$w(N) \leqslant 0.003\%$，并在其中加入钛或铌，使钢中碳、氮原子完全被固定成碳氮化合物（TiCN、NbCN），则钢中就无间隙固溶原子存在，这些碳氮化合物在冷轧卷的再结晶退火中不溶解，因此无时效性。

1.3.2.3 高强钢

传统的高强钢为微合金钢、固溶强化钢、高强 IF 钢和烘烤硬化（BH）钢。高强度微合金钢是以 Si、Mn 固溶强化，并添加少量 Ti 或 Nb 通过细化晶粒和析出强化而提高基板的强度。碳质量分数一般都在 0.1%左右，铌质量分数为 0.015%～0.05%，V 的质量分数为 0.08%～0.12%，Ti 的添加量一般为 0.10%～0.20%，其他元素的控制范围基本上与普通的低合金钢和软钢相同。

固溶强化高强钢通过采用添加 C、N、P、Si、Mn 等元素形成间隙固溶体或置换固溶体起到固溶强化的作用。对于加磷高强钢，$w(P) < 0.1\%$，其他元素与低碳铝镇静钢和超低碳钢基本相同。P 的固溶强化钢在高强度下有高的延展性，但是 P 过高有害于产品性能，如点焊性，而且随着 P 含量增加，r 值（塑性应变比）下降，伸长率降低，所以加磷钢板的抗拉强度一般不超过 440MPa。

高强度 IF 钢板是以 IF 钢为基板加 P 强化的热镀锌钢板，可以作冲压用的热镀锌钢板。为了降低二次加工脆性，基板中加入少量的 B。高强 IF 钢不仅具有 IF 钢的优异的冲压性能，而且具有较高的强度级别。

烘烤硬化（BH）钢板是通过炼钢和轧制热处理工艺控制基板中保留 0.001%～0.002% 的 C，钢板在冲压加工过程中产生很多可动位错，加工后烘烤时钢中的 C 移动到位错，形成苛氏气团和一些极细小的沉淀把位错钉扎使它不能运动，从而提高了强度。如果采用低碳铝镇静钢生产烘烤硬化钢，游离 C 的含量主要是通过调整冷却条件和进行过时效处理来控制的。其强度级别通常是通过 C 含量和 Mn、P 以及 Si 的含量来控制的。对于最小屈服强度为 180～300MPa 时，C 质量分数大约为 0.017%～0.4%。而超低碳烘烤硬化钢板是以超低碳钢为基础，通过添加微量元素 Nb 或 Ti 而制成的烘烤硬化冷轧钢板，也是兼有优良深冲性能和高的烘烤硬化性能的新型优质汽车用薄板。现在热镀锌烘烤硬化钢板多用超低碳钢。

1.3.2.4　超高强钢

最近发展起来的超高强钢有 DP、TRIP 等。双相钢是通过向低碳铝镇静钢中添加 Si、Mn、Cr 等合金元素，通过控制钢的淬透性和退火后快冷速度而获得的铁素体和马氏体共存的双相组织。其特点是在相当柔软的铁素体基体上形成岛状或网状的马氏体，还可能有一些贝氏体，产生相变强化。屈服强度为 200～600MPa，屈强比为 45%～70%，即抗拉强度范围为 420～1000MPa。其应变硬化程度表现为 n 值（加工硬化指数），对于高强度级别，n 值一般在 0.18 左右，对于低强度级别，n 值一般在 0.3 左右。因此，双相钢不仅具有高的应变强化效果，而且还具有优异的烘烤硬化效果，并具有高均匀应变量和断裂应变量。

TRIP 钢即相变诱导塑性高强钢，通过相变诱发塑性使钢板中残余奥氏体在塑性变形效应下诱发马氏体生核形成，并产生局部硬化，继而变形不再集中在局部，使相变均匀扩散到整个材料以提高钢板的强度和塑性。成分以 C-Mn-Si 合金系统为主，有时可以根据具体情况添加少量的 Cr、V、Ni 等合金元素，典型的 TRIP 钢 C 质量分数为 0.1%～0.2%，Mn、Si 质量分数一般均为 1%～2%。组织由 50%～60%铁素体、25%～40%贝氏体或少量马氏体和 5%～15%残余奥氏体组成。

1.3.3　镀层成分

1.3.3.1　有锌花镀锌板

目前市场上流通的商用有锌花热镀锌板均为锌-铝-铅镀层板。热镀锌作业时，锌锅中铝质量分数为 0.10%～0.24%，可获得良好的锌层黏附性；锌锅中铅质量分数为 0.05%～0.22%可获得锌花。目前多用于工业、民用建筑，趋势是逐渐被无锌花产品代替。

1.3.3.2　无锌花镀锌板

当锌锅中锌液的化学成分控制为铝质量分数为 0.16%～0.20%，铅质量分数为 0.005%时生产出的热镀锌板无锌花，在市场上称为无铅热镀锌板。目前多用于汽车工业、家电行业。在汽车上的应用主要是欧美汽车业。

1.3.3.3　合金化镀锌板

通常所说的合金化镀锌板（GA），是指表面镀层为 Zn-Fe 合金的钢板。锌锅中锌液化学成分为铝质量分数 0.10%～0.13%，铅质量分数 0.005%～0.22%。其生产过程是通过对热浸镀锌后的钢板进行退火加热，使表面的镀层在 510～560℃继续进行 Zn-Fe 扩散反应，直至镀层表面的纯锌层消失，完全转化为 δ_1 相的 Zn-Fe 合金层。镀层的结构发生了变化使其性能得到了改善。

焊接性能：镀锌产品表面的纯锌层在焊接时易挥发，锌蒸气将对电极产生污染，严重影响焊接质量，锌铁合金层铁质量分数在 8%～12%范围内，焊接性能得到较大的改善。

涂漆性：镀锌产品表面布满锌花，使涂漆性变得很差。锌铁合金产品在显微镜下可以看到表面凹凸不平，有细微疏松和空洞，粗糙度较高，这种麻面可使涂层获得良好的黏附性。

成型性：镀层的韧性与处理前发生明显的变化，进行较复杂的成型加工容易产生粉化。目前多用于汽车工业和轻工业。汽车工业仅用于日本汽车业。

1.3.3.4 锌铝合金钢板

锌铝合金钢板国外称为 Galfan，是 20 世纪 80 年代初期，由 ILDERD（国际镀锌协会）联合 8 个生产厂家共同研制开发的新品种。Galfan 锌液化学成分为 Zn+Al（5%）+混合稀土元素（0.1%），合金熔点为 385℃，浸镀温度比镀锌板低 20℃ 以上。该产品耐腐蚀性为热镀锌板的 2~3 倍，可焊性、涂漆性均与镀锌板相当。目前多用于工业、民用建筑。

1.3.3.5 铝锌合金钢

该产品也称为 Galvalum，是 20 世纪 70 年代初期由美国伯利恒钢铁公司研制开发的新品种，合金成分 Al(55%)+Zn(43.5%)+S(1.5%)。由于铝含量较高，热镀锌的温度一般为 590~600℃。该产品特点具有较好的耐热性，可以在 500℃ 环境下长期工作。在工业耐腐蚀性为镀锌产品的 5 倍、镀层厚度相同的条件下，盐雾试验耐蚀性为镀锌板的 5~10 倍。可涂漆性和焊接性同镀锌板相等，但成型性较差。目前多用于工业、民用建筑、轻工业、食品业等。

思考题

1-3-1 简述热镀锌国标的内容。

1.4 汽车用热镀锌钢板生产技术

当前汽车工业在汽车钢板用材方面有两个显著特点：一是越来越多地采用高强度的钢板，使汽车钢板在保证使用性能的前提下适当减薄，以达到减重节能、减少废气排放保护环境的目的；二是大量采用镀锌钢板，增加汽车的耐腐蚀性能，以应对冬季道路撒盐、环境对汽车的腐蚀加剧的状况，提高汽车的使用寿命。汽车钢板减薄以后，耐腐蚀的能力相应下降，更需要镀层的保护。因此，世界各种品牌的汽车所用的钢板中镀锌钢板的比例不断上升。有些型号的汽车的车体钢板 100%用镀锌钢板。

镀锌钢板有热镀锌钢板和电镀锌钢板。热镀锌钢板的生产成本低于电镀锌钢板，同时热镀锌技术的进步，使热镀锌钢板的内在性能和表面质量得到很大的提高，所以近年来汽车用的热镀锌钢板比电镀锌钢板的发展要快得多，并正逐步取代电镀锌钢板，成为汽车钢板的主流。

热镀锌生产线实质是连续退火生产线和镀锌系统的组合。钢板通过加热、保温和冷却等一系列热处理使钢板具有一定的力学性能，并使表面有一个镀锌所必需的清洁表面；然后钢板经锌锅镀锌、气刀控制锌层厚度、合金化处理（生产合金化热镀锌钢板时用）、光整、表面后处理（钝化或磷化）和涂油等工序完成生产过程。

1.4.1 汽车用热镀锌钢板生产技术的重点

经过长期的技术发展，现在汽车用热镀锌钢板技术在设备、生产工艺和产品的质量等方面已经达到相当高的水平，下面按工艺列出生产技术上的重点。

（1）清洗段：钢板清洗技术。

（2）退火段：高精度钢板温度控制技术（包括高精度测温计、高精度控制系统），炉内稳定操作技术（包括防止金属黏辊、防止热瓢曲）。

（3）锌锅段：锌锅沉没辊的长寿技术，镀层厚度均匀技术，锌液成分稳定技术，锌渣缺陷防止技术。

（4）合金化炉段：高精度合金化控制技术（包括高精度测温技术、Zn-Fe 相探测器、Zn-Fe 相探测系统）。

（5）出口段：在线精整，在线性能检测和粗糙度检测，在线缺陷检测。

现代热镀锌生产线生产的产品，在品种和质量上可以满足各个工业部门，特别是对产品性能要求很高的汽车工业的需要。热镀锌产品按镀层分有纯锌热镀锌钢板（galvanized steel，GI）和合金化热镀锌钢板（galvannealed steel，GA）两类。从基板的种类看，则热镀锌钢板的品种就更多，有软钢为基板的一般冲压级、深冲级和超深冲级热镀锌钢板，有各种强度级别钢为基板的结构和冲压用的高强度热镀锌钢板。这些性能不同的热镀锌钢板，可以满足制造不同汽车零件的需要。现代热镀锌生产线生产的热镀锌钢板的表面质量可以和电镀锌钢板相媲美。

1.4.2　汽车用热镀锌钢板的性能和要求

如前所述，热镀锌钢板已经在农业、建筑、轻工、汽车和家电等行业被广泛应用。那么什么是汽车用热镀锌钢板，汽车用热镀锌钢板有什么与其他应用领域用的热镀锌钢板不同的特点，这要从汽车的生产过程说起。热镀锌钢板在汽车厂要经过冲压、焊接、磷化和涂漆等一系列的生产工序，如图 1-13 所示，才能制成汽车零件，组成一个完整美观的车体。从这些加工工序中，可以看出热镀锌钢板应该具备什么样的性能。热镀锌钢板首先要经过冲压制成汽车零件的毛坯，因此汽车用的热镀锌钢板首先要有好的冲压性能。汽车钢板经涂漆以后，表面应该光亮美观，因此汽车用的热镀锌钢板的表面质量应该很高，不能有任何缺陷。同时，汽车用的热镀锌钢板还要有好的焊接性能、磷化性能和涂漆性能等。

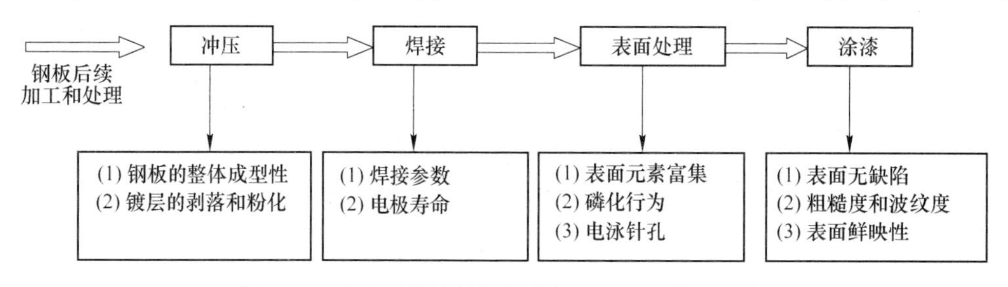

图 1-13　汽车用热镀锌钢板的加工和对性能的要求

1.4.2.1　成型性能

镀锌钢板在汽车工业中主要作为冲压件，其成型性是其基本要求，在不同的使用部位要求具有不同的成型级别。而且在汽车工业中，减少冲压零件数量、减少焊接量和机加工量是提高生产效率的有效途径，这就要求将几个简单零件合并为一个复杂零件或变机加工件为冲压件，从而提出了更高的成型性要求。相应于冷轧板而言，热镀锌钢板的成型性包括整体钢板的成型性和镀层的成型性，整体板的成型性除应变过程镀锌层的协调应变影响外，主要取决于基板的冶金化学成分和生产工艺，但同时热镀锌在线退火过程对其也有相当大的影响，其基本指标为 r 值（塑性应变比）和 n 值（加工硬化指数）。而镀层的成型性主要是指板在承受变形时镀层抗粉化、开裂、结堆和剥落的能力，它与镀层本身的延展塑性和镀层与基体板间的附着力相关，取决于镀锌层的组成、合金相结构和形态等因素。

1.4.2.2 焊接性能

汽车工业中将冲压零件组合成一体需要进行焊接，采用较多的是点焊工艺，热镀锌钢板在焊接时，由于锌熔点低，受热易挥发，一方面锌蒸气对焊接电极产生污染作用，造成焊接电流和电极负荷的改变，缩短了焊接电极寿命，经常检修电极势必影响生产连续性；更重要的一方面是被污染电极的焊接部位黏上焊渣，严重影响焊接质量，同时也影响焊接强度。因此要求镀锌钢板具有点焊的连续打点性，以保证零件的牢固连接和焊接自动工艺加工过程的畅通。一般镀层厚度越厚，表面硬度越低，其点焊性能越差。

1.4.2.3 良好的耐腐蚀性

汽车工业中采用镀锌板主要就是解决腐蚀问题。汽车在使用过程中由于暴露在大气环境中，其车体表面首先会发生均匀锈蚀，这种均匀锈蚀在工业、城市大气中（由于二氧化硫等腐蚀气体的存在）和海洋气候中（由于氯离子的存在）将会大大加速；其次由于汽车在设计和连接时，车体某些部位存在缝隙和电偶差，将会产生一些缝隙腐蚀和电偶腐蚀等局部腐蚀，这种局部腐蚀往往因积水和冬季冰雪季节为防滑路面撒盐等因素而加速，最终成为穿孔。据统计，汽车的平均寿命为9~11年，在使用普通钢板时汽车的车身由于腐蚀其寿命往往达不到此年限，因而在西方工业国家提出车体耐表面锈蚀5年，耐穿孔腐蚀10年的汽车耐腐蚀目标。一般而言，热镀锌钢板的耐蚀性取决于镀锌层厚度，厚的镀锌层能相应地延长耐蚀寿命，然而过厚的镀锌层将不可避免地损害其他的几项性能指标。

1.4.2.4 良好的涂漆性

镀锌钢板与涂漆联合使用，一方面可以更进一步地提高其耐蚀性，另一方面可以获得色彩丰富、光洁漂亮的装饰性外观。因而在汽车工业中要求汽车钢板具有良好的涂漆黏着性，同时要具有涂漆后的美观性。这具体表现在易于选择合适的磷化、钝化工艺以获得多孔状的易于与涂漆实现耦合的预处理转化膜，以及对电泳底漆和电泳工艺的适应性等。

1.4.2.5 良好的表面状态、形貌，严格的尺寸精度

热镀锌钢板严格的尺寸公差，良好的板形、平坦度和表面一定的粗糙度，一方面可以保证汽车工业中畅通自动加工过程，满足冲压成型工艺、焊接工艺和自动化生产线上机器手的精确操作需要；另一方面好的表面有利于冲压过程的工艺润滑和零件表面光洁进而获得涂漆后的漂亮外观。

1.4.2.6 足够的强度和刚度

节能是当今世界工业的共同问题，汽车节能最有效的措施是轻量化对策。汽车工业的轻量化对策一方面可以通过汽车结构的优化设计来实现，但更重要的是大量采用高强度钢板来减薄其厚度。据统计，当汽车钢板厚度减少0.05mm、0.10mm、0.15mm时，车身质量分别减少6%、12%、18%，而车身质量每减少1%，燃料消耗可降低0.6%~1%。此外高强度钢板的使用，还可极大地提高汽车防撞击的安全性。

1.4.3 钢板热镀锌技术的新发展

钢板热镀锌工艺已经有很长历史，近年来汽车和家电工业的发展，对热镀锌钢板提出了更高的质量要求，同时冶金厂商自身追求高附加值产品的竞争要求，极大地推动了热镀

锌技术的进步。目前世界上新建的热镀锌生产线，在工艺和装备上都有很大的改进，生产的品种在不断增加，这些进步综合起来概括如下。

1.4.3.1　机组高速大型化

出于规模化生产经营降低成本的目的和汽车工业对车身外盖板宽度达近 2000mm 的市场需要，20 世纪 90 年代以来新建的机组，特别是针对汽车板的机组，其年生产能力大都在 30~70 万吨，产品宽度为 1600~2000mm，工艺段最高速度达 200m/min。机组的高速大型化不仅有利于提升市场竞争力，在一定程度上还可以提高热镀锌钢板的表面质量。

1.4.3.2　生产系统柔化或专业化

生产系统的柔化和专业化是一对矛盾，体现出经营的两个极端。热镀锌生产线的柔化系统往往一线多用，设备系统复杂又齐全，可以生产出 Zn、Al、Zn-Al 合金等不同镀层品种，通过后续工段还可生产不同表面状态，如无锌花、小锌花、合金化的镀锌板，它尽管存在设备利用效率不高、资源浪费的缺点，但它能满足不同客户的不同品种、规格的需求，并以此来赢得市场份额，经营风险较小。热镀锌生产线的专业化系统产品专一，可以以高质量的产品赢得大客户的青睐。我国现有的热镀锌生产线有的尽管产品品种单一，但都是专业化生产系统。专业化生产系统的典型代表如 NKK 福山钢厂 3 号热镀锌线，其产品全部为 Zn-Fe 合金板。

1.4.3.3　美钢联法热镀锌工艺盛行

随着汽车、家电工业对热镀锌板质量，特别是表面质量的要求提高，新建热镀锌线中采用美钢联法工艺的比例大大高于改良森吉米尔法。改良森吉米尔法工艺近年来得到很大发展，如增加清洗段解决了炉外清洗问题，改进了退火炉前段明火加热方式使其加热更均匀等，目前使用改良森吉米尔法工艺同样可以生产最高档次的汽车板。但是采用改良森吉米尔法工艺生产汽车板所要求的条件比较苛刻：

（1）对燃气质量要求严格，质量不好的燃气在明火燃烧过程对带钢造成污染，所以通常采用天然气。

（2）必须具有丰富的退火炉操作经验。

（3）具备较高的设备维护水平。

前两条决定产品质量，第三条决定稳定生产和设备寿命。而采用美钢联法在炉前设置带电解脱脂的清洗段，可以将表面的残留油脂和铁粉屑在炉外完全清理干净，保证不把脏物带到退火炉中；同时退火炉全部为辐射管加热，炉中的还原气氛能始终保持钢带表面的纯铁状态直到进锌锅为止，这样生产出的镀锌钢板的镀层附着力极佳，保证成型过程中镀层不会剥落。同时退火炉操作简单，对燃气没有严格要求。

1.4.3.4　机组采用立式炉

机组采用立式退火炉，不仅炉长缩短，适应高速化生产，而且炉辊少，减少了炉辊对钢带表面的擦伤和辊压印，使带钢表面等级提高，获得理想表面质量。炉内设立张力辊，可以实现炉内张力的分段控制，促进板形的改善。

1.4.3.5　精确控制镀层厚度和均匀性

精确地控制镀层的厚度、均匀性和镀层表面光洁度是镀锌技术中的关键问题，是提升热镀锌钢板质量以替代电镀锌板满足汽车工业需求的关键所在。其过程的实现是通过计算机闭环控制的先进气刀并辅以高精度的检测手段等。

气刀是控制镀层厚度和均匀性的核心，它是通过调节气刀吹气的压力、距离、高度、角度等参数来实现的。目前世界上比较先进的气刀有德国的方登和杜马气刀。方登气刀其结构特点为：备有多腔式气腔，平底刀唇，可减少气体压力的波动；装有自动刀唇高速清理器，当飞溅的锌液堵塞刀唇时，可以实现快速清理；整体框架的独特结构可以实现手动调节，以便使气刀刀唇与钢带保持平行；独特的边部挡板系统可以减少或部分消除边部增厚。其控制特点是：设立 X 射线在线测厚仪，控制中心设立具有人工智能的“自学习”模块，通过中控计算机连为一体，实行连锁闭环自动控制，确保气刀可靠操作调节各个参数，实现镀层厚度比较精确控制。杜马气刀特点简单讲气刀腔体结构独特气流的动压均匀，对控制镀层均匀性很有利。

控制镀层厚度和均匀性的辅助手段，一是锌锅中设立两个稳定辊，上稳定辊位置固定起定位作用，下稳定辊和沉没辊可以控制带钢出锌锅的位置和防止震动，有利于气刀位置的调整和控制；二是采用喷流式陶瓷感应锅，其加热快、温度均匀的特点，使锌渣大大降低，有利于镀层表面质量的提高。

1.4.3.6 有效控制镀锌表面状态和镀层组成结构

在发达国家出于环保要求热镀锌产品均以小锌花和无锌花表面结构为主，大锌花产品生产极少，均用于出口。其生产方法是通过调整锌液成分来完成。采用水雾法和喷锌粉法生产小锌花工艺现在已被淘汰。我国目前由于消费观念等原因大锌花产品仍有很大市场，小锌花和无锌花表面结构产品市场需求正在上升。生产小锌花和无锌花表面结构产品的技术目前仍以调整和控制锌液成分为主。

锌铁合金表面结构产品生产技术目前以单独锌锅为该产品生产专用，以保证锌液成分稳定。感应加热技术和锌层铁含量检测及控制技术的应用，使锌铁合金产品质量大大提高。

1.4.3.7 加强后处理

提高光整处理能力和加强功能是目前实际生产工艺对光整工序的要求。提高光整处理能力主要是提高控制精度、提高板形控制能力、提高带钢表面粗糙度控制能力等方面。加强功能主要是增加带钢清洗、在线板形检测、表面粗糙度在线检测、在线机械性能检测等方面，随着技术的进步有些功能将逐步实现并部分实现闭环。

化学处理方法主要是开发环保型的无铬钝化工艺和改辊式涂油为静电涂油。另一个引人注目的趋势是在生产合金化镀锌板时，为了改善板在冲压过程的润滑特性，成型时的镀层抗粉化性以及防止电泳涂底漆时起泡，在机组的后面加上一段电镀纯铁的工艺段，这样生产出来的钢板是汽车外面板的理想材料。

1.4.3.8 新镀层品种的开发

为了进一步提高热镀锌板的耐蚀性和其他性能，目前开发的新型合金镀层有 Zn-Al-RE、Zn-Mg、Zn-Ni、Zn-Al-Mg-Si 等，其中最为成功的是商品名为 Galfan 的 Zn-Al-RE 合金镀层，其耐蚀性是镀锌层的 2~3 倍，其他性能不相上下，目前世界上已有 74 家工厂获得其专利许可证，大有替代传统热镀锌层之势。

1.4.3.9 加强相关技术的研究

热镀锌钢板的相关技术是指与客户使用时相关的耐蚀性、焊接性、成型性、涂漆性等性能指标和标准。冶金厂向客户提供这些性能指标和标准的相关数据，指导客户正确使用，目的是为了赢得客户，是市场竞争的需要。国外冶金厂商在这方面做得很好，我国的厂家由于认识不到位，目前差距较大。实际上，热镀锌钢板的生产技术包括基板的生产技术和热镀锌技术，下面的章节就基于这两项内容展开，介绍在热镀锌钢板的生产中如何使产品达到汽车工业生产中的性能要求。

思考题

1-4-1　当前汽车工业在汽车钢板用材方面的特点有哪些？

1-4-2　汽车用热镀锌钢板生产技术的重点是什么？

1-4-3　汽车用热镀锌钢板与其他应用领域用的热镀锌钢板有什么不同的特点和要求？

2 热镀锌理论

钢铁表面热镀锌是固态难熔金属与液态易熔金属间的反应和扩散过程。当将铁放入液态的纯锌中时，在铁的表面与锌液发生 Fe-Zn 反应，而形成一个扩散层，存在与铁锌之间。扩散层从铁开始到锌又分为很多相或称中间层、中间相。通过研究证实，扩散层的中间相的形成过程是由两种基本过程来完成的：一是铁溶解在液态锌中；二是形成金属化合物。

2.1 中间相形成的两个基本过程

铁溶解在液态锌中的过程：在纯锌液温度为 450℃ 时，铁在锌液中的饱和浓度为 0.03%。也就是说锌液在 450℃ 时最大可以溶解 0.03%（质量分数）的铁。若继续增加铁，则铁便与锌结合生成铁-锌合金。

在镀锌过程中，带钢中的铁原子溶解在锌液中，使锌液中的铁含量增加，当锌液中的铁含量浓度低于该温度下的饱和浓度，锌液中将不会出现固态的锌铁合金。镀锌过程较短，镀后带钢表面形成锌的结晶体或共晶体（$FeZn_7$+Zn）以及在共晶体中夹杂着多余，均匀分布的 $FeZn_7$ 晶体。如果锌液中的铁含量的浓度大于该温度下的饱和浓度。镀锌过程较长，则反应过程中 $FeZn_7$ 晶体形成长大，一些 $FeZn_7$ 晶体从带钢表面剥离进入锌液中。进入饱和浓度状态下锌液中的 $FeZn_7$ 晶体一部分由于密度大于 Zn 而沉入锅底，这就是镀锌时出现底碴的原因，另一部分黏在带钢的镀层表面被带出锌锅，并在镀锌板表面形成颗粒，这就是镀锌产品常见锌粒缺陷。

形成金属化合物 Fe_5Zn_{21} 的过程：金属化合物 Fe_5Zn_{21} 的形成是一个反应过程，它的形成存在一个滞后现象，这段推迟时间一般称为孕育期 t，它的倒数 $1/t$ 称为化合物的形成速度。

在确定的热镀锌条件下，镀锌层的合金层厚度及结构主要取决于铁的溶解速度（即单位时间内被溶解掉的铁量 dQ/dt）和金属化合物形成速度的对比关系。

如果铁在锌中的溶解速度等于或稍微大于 Fe_5Zn_{21} 的形成速度，则当试样浸入液态锌中时，在最早的一段时间内铁将在锌中溶解，并形成共晶与 $FeZn_7$ 晶体。之后不久，便形成化合物 Fe_5Zn_{21}，它有力地阻止铁的进一步溶解。如果铁在锌中的溶解速度比 Fe_5Zn_{21} 的形成速度大得多，则由于与液态锌相接触的试样面上的铁很快地跑到溶液中，表面上形成 Fe_5Zn_{21} 的这一反应便大大减慢，这样，化合物 Fe_5Zn_{21} 就完全不会形成。如果 Fe_5Zn_{21} 的形成速度大于铁的溶解速度，则镀锌一开始 Fe_5Zn_{21} 便首先形成，并阻止了铁的进一步溶解。在这种情况下，镀锌层的合金层就可能只由一种 Fe_5Zn_{21} 晶体组成。实践证明，即使镀锌时间较短，也有可能形成这样的结构。

上述所讨论的都是钢铁在纯锌中热镀锌时发生的过程，由于 Fe_5Zn_{21} 与钢基间的黏附力很差，所以 Fe_5Zn_{21} 对镀锌层的黏附性影响极大，为了改善这种状态，可以通过在生产时向锌液中加铝来解决。

2.2　镀锌层的结构和性质

西拉姆 Fe-Zn 状态图如图 2-1 所示，当镀锌温度在 450~470℃的范围内，所产生的相层由铁开始顺序如下：

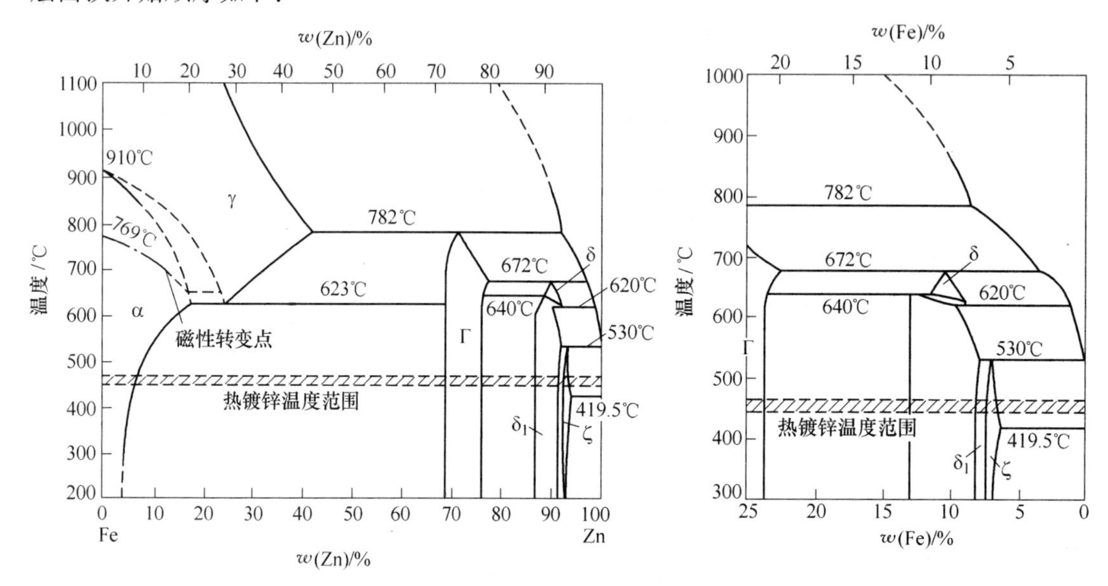

图 2-1　西拉姆 Fe-Zn 状态图

（1）α 固溶体，是锌溶入铁所形成的，当温度为 450℃时，其质量分数约为 6%。此层内含有冷却到室温时呈细小散布析出的 γ 相。

（2）α+γ 的共晶混合物。

（3）γ 相，它是以化合物 Fe_5Zn_{21} 为基础的中间金属相。

（4）$\gamma+\delta_1$ 的包晶混合物。

（5）δ_1，它是以 $FeZn_7$ 为基础的中间金属相。

（6）δ_1 相+ζ 相的包晶混合物。

（7）ζ 相，它是以 $FeZn_{13}$ 为基础的中间金属相。

（8）η 相，它几乎是由纯锌组成的含有微量铁（质量分数为 0.003%）的固溶体。

在热镀锌生产中，实际获得的镀层，其结构不一定完全含有上述 8 个相层。实践证明，当镀件在锌液中浸没时间很短时，α 固溶体根本不会形成。另外 α+γ 共晶、$\gamma+\delta_1$ 包晶、$\delta_1+\zeta$ 包晶分别在 623℃、672℃、530℃的温度下才能形成。所以在镀锌温度为 450~470℃的范围内上述 4 个相层是不会形成的。而只可能形成 γ 相、δ_1 相、ζ 相、η 相 4 个相层，当浸锌时间极短（几秒钟），γ 相也不会形成，η 相几乎由纯锌组成又称纯锌层，铁锌合金层只存在 δ_1 相和 ζ 相。

上述相序是将钢铁试样浸入 450℃锌液中长达 2h 之后，对其镀层结构进行显微分析，而获得的。但对于现代化的连续热镀锌机组，浸锌时间均以秒为单位，极短的镀锌时间和确定的条件下许多相层是不会形成的，但作为镀锌生产工程技术人员应了解这部分知识。部分相层的结构参数和性质见表 2-1。

表 2-1 Fe-Zn 系各相结晶结构参数

相层符号		γ	δ_1	ζ	η
名称		黏附层	栅状层	漂走层	纯锌层
Fe 含量	原子/%	23.2~31.3	8.1~13.2	7.2~7.4	—
	质量分数/%	20.5~28	7.0~11.5	6.0~6.2	0.003
分子式		Fe_5Zn_{21}	$FeZn_7$	$FeZn_{13}$	Zn
晶格结构		体心立方	六方	单斜	密排六方
每一晶胞下的原子数量		52	550±8	28	2
晶触常数/Å		8.9560~8.9997	α=12.86 c=57.60	C=5.06，α=13.65 B=7.61，β=128.44	α=2.660， c=4.9379
HD（负荷 20g 时的显微硬度）		>515	454	270	37
密度/$g \cdot cm^{-3}$		7.5	7.25±0.05	7.80	7.14
熔点/℃		782	640	530	419.4
性质		脆性的	塑性的	脆性的	塑性的

2.3 加铝热镀锌镀层的黏附性机理

生产实践中向锌液中投入定量的铝会明显的改善锌层的附着性。通过检验已证实，锌液中含一定比例的铝都会引起镀锌层的显著变化。铝的质量分数从 0.1%开始锌层中的 γ 相和 δ_1 相的厚度大量减少，当铝的质量分数达到 0.2%时，γ 相和 δ_1 相几乎完全消失，这时镀层仅有两个结构，即由共晶混合物 $\zeta+\eta$ 和 η 所组成。这种合金层具有良好的韧性。

在加铝法带钢热镀锌过程中，由于铝对铁比锌对铁有更大的热力学亲和力，Fe-Al 的自由焓为 40 卡/克·原子，大于 Fe-Zn 的自由焓，故此带钢在镀锌过程中能够超比例地从锌液中吸取大量的铝，且 Fe-Al 化合物优先于 Fe-Zn 化合物在钢基表面形成，并直接富集于钢基表面上。只要铝存在，富集过程就进行，而且不仅在熔融状态，即使在凝固之后，这个过程也会一直进行到低于扩散和反应所需的温度为止。由此可知，在镀锌的过程中，在温度、镀锌时间的影响下，Fe-Al 化合物优先在钢基表面形成。一个薄而均质的中间层，它牢固地附着在钢基表面，起到黏附镀层的媒介作用。

2.4 加铝热镀锌镀层黏附性的结构判别

带钢连续热镀锌产品镀层中的铝含量是衡量其锌层附着性的一个重要指标。而钢基表面的中间层中铝量较高，仅是获得良好镀层附着性的必要条件，不是充分条件。其充要条件是：Fe_2Al_5 优先在钢基表面形成一个较薄、均质性的含锌固溶体中间层。

在镀锌的温度范围内，Fe_2Al_5 能够溶解大约 13%（质量分数）的锌，当溶锌量超过 13%时，Fe_2Al_5 将处于过饱和状态，生成高锌固溶体。此时的中间层中铝的绝对含量虽然没有减少，但铝的质量分数却显著降低，由于锌的过饱和可能呈细粒分散析出，破坏了

Fe_2Al_5 中间层的均质性，使中间层丧失了阻止 Fe、Zn 扩散的作用，并形成较厚的 Fe-Zn 合金层，镀层的附着性也随之变坏。

2.5　Fe_2Al_5 中间层形成的三要素

在连续热镀锌的带钢表面经原后，达到具备镀锌条件和要求的前提下，热镀锌过程中，Fe_2Al_5 中间层的形成过程主要受三个因素的影响，即带钢入锌液温度与锌液温度的温差、带钢浸锌时间、锌液中铝含量。由于热镀锌时锌液温度通常控制在 460℃左右（相对固定值），带钢入锌液温度与锌液温度的温差就简化成带钢入锌液温度。概括讲，当三个条件不具备时，则 Fe_2Al_5 中间相就不易形成或形成不完全，即满足不了前面所要求的主要条件。这往往造成镀层缺乏黏附媒介质或这种介质不完全。其结果就是镀层附着性很差稍微变形就易发生脱锌或局部脱锌。若改变一个操作条件，如增加锌液中的 Al 含量，延长带钢浸锌时间或提高带钢入锌锅温度，此情况就会发生较大变化。锌层附着性会得到改善。但三要素有其最佳的范围，如锌液温度过高时，带钢浸锌时间过长，带钢镀后没有及时冷却。这时 Fe-Zn 继续向含铝的中间层扩散，中间层在厚度增加的过程中，使铝浓度下降，当锌或 Fe-Zn 超过了在含铝的中间层中溶解度，形成富锌固溶体，其黏附介质的作用就遭到破坏。这种现象就是已经形成完好的 Fe_2Al_5 中间层又遭破坏的情况。因此，生产中在带钢表面经还原后，达到具备镀锌条件和要求的前提下，镀锌过程中造成锌层附着性差的原因有两种：

（1）没有形成黏附媒介作用的 Fe_2Al_5 中间层。这种镀层中的 Fe-Zn 合金层一般较薄，但附着性不好。可以通过采取低温回火的方式进行处理使镀层附着性得以改善。其原理就是在低温回火的过程中，镀层中的铝重新向钢基表面迁移，并形成表面均质的 Fe_2Al_5 中间层。

（2）已经形成 Fe_2Al_5 中间层又遭破坏，这种产品镀层中 Fe-Zn 合金层较厚且已形成富锌固熔体，故已无法通过回火来改善镀层黏附性了。

2.6　影响镀层黏附性的有关因素

目前，在国内外连续热镀锌机组的工艺方法有两种应用最为广泛：一种是采用改良森吉米尔法进行连续退火工艺；另一种是采用美钢联法进行连续退火工艺。两者的根本区别为：（1）后者在退火前带钢必须进行脱脂，而前者可以进行脱脂也可以不进行脱脂；（2）后者退火过程全部采用热辐射方式，而前者是采用火燃直接加热和辐射加热两种方式。下面针对采用美钢联法工艺的镀锌机组影响锌层附着性的有关因素进行讨论。影响因素很多大致有以下 4 点：

（1）带钢化学成分。钢基中的化学成分对锌层附着性的影响是不容忽视的，由于这些影响，人们对镀锌的原料化学成分做出了一些限制。实践证明这些限制对于保证镀锌产品的质量是非常必要的。目前，在生产中镀锌原料的化学成分中影响较大的主要有：

1）碳。钢基中碳含量越高，Fe-Zn 反应就越剧烈，铁的质量损失就越大。钢基参加反应越剧烈，Fe-Zn 合金层变得越厚，锌层附着性将变坏。不但含碳量对热镀锌影响大，而且碳的不同存在状态对其影响也有较大区别，如钢中的碳以粒状珠光体和层状珠光体存在时，钢基中的铁在锌液中的溶解速度最快。综上通常热镀锌原料均选择质量分数为 0.12%以下的低碳钢。

2）硅。含硅量较高的镇静钢对镀锌影响非常大，若采用一般生产工艺镀锌层的附着性是得不到保证的。在生产实践中已证实采用一般生产工艺带钢表面经常出现不规则的脱锌区域，若提高带钢加热温度延长还原时间，是可以改善的。其主要原因带钢在加热过程中可引起硅的表面富集，进而引起 Zn-Fe 合金层的剧烈增厚，造成附着性下降。用含硅较高的原料生产热镀锌产品由于不能采用一般生产工艺，所以会造成生产成本增加，设备损耗增大等一系列后果，为此热镀锌的原料均采用低硅的沸腾钢或铝镇静钢。

（2）表面清洁性。镀锌的原料卷通常采用经酸洗、冷轧后的带钢，原料表面残留物主要由油脂和微小的固体颗粒组成，总量通常在 220～800mg/m^2 左右。带钢表面残留物越高，锌层的黏附性越差。因为油脂残留量较高，在清洗段中就不易被除尽，它作为脏物黏附在带钢表面，干扰了镀锌时正常 Fe-Zn 合金层的形成，从而降低了镀层的黏附性。一般清洗后单面残留物在 10～30mg/m^2 以下。

（3）表面粗糙度。冷轧带钢表面的粗糙度在一定程度上可以决定热镀锌时铁和锌之间的结合力，表面粗糙的带钢其镀层的黏附性较好。因为钢板表面越粗糙，钢板表面的实际表面积就越大，根据啮合原理，钢基就和镀层结合得很牢固。这样，镀层黏附性的好坏，可根据原板的粗糙度算术平均值和最大深度值加以区别。

此外，带钢表面的粗糙度可导致锌层质量的增加。因为表面粗糙化就使钢基表面生成一系列的凹凸点，而各区生成了相应的结晶组织。在凹下部分有致密的 δ_1 相，同时有薄的 ζ 相；在凸出部分有裂开的 δ_1 相，同时还有疏松的、体积很大的网状 ζ 晶体。这样生成的 Fe-Zn 结晶体的海绵状组织形成了粗糙的表面，它比光滑的 Fe-Zn 合金层表面能从锌锅中得到更多的锌液，由此便生成了较厚的纯锌层。而且，ζ 相最易在棱角上形成，因为粗糙表面的棱角部位突出，使 ζ 相很发达，从而就生成了较厚的 Fe-Zn 合金层。由此，这种发达的合金层和纯锌层便导致了锌层质量的增加。

（4）锌液化学成分。锌液化学成分的影响主要是考虑锌液中铝和铁的含量。目前热镀锌锌液中的主要成分是锌、铝、铅、铁，其他化学成分极少。事实上铁的含量也很低，但它是一个变量，同铝一样随着不同的生产过程、状态，在锌液中的含量是不同的，甚至在锌锅中的不同位置，也有微小的区别。在热镀锌过程中，带钢会超比例地从锌液中获取铝，而形成 Fe_2Al_5 黏附层，使镀锌产品获得一个好的附着性。这就使锌液中的铝含量随产量的大小而变化（尽管锌锭中铝含量较高但它是一个确定值）。同时带钢的铁也会不断地溶解到锌液中，一方面随着产量增加，另一方面（锌液温度为 460℃时）机组速度降低，锌液中的铁含量会有所增加。为了保证锌层附着性，必须对锌液的化学成分加以控制，要求铝含量要稳定在一个较佳的范围内，铁和其他杂质含量要尽量减少。

思考题

2-6-1 简述镀锌层能形成的相层。

2-6-2 为什么要在锌液中加铝？

2-6-3 简述加铝热镀锌镀层的黏附性机理。

2-6-4 简述获得良好镀层附着性的充要条件。

2-6-5 Fe_2AL_5 中间层形成的三要素是什么？

2-6-6 影响镀层黏附性有哪些因素？

3 钢的基础知识

3.1 金属学基础

本节阐述金属学的基本概念，以便了解金属和合金的组织结构、结晶过程、塑性变形与再结晶及其对金属组织和性能的影响，为进一步制定热处理工艺打下基础。

3.1.1 金属的晶体结构

金属材料的性能与其内部原子（晶体结构）的特征有关，同时，热处理过程中的相变和扩散也与晶体的结构有关。

3.1.1.1 晶体与非晶体

固态物质可分为晶体与非晶体。晶体是指其原子（或离子）在空间呈规则排列的物质。而在非晶体内部其原子呈无规则散乱排列。晶体之所以有这样的规则排列，主要是原子间的相互吸引力与斥力平衡的结果。自然界中除少数物质外，包括金属在内大多数固体都是晶体。

晶体具有一定的熔点，而非晶体没有固定的熔点，它在一定的温度范围内熔化。同时，金属晶体表现出各向异性，即晶体在各个方向上具有不同的物理、化学和力学性能；而非晶体则是各向同性。但是晶体与非晶体并不是绝对的。

金属的晶格类型很多，除了少数的金属除外，绝大多数的金属皆为体心立方，面心立方和密排六方等三种典型晶体结构，如图 3-1 所示。

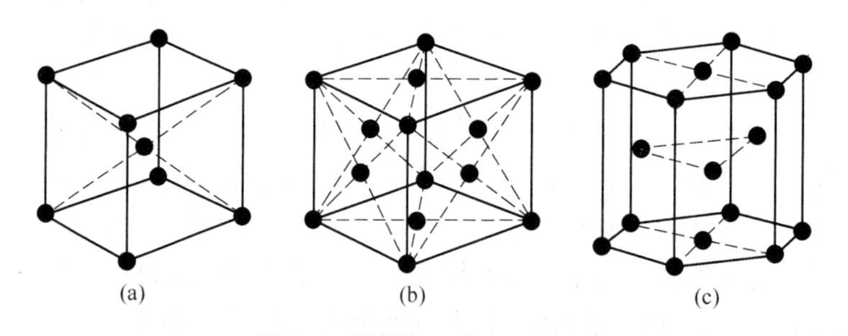

图 3-1　晶格的三种主要方式

（a）体心立方；（b）面心立方；（c）密集六方

3.1.1.2 金属的同素异构转变

同一种金属在一定的温度下，发生晶体结构变化的现象称为同素异构转变。铁在固态时发生两次同素异构转变。纯铁的熔点为 1538℃，铁在冷却过程中，在 1394℃和 912℃出现水平台，达到这两个温度时发生不同的同素异构转变，同时伴随着密度的变化。其中 γ-Fe、α-Fe 为体心立方晶格，δ-Fe 为面心立方晶格，如图 3-2 所示。

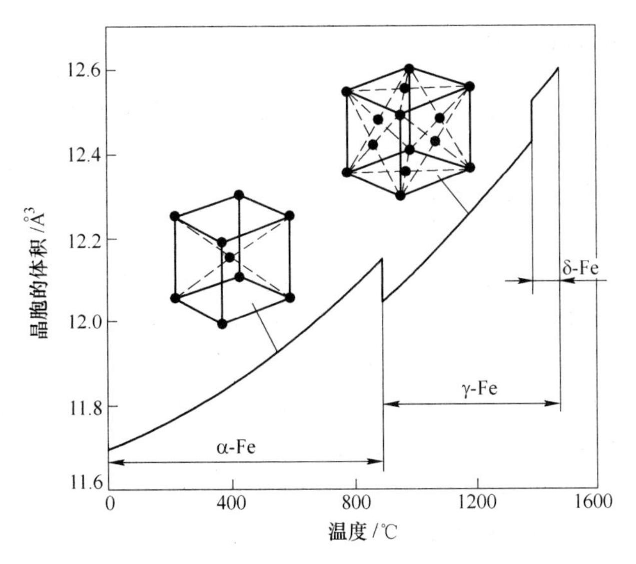

图 3-2 铁的密度在同素异构中的变化

钢的成分绝大多数是铁，其他元素很少，所以钢也存在同素异构转变。这种转变极为重要。

3.1.1.3 晶面指数和晶向指数

晶体中通过一系列原子所构成的平面称为晶面。任意两个原子的连线所指的方向称为晶向。标志晶面的符号称为晶面指数，标志晶向的符号称为晶向指数。

图 3-3 表示体心立方晶格中的晶面，每一个角上有一个原子。原子面用三位数字描述，每个数字对应于相应 x、y 和 z 轴的一个单位坐标，一般形式为 (h k l)，如果晶面的截距为负值，则应在相应的数值上方冠以"-"号。晶向指数一般形式为 [u v w]，若晶向的坐标值为负值，则在相应的指数上冠以"-"号，如图 3-4 所示。

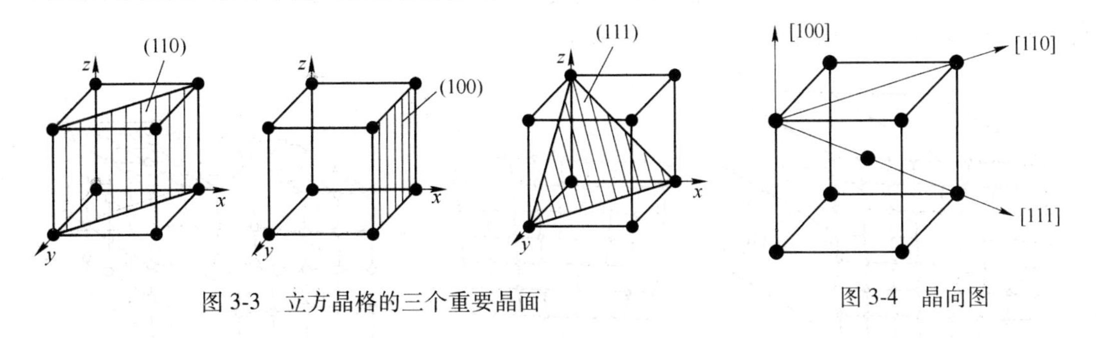

图 3-3 立方晶格的三个重要晶面

图 3-4 晶向图

3.1.1.4 单晶体和多晶体

当一个晶体内部的晶格的位向完全一样时，则此晶体称为单晶体。如前所述，单晶体具有各向异性。多晶体是由许多位向不同的单晶体组成的，其中每个小晶体都称为晶粒。在晶粒内部，晶格位向都是均匀一致的。但相邻晶粒之间位向存在一定的位向差。晶粒与晶粒之间的界面成为晶界。它是不同晶粒之间的过渡区，其原子排列是不规则的。实际金属就是由许多大小、位向不同，外形交错的晶粒所组成的，故称为多晶体。由于晶粒的位向不同，每个晶粒的各向异性受到抵消，故多晶体具有各向同性。

3.1.2　实际金属中的晶体结构

上述所讨论的是理想晶体的结构情况。在实际晶体中，由于各种因素的影响，原子的排列并非那样规则和完整，而是或多或少存在着偏离理想结构的区域，出现不完整区域。通常把这些不完整区域称为晶体缺陷。按晶体缺陷的几何形状特点，可分为点缺陷、线缺陷和面缺陷三类。

（1）点缺陷。最常见的点缺陷是空位和间隙原子。在晶体中，位于晶格结点上的原子并不是静止不动的，而是以平衡位置为中心做热振动。个别原子的能量大到足以克服周围原子对它的束缚，而脱离平衡位置迁移到原子间的间隙位置，使某些结点空着，成为晶格空位。而位于间隙之处的原子称为间隙原子。间隙原子可以是晶体本身的原子，也可以是外来的杂质原子，分别称为自间隙原子和杂质间隙原子。

晶体中的点缺陷会影响到其周围原子间作用力的平衡，使正常晶格发生扭转，这称为晶格畸变。晶格畸变会导致金属强度、硬度和电阻的增加。

（2）线缺陷。位错是晶体中的线缺陷。位错，是指晶体中某处有一列或若干列原子发生了有规则的位置移动。位错分为刃型位错和螺旋位错两种。

如图 3-5 所示，在一完整晶体中的某一晶面（图 3-5（a）中的 *ABCD*）以上，多出了一个垂直方向的半原子面 *EFGH*，它中断于 *ABCD* 面上 *EF* 处。由于这个半原子面像刀一样切入，使 *ABCD* 面上下两部分晶体之间产生了原子错动，故称为刃型位错。*EF* 线称为位错线。当半原子面位于晶体上半部时，称为正刃型位错，用“⊥”表示；当半原子面位于晶下半部时，称为负刃型位错，用“⊤”表示。在位错线周围晶格畸变最严重，距它越远，畸变越小。

图 3-5（b）所示为晶体中的一个晶面（*ABE*），在 *CB* 右方的晶体上下两部分的原子排列发生了错动，即在 *ABE* 晶面的上部相对于下部错动了一个原子间距，结果便造成了上下原子面不能相互吻合的过渡地带，此过渡带的原子排列呈螺旋形，故称为螺型位错。螺型位错附近也发生了严重的晶格畸变，也是应力集中区。

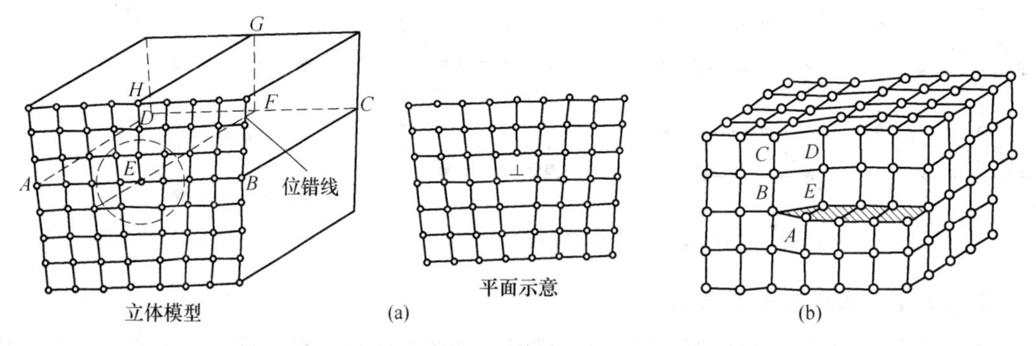

图 3-5　刃型位错和螺型位错示意图

（a）刃型位错；（b）螺型位错

（3）面缺陷。面缺陷主要指金属中的晶界和亚晶界。晶界是不同位向的晶粒之间的过渡区，其原子排列规则性较差，受不同晶粒的影响而处于不同位向的折中位置，由于晶界的原子偏离平衡位置，并存在较多的杂质原子、空位和位错等缺陷，所以晶格畸变大，位错密度大，具有很高的能量。

晶粒是由许多位向差很小、尺寸很小的小晶块组成，这些小晶块称为亚晶粒。相邻亚晶粒的交界面称为亚晶界。亚晶界是由一系列的刃型位错组成的。亚晶界和晶界有相似的特性。

3.1.3 金属的结晶

金属物质由液态转为固态的过程称为凝固。由于凝固后金属是晶体，所以此过程称为结晶。

3.1.3.1 过冷现象

从理论上讲，纯金属的熔化与结晶应在同一温度下进行，这个温度称为理论结晶温度或平衡结晶温度（T_o）。在此温度下，从宏观上看，既不结晶，也不熔化。这是因为结晶时的潜热析出恰好补偿了金属向环境散失的热量引起的温度下降。要使金属由液态冷却到固态，必须冷却到 T_o 温度以下 T_n 的温度。金属实际冷却时的实际温度称为实际结晶温度（T_n）。T_n 总低于 T_o 的现象称为过冷现象。T_o 与 T_n 的差值称为过冷度（即 $\Delta T=T_o-T_n$）。金属的过冷度不是一个定恒值，它与金属的性质、冷却速度及金属的纯度等因素有关。过冷是金属结晶的必要条件。

3.1.3.2 金属的形核和长大

结晶过程就是不断形成晶核和晶核不断长大的过程。金属结晶时，不断在液体中形成一些极细微的晶体，然后以这些小晶体为中心，不断从液体中吸取原子而长大直至各个晶体彼此接触，液体完全消失，这些作为结晶核心的极细晶体称为晶核。

晶核的形成有自发形核和非自发形核两种情况。自发形核即在一定的过冷度下，由金属原子直接自发形成晶核的过程，也称为均匀形核。非自发形核是因为在金属中已存在着许多各种难熔杂质微粒，依附于杂质表面很容易形成晶核，这种形核过程称为不均匀形核。杂质与金属晶体的晶体结构和晶格常数越接近，则越容易起到非自发形核的作用。

晶核形成后，即开始长大。晶核长大的实质是液体中的原子向晶核表面迁移的过程，就是晶体界面不断向液体推进的过程。晶体的长大，取决于过冷度。实际金属结晶时，冷却速度越大，则过冷度越大。金属在某些具有较好散热条件的方向上生长，形成空间骨架，形如树干，并又有树枝在树干上形成、长大，直到液体全部消失。最终结晶得到一个具有树枝状的树枝晶。

3.1.3.3 金属结晶后晶粒的大小

金属结晶后，晶粒越细，不仅其强度、硬度越高，而且塑性和韧性越好。晶粒的大小取决于形核率 N 和生长线速度 G。而 N 和 G 又与过冷度、变质处理和振动搅动有关。

单位体积内晶粒数与形核率 N 成正比，与生长线速度 G 成反比，即晶粒的大小取决于 N/G 的比值。金属结晶时 N 与 G 都随过冷度的增加而增大，但 N 的增长率大于 G 的增长率。因此提高过冷度就会提高 N/G 的比值，而使晶粒变细。

变质处理就是往金属液体中有意加入一定量的某些物质，以获得细小晶粒的操作。所加入的物质称为变质剂，其作用是促进非自发形核和抑制晶粒长大。

生产上采用的机械振动、超声波、电磁搅拌、压力浇注或离心浇注等方法，其目的都是为了加强液态金属的相对运动，从而促进形核，提高形核率；同时打破正在生长的枝晶，破碎的枝晶起晶核作用，从而获得细小晶粒。

3.2　铁碳合金

碳钢和铸铁的基本元素都是碳和铁，故统称为铁碳合金。为了合理使用钢铁材料。正确制定其加工工艺，必须研究钢铁合金的组织、成分与温度的复杂关系。钢铁合金相图是研究这些关系的重要工具和理论基础。

3.2.1　铁碳合金相图

铁和碳可形成一系列的化合物，如 Fe_3C、Fe_2C、FeC 等，由于碳的质量分数大于 6.69%的铁碳合金脆性极大，没有实用价值。因此，研究铁碳合金时，仅研究 Fe-Fe_3C 相图，如图 3-6 所示。

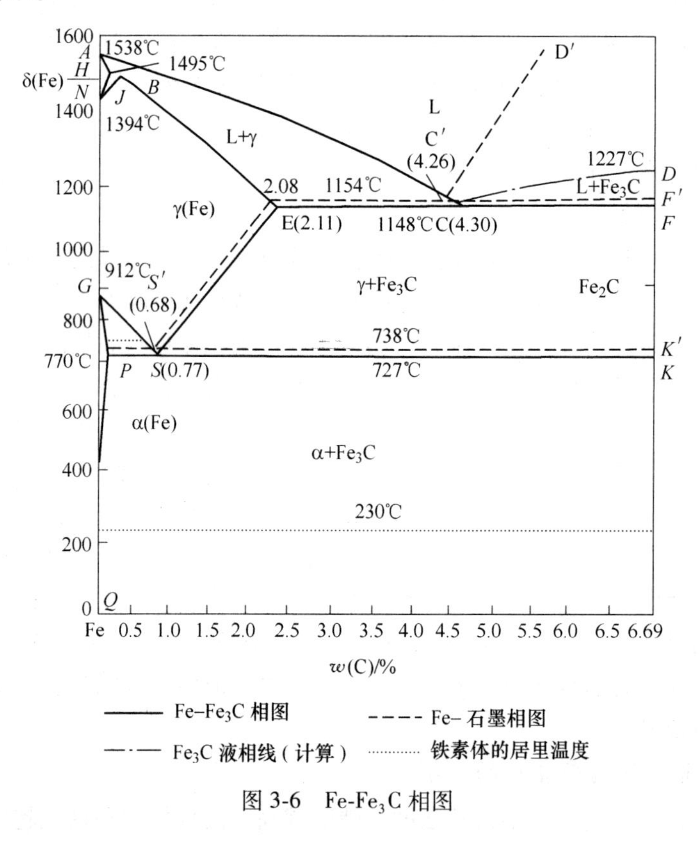

图 3-6　Fe-Fe_3C 相图

3.2.1.1　相结构

液态时，碳是以原子形式溶解于液体铁中。凝固成固体后，碳便以固溶体或金属化合物（即碳化物）的形式存在于铁中。

（1）铁素体。碳在 α-Fe 中的间隙固溶体称为铁素体，常用符号 F 或 α 表示。铁素体具有体心立方结构，碳在 α-Fe 中的溶解度较小。在 727℃时，其溶解度最大为 0.0218%，在室温时仅为 0.0008%。铁素体的性能接近于纯铁，其强度硬度较低，塑性和韧性高。

（2）奥氏体。碳在 γ-Fe 中的间隙固溶体称为奥氏体，常用符号 A 或 γ 表示。奥氏体具有面心立方结构。由于面心立方结构原子间隙比体心立方结构原子间隙大，因此它的溶碳能力比 α-Fe 大。在 1148℃时，其溶解度最大可为 2.11%，在 727℃时，其溶解度为 0.77%。奥氏体的性能与其溶碳量和晶粒的大小有关，其强度、硬度较低，塑性和韧性较高。因此易于进行塑性变形。

（3）渗碳体。渗碳体即为 Fe_3C，熔点为 1227℃。其碳的质量分数高，为 6.69%。它是一种具有复杂结构的间隙化合物。其晶格结构为正交晶系。在 Fe_3C 晶体结构中，铁原子接近于密堆的排列，而碳原子位于其间隙处。渗碳体的结构决定了其具有极高的硬度和脆性，渗碳体是铁碳合金中的强化相，它的形状与分布对铁碳合金的性能有很大的影响。

3.2.1.2 相图分析

相图中的符号是国际通用的，不能随意改变。Fe-Fe_3C 相图中主要特性点的温度，碳的质量分数及其含义见表 3-1。

表 3-1 Fe-Fe_3C 相图符号说明

符号	温度/℃	w(C)/%	含　义
A	1538	0	纯铁的熔点
C	1148	4.30	共晶点 Le=A_e+Fe_3C-Fe
D	1227	6.69	渗碳体熔点（计算值）
E	1148	2.11	碳在 γ-Fe 中的最大溶解度
F	1148	6.69	渗碳体
G	912	0	α-Fe ⇋ γ-Fe 同素异构转变点（A_3）
K	727	6.69	渗碳体
P	727	0.02	碳在 α-Fe 中的最大溶解度
S	727	0.77	共析点，A_s=F_P+Fe_3C
Q	室温	0.0008	碳在 α-Fe 中的溶解度

3.2.1.3 共析转变和共晶转变

共析转变是指一种等温的可逆反应，冷却时固溶体转变为两种或更多的微密的混合态固体，其析出物称为共析体。

共晶转变是指一种等温的可逆反应，冷却时液态溶液转变成两种或两种以上的微密混合的固体。

3.2.1.4 典型合金的结晶过程分析

铁碳合金中，按其含碳量和组织的不同，分成以下三类：一类是工业纯铁（w(C)≤0.0218%）；另一类是钢（w(C)=0.0218%~2.11%），它包括亚共析钢（w(C)<0.77%）、共析钢（w(C)=0.77%）和过共析钢（w(C)>0.77%）；还有一类是白口铸铁（w(C)=2.11%~6.69%）。

（1）共析钢（w(C)=0.77%）。共析钢的平衡相变过程如图 3-7 所示。共析钢冷却到临界温度之前不发生奥氏体转变，但是转变会在 723℃开始和结束。最终的组织全部是珠光体。

（2）亚共析钢（$w(\mathrm{C})=0.0218\%\sim0.77\%$）。以 $w(\mathrm{C})=0.4\%$ 的合金为例，平衡相变过程如图 3-8 所示。温度超过 A_{e3} 时钢完全奥氏体化，当缓慢冷却到 A_{e3} 以下时，奥氏体析出的铁素体沿晶界集结。温度降至 A_{e1} 时，奥氏体的晶粒减小，并且它们的碳含量增到 0.8%（质量分数）。继续冷却到 A_{e1} 以下，奥氏体转变为珠光体。最终的组织是铁素体和珠光体。

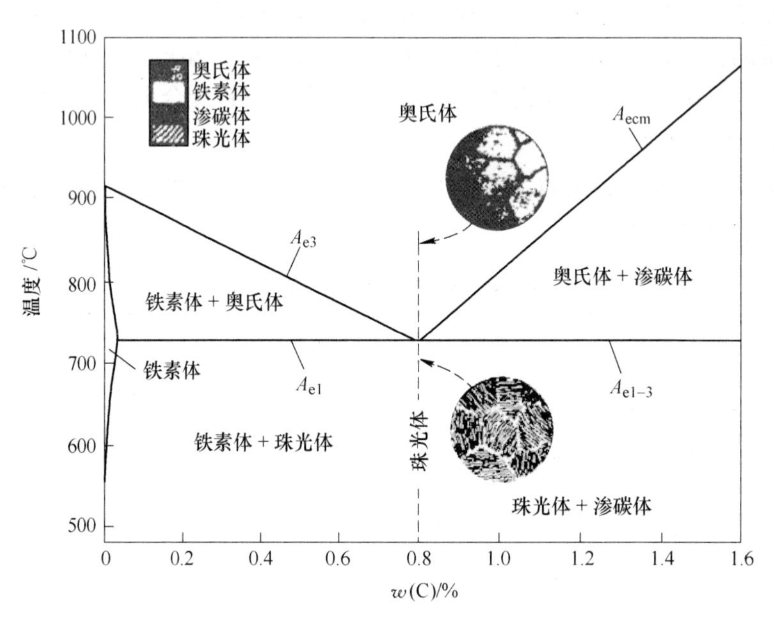

图 3-7　共析钢的平衡相变过程

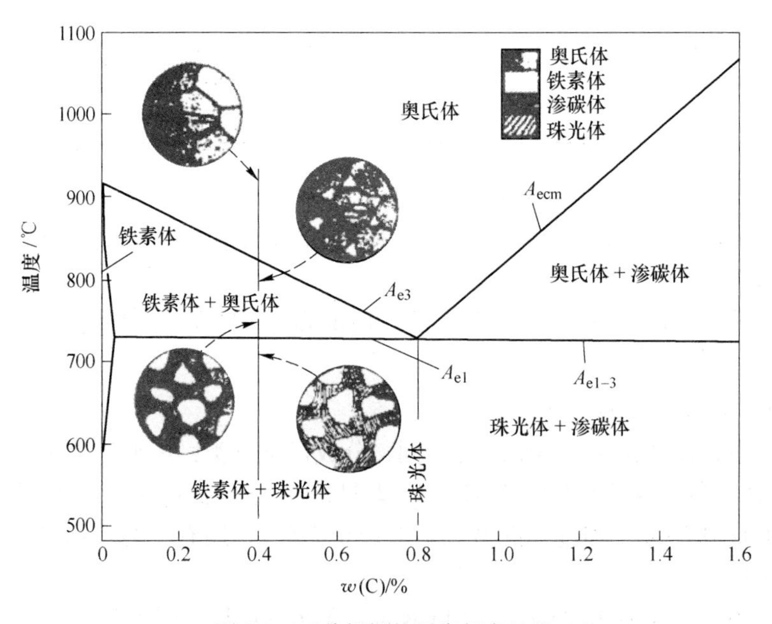

图 3-8　亚共析钢的平衡相变过程

（3）过共析钢（w(C)＝0.77%～2.11%）。以 w(C)＝1.2%的合金为例，平衡相变过程如图 3-9 所示。超过 A_{eum}时钢完全是奥氏体，缓冷至 A_{eum}以下时，碳将围绕奥氏体晶界以针状渗碳体晶粒的形式析出，结果奥氏体中的碳含量逐渐降低到对应于 $A_{e1\text{-}3}$的 0.8%。低于这点剩余的奥氏体转变为珠光体。最终的组织为渗碳体和珠光体。

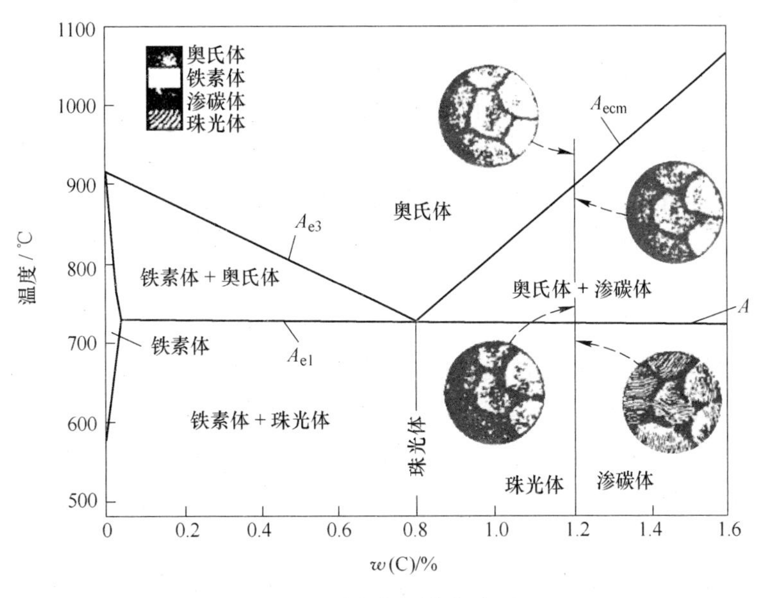

图 3-9　过共析钢平衡相变过程

3.2.2 碳钢

碳钢由铁和碳两种基本元素组成。由于冶炼过程中不能完全除尽杂质，因此，碳钢中除铁、碳之外，还含有少量的锰、硫、磷等杂质元素。

3.2.2.1　含碳量对钢组织和力学性能的影响

碳钢的性能取决于组织，所以随着钢中含碳量的增加，F 的量减少，Fe_3C 的量增加，而塑性和韧性不断减低。但当碳的质量分数超过 0.9%以后，由于网状 Fe_3C 量的增多，不仅会使钢的塑性、韧性降低，而且强度和硬度也明显下降。为了保证工业用钢具有足够的强度和韧性，碳的质量分数一般不超过 1.3%～1.4%。

3.2.2.2　钢中常存在的杂质的影响

（1）锰与硅。在钢脱氧时，锰和硅可把 FeO 还原成铁，并形成 SiO_2 和 MnO，锰还可以与硫形成硫化锰。这些反应产物大部分进入炉渣，小部分残留在钢中成为非金属夹杂物。脱氧剂中的锰和硅，由于化学平衡的作用总有一部分溶于钢液中，凝固后则溶于铁素体或奥氏体中。锰还可以溶于渗碳体中。溶于铁素体中硅与锰可提高铁素体的强度，从而提高钢的强度。当它们的质量分数大约不超过 1%时，不降低材料的韧性和塑性。一般认为硅和锰是钢中的有益元素。

（2）硫。硫可溶于液态铁中，但在固态铁中的溶解度极小，并可与铁形成硫化铁，硫化铁有可与 γ-Fe 形成熔点仅为 989℃的（Fe + FeS）共晶体，并存在于奥氏体枝晶之间。

当钢加热到 1150~1200℃之间进行热加工时，晶界上共晶体已熔化，晶粒间结合被破坏，钢在加工过程中就沿晶界开裂。这种现象称为热脆或红脆。

在含锰的钢中，硫与锰形成硫化锰，避免了硫化铁的形成。硫化锰的熔点为 1600℃，高于热加工温度，并在高温时具有一定的韧性，故不会使钢发生热脆现象。综上所述，硫是钢中的一种有害元素。

（3）磷。磷也是钢中的有害元素。磷在钢中的溶解度较大，一般情况下钢中的磷全部溶于固溶体中，可以显著提高铁素体的强度和硬度，但也使钢的塑性和韧性急剧下降。磷在钢中的偏析性很强，扩散速度又很慢，所以对具有磷偏析的钢，要想得到均匀的组织是困难的。钢在低温时都会变脆，这种现象称为冷脆。开始变脆的温度称为脆性转变温度。当含磷较高时，钢的脆性转变温度会提高。因此在一般情况下，对钢中的磷含量要严格控制。

（4）氮。氮是在冶炼时有炉料及炉气进入钢中的。由于氮在 α-Fe 中最大溶解度与室温下的溶解度差别较大，因此将含氮较高的钢从高温冷淬时，铁素体中的氮含量将达到饱和，钢材在室温长时间或稍行加热时，氮就逐渐以氮化铁的形式从铁素体中弥散析出。这会使碳钢的强度、硬度上升，而韧性、塑性降低，这种现象称为时效硬化。氮还会使低碳钢发生形变时效。含有微量氮的低碳钢在冷塑性变形后，性能将随时发生变化，即强度、硬度增高，而塑性、韧性降低。氮是产生蓝脆现象的主要因素。

（5）氢。氢是在冶炼过程中，由含水的炉料及潮湿的大气带入钢中的。氢在铁中的溶解度很小。它在钢中的含量一般很少，但对钢的危害却很大。这主要是由于氢溶解于固态钢中时，对钢的屈服点和抗拉强度没有明显的影响，但却剧烈地降低钢的塑性。

（6）氧。炼钢时靠氧化除去原料中的杂质。尽管最后会进行脱氧，但总有一定量的氧残存在钢中。氧在钢中的溶解度很小，几乎以氧化物的形式存在。钢中各种氧化物的总量，随钢中氧的含量增加而增加。

总的来说，钢中氧含量增高时，钢的塑性、韧性降低，脆性转化温度升高，疲劳强度下降。在轧压温度下塑性较好的夹杂物，特别是硅酸盐，轧压时将沿压延方向上伸长，而且两端比较尖锐，对横向力学性能影响较大。此外，这些夹杂物还使冷轧性能和切削加工性能变坏。

3.2.2.3　碳钢的分类

按冶炼设备的不同，碳钢壳分为平炉钢、转炉钢和电炉钢三大类。每一种钢因为炉衬的材料不同可分为酸性，碱性。

按冶炼时钢的脱氧程度不同，又可分为沸腾钢（脱氧不完全）、镇静钢（脱氧完全）和半镇静钢（脱氧程度介于上述两类之间）。

按含碳量可分为低碳钢（$w(\mathrm{C})<0.25\%$），中碳钢（$w(\mathrm{C})=0.25\%\sim0.60\%$），高碳钢（$w(\mathrm{C})>0.60\%$）。按钢中有害元素硫、磷的含量可分为普通碳素钢（$w(\mathrm{S})\leqslant0.055\%$，$w(\mathrm{P})\leqslant0.045\%$）、优质碳素钢（$w(\mathrm{S})\leqslant0.040\%$，$w(\mathrm{P})\leqslant0.040\%$）、高级优质碳素钢：（$w(\mathrm{S})\leqslant0.030\%$，$w(\mathrm{P})\leqslant0.035\%$）。

在新的国家标准（GB—700—88）中，按性能和用途将碳钢分为碳素结构钢，优质碳素结构钢、碳素工具钢、铸造碳素钢和易切削钢等。

思考题

3-2-1 描述铁碳相图。

3.3 钢的热处理

在生产中，通过加热、保温和冷却，使钢发生固态转变，借此改变其内部结构，从而达到改善力学性能的目的的操作被称为热处理。因此，要正确掌握热处理工艺，必须首先要了解钢在不同的加热和冷却条件下组织结构的变化规律。

3.3.1 钢加热时的组织转变

钢在热处理过程中，通常第一道工序就是把钢加热，使之形成均匀的奥氏体组织，并尽量得到细小的晶粒。这对随后奥氏体冷却转变产物的性能有很大影响。

3.3.1.1 奥氏体的形成过程

当把珠光体加热到 A_1 温度以上时，奥氏体晶核首先在铁素体和渗碳体相界面上形成。这是因为相界面上原子排列不规则，处于高能量状态，局部形核所需的结构起伏和能量起伏条件，同时相界面上碳分布不均匀，这都为奥氏体晶核在结构、能量和成分上提供了有利条件。

当奥氏体在铁素体和渗碳体的相界面上形核后，便形成了铁素体/奥氏体和渗碳体/奥氏体两个新界面。各相中和界面上碳的浓度各不相同，这样一来就破坏了相界面的平衡条件。为了恢复和维持界面平衡的浓度，铁素体和渗碳体都必须向奥氏体中溶解，结果使奥氏体晶核自然地朝铁素体和渗碳体方向移动，即奥氏体晶核由此长大。铁素体完全转变后，剩余的渗碳体继续向奥氏体中溶解，最终奥氏体中碳的扩散均匀化。奥氏体的形成过程如图 3-10 所示。

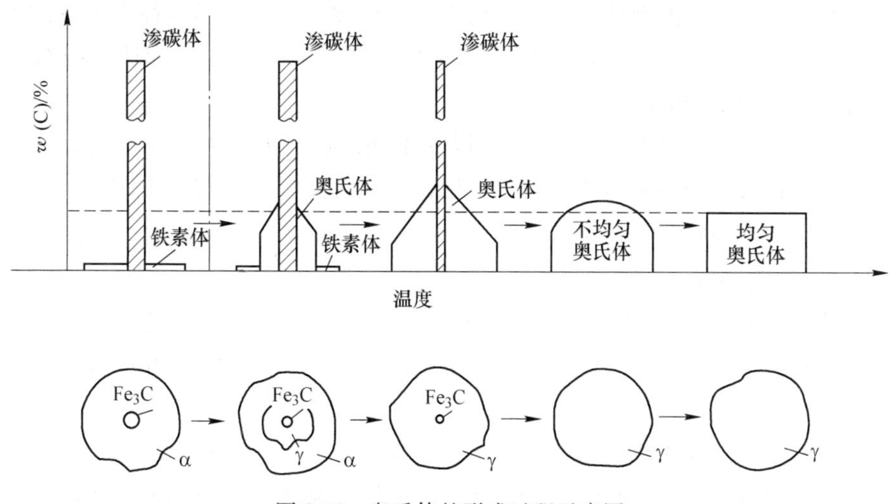

图 3-10 奥氏体的形成过程示意图

3.3.1.2 奥氏体晶粒的大小及控制

在研究奥氏体晶粒时，首先要分清以下几个概念，即奥氏体的初始晶粒、奥氏体实际晶粒和奥氏体的本质晶粒。奥氏体的初始晶粒就是指加热时奥氏体转变刚刚结束，奥氏体晶粒的大小。奥氏体的实际晶粒是指热处理时某一加热条件下的奥氏体晶粒。奥氏体本质晶粒是指各种钢的奥氏体晶粒的长大方式。奥氏体的初始晶粒一般都是细小的，它取决于加热转变时奥氏体的形核速度和长大速度。形核率越大，晶粒越细小；晶核的长大速度越大，晶粒越粗大。

在冶炼时，采用适量的铝脱氧和加入适量的钒、钛、锆、铌等元素，它们的氮化物或碳化物粒子沿晶界弥散析出，可以阻碍晶界迁移，得到本质细晶粒钢。

加热温度越高，晶粒长大速度越大，奥氏体晶粒越大。因此要严格控制加热温度。加热温度一定时，随保温时间延长，晶粒不断长大，但随时间延长晶粒长大速度越来越慢。加温温度一定时，加热速度越大过热度越大，形核率越高，如果保温时间不长，则可获得越细小的晶粒。在实际生产中，快速短时加热可以获得细小的组织，从而得到常温下较好的力学性能，特别是良好的常温和低温韧性。

奥氏体晶粒的大小，对冷却后钢的组织性能有重要的影响。奥氏体晶粒细小，冷却后转变产物的组织也细小，其强度和韧性都比较高；反之，粗大的奥氏体组织，转变后仍是粗的晶粒组织，钢的力学性能下降。就冲击性而言，普通碳钢和低合金钢的奥氏体晶粒每细化一级，冲击韧性值能提高 $2\sim4\text{kg}\cdot\text{m/cm}^2$，同时冷脆转变温度可降低 10℃以上。因此，在热处理时要严格控制晶粒的大小以获得良好的综合性能。在冶金厂，热轧钢材终轧温度下的奥氏体晶粒大小决定钢材轧制后的性能，其终轧温度必须严格控制。

3.3.2 过冷奥氏体的转变产物

钢在室温时的力学性能，不仅与加热时奥氏体的状态有关，而且在很大程度上取决于冷却时转变产物的类型和组织状态。控制奥氏体在冷却时的转变过程是热处理的关键。

热处理时常用的冷却方式有两种：一是等温冷却，即将奥氏体化后的钢件迅速冷却到临界点以下某一温度，等温保持一定时间后再冷却至室温，在保温过程中完成的组织转变称为等温转变；二是连续冷却，即将奥氏体化后的钢件以不同的冷却速度连续冷却到室温，在连续冷却过程中完成的组织转变。

一般情况下，把奥氏体冷却到 A_1 温度以下不同的温度时，可发生珠光体转变、贝氏体转变及马氏体转变三种不同形式的转变。根据三种转变温度区间的不同，可将奥氏体转变分为高温转变、中温转变和低温转变。

3.3.2.1 珠光体转变

珠光体转变发生在 A_1 至 550℃。这时铁及碳原子扩散均可以充分进行，转变产物为珠光体即铁素体和渗碳体的共析混合物。在一般情况下，这两相呈片状相间分布，称片状珠光体。珠光体转变也是形核和长大的过程，如图 3-11 所示。

由于过冷奥氏体向珠光体的转变温度不同，珠光体中铁素体和渗碳体片的厚度（珠光体的分散度）也不同。通常对不同分散度的珠光体有种不同的名称：（1）大约在 $A_1\sim$650℃之间，所形成的珠光体分散度较低，称为粗大珠光体或简称珠光体。（2）在 600~650℃之间形成的珠光体，其分散度较高，称为细珠光体或索氏体。（3）在 600~550℃之间形成的珠光体，其分散度很高，称为极细珠光体或屈氏体（托氏体）。珠光体、索氏体

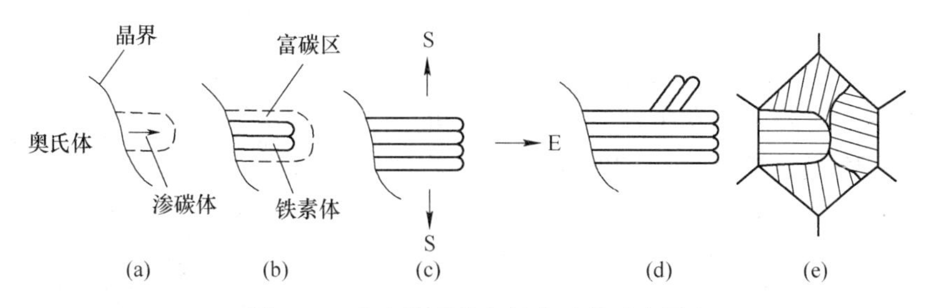

图 3-11 珠光体形核与长大过程示意图

（a）形成渗碳体晶核；（b）出现铁素体片；（c）形成铁素体和渗碳体的层片状组织；（d）形成位向不同的珠光体晶粒；（e）珠光体晶粒长大，全部形成珠光体

和屈氏体属于珠光体型组织，三者之间并无本质差别，且无严格的温度界限，只是片层厚度不同。转变温度越低，片层越薄（分散度越大），其强度与硬度就越高。

3.3.2.2 贝氏体转变

贝氏体转变温度大约在550~220℃区间。由于转变温度低，扩散过程不能充分进行，故奥氏体分解成为介稳定的过饱和α-Fe与碳化物（渗碳体）的混合物，这种转变产物就是贝氏体。根据钢中含碳量和转变发生的温度，可分为上贝氏体、下贝氏体和颗粒状贝氏体。

在接近珠光体转变温度（550℃稍下）下形成的贝氏体，是平行的α-Fe相与其间分布的碳化物所形成的混合物，称为上贝氏体；在靠近马氏体转变温度（220℃稍上）下形成的贝氏体，是针状的过饱和α-Fe及其上分散的微细碳化物所组成的混合物，称为下贝氏体。贝氏体的强度与硬度总的来说高于珠光体，并且随温度的升高而降低。上贝氏体的塑性与韧性不如珠光体，无使用价值。下贝氏体的塑性和韧性比较高，而且强度高于珠光体。在实际生产中，这种组织可获得良好的综合力学性能并减少热处理变形。

3.3.2.3 马氏体转变

当把奥氏体冷却到更低温度时，扩散过程已无法进行。这时，过冷奥氏体以非扩散形式转变成马氏体。过冷奥氏体必须冷却到一定的温度下才能发生马氏体的转变，此温度称为马氏体开始转变点或马氏体点（用 M_s 表示）。在不断降温过程中，马氏体转变继续进行。当达到某一温度时停止，此时的温度称为马氏体转变终了点（用 M_f 表示）。马氏体是碳在α-Fe中的饱和固溶体。

马氏体的硬度很高，但塑性和韧性却很低，破断强度也不高，因而在生产上并不能直接使用这种组织，通常要通过处理成回火马氏体后才能使用。

以上所讲的都是过冷奥氏体的等温转变产物，在实际生产中过冷奥氏体一般都采用连续冷却方式。奥氏体在连续冷却转变过程中，其产物取决于连续冷却的冷却速度。不同的冷却速度对应不同的产物，可以根据过冷奥氏体连续冷却转变曲线（CCT曲线）确定其产物。

3.3.3 奥氏体等温转变动力学曲线（C曲线）

奥氏体冷却至临界点以下处于不稳定状态，将会发生分解。把这种在临界点以下暂时存在的奥氏体称为过冷奥氏体。

反映过冷奥氏体等温转变动力学的实验曲线称为过冷奥氏体等温转变曲线。因其形状像英文字母“C”，故称C曲线，又称TTT（时间、温度、转变三词的英文缩写）曲线。测得过冷奥氏体在不同温度下发生转变的开始时间（一般以1%～3%转变量所对应的时间作为转变开始时间）和终了时间（99%的转变量所对应的时间），把它们标注在温度-时间坐标中，然后分别连接转变开始点和转变终了点，就可得到该钢的过冷奥氏体的等温转变曲线。该曲线下部还有条表示奥氏体向马氏体转变的开始温度 M_s 线。C曲线的横坐标常取对数形式（因为在 A_1 附近和接近 M_s 点附近的转变时间比较长）。共析钢的C曲线如图3-12所示。

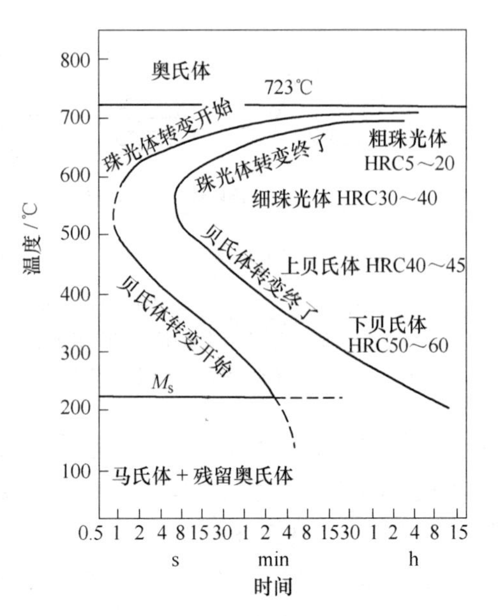

图3-12　共析钢（$w(C)=0.8\%C$，$w(Mn)=0.76\%Mn$）的C曲线

C曲线自上而下可分为四个区域：A_1 线（723℃）以上为奥氏体稳定存在的区域；A_1～550℃之间为珠光体转变区，转变产物为珠光体；550℃～M_s 之间为贝氏体转变区，转变产物为贝氏体；M_s 和 M_f 之间为马氏体转变区，产物为马氏体。A_1 和 M_s 线之间自左而右又可分为三个区域：过冷奥氏体转变开始线以左的区域为尚未转变的过冷奥氏体区；过冷奥氏体转变结束线以右的区域为转变产物区；两线所夹的区域为过冷奥氏体和转变产物的共存区。

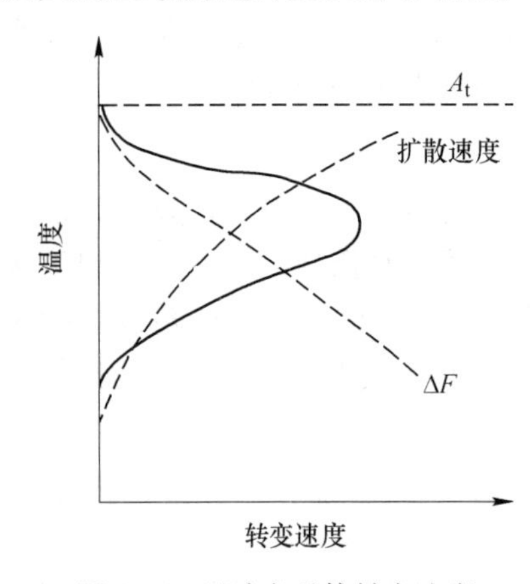

图3-13　过冷奥氏体转变速度与温度的关系

由图3-13可见，过冷奥氏体在各个温度下等温并非一开始就转变，而是历经一定时间后才开始转变。当过冷度较小时，过冷奥氏体与珠光体之间的自由能差 ΔF 较小，过冷奥氏体比较稳定，故孕育期很长，转变所需时间也很长；随着过冷度增大（温度降低），新旧相的自由能差 ΔF 越来越大，过冷奥氏体稳定性越来越差，约在550℃左右过冷奥氏体最不稳定，孕育期最短，此处通常称为C曲线的“鼻子”。不同成分的钢C曲线的“鼻子”的温度也不一样。继续降低温度，这时主导转变的已不是新旧相的自由能差 ΔF，而是原子的扩散能力。由于温度低，原子扩散越来越困难，所以过冷奥氏体分解的孕育期和转变时间逐渐增长。过冷奥氏体转变速度与温度的关系如图3-13所示。

对亚共析钢、过共析钢而言，在珠光体转变之前将先分别析出铁素体和先共析渗碳体。因此，在它们的C曲线的上部各多出一条先共析相析出线。

3.3.4　过冷奥氏体连续冷却转变曲线（CCT曲线）

在实际生产中，除少部分采用等温转变外，大量采用的冷却是连续冷却。在连续冷却中，钢中的过冷奥氏体是在不断地降温过程中发生转变的。

连续冷却转变曲线（CCT）是通过实验得出的，如图 3-14 所示，图中虚线为 C 曲线。共析钢的 CCT 曲线与 C 曲线相比，向右下方移动了，即转变的开始时间推迟，开始温度降低。

当连续冷却速度很小时，转变的过冷度很小，转变开始和终了的时间很长。冷却速度如果加大，则转变温度降低，转变的开始与终了时间缩短，而且冷却速度越大，转变所经历的温度区间也越大。图中的 CC' 线为转变中止线，表示冷却曲线与此线相交时转变并未最后完成，但奥氏体停止了分解，剩余部分被过冷到更低温度下发生了马氏体转变。通过图中 C 与 C' 点的冷却曲线相当于两个（上、下）临界冷却速度。当冷速很大（超过 v_C 或 $v_{C'}$）时，奥氏体将全部被过冷到 M_s 点以下转变为马氏体。

根据以上分析，可以绘出如图 3-15 所示的冷却速度、转变温度与转变产物之间的关系示意图。图中上面为过冷奥氏体转变温度与冷却速度的关系，下面为转变产物与冷却速度的关系。可见当以某一速度冷却时，珠光体转变在一个温度区间进行。冷速越大，此区间越大，开始转变的温度越低。冷却速度小于下临界冷却速度（$v_{C'}$）时，转变产物全部为珠光体；冷却速度大于临界速度（v_C）时，转变产物为马氏体及少量残余奥氏体；冷却速度介于两者之间时，转变产物为珠光体、马氏体加少量残余奥氏体。

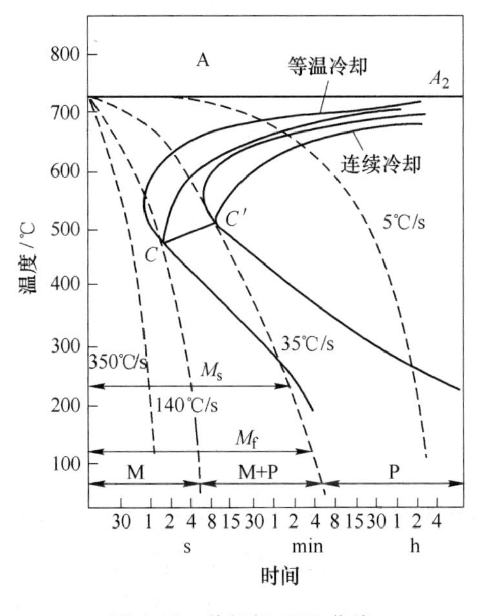

图 3-14 共析钢 CCT 曲线

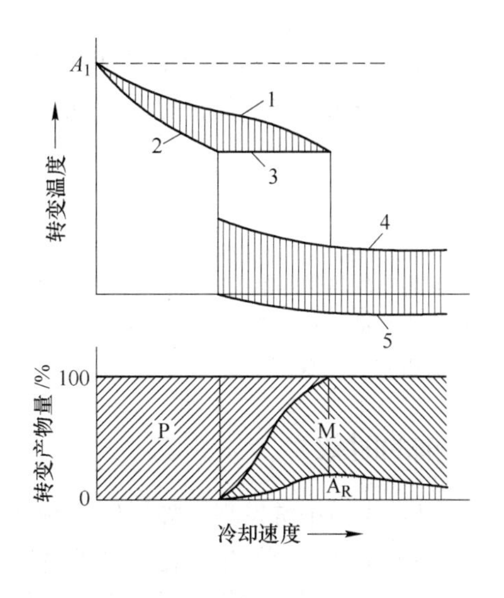

图 3-15 冷却速度对过冷奥氏体转变区域及转变产物的影响

1—珠光体转变开始线；2—珠光体转变终了线；3—珠光体转变中止线；4—马氏体转变开始线；5—马氏体转变终了线

亚共析钢冷却到珠光体转变中止线后，余下的过冷奥氏体在继续降温过程中，将发生一部分贝氏体转变，最后剩余的奥氏体冷却到 M_s 点以下则转变为马氏体。而过共析钢在连续冷却中不发生贝氏体转变，所得的最终组织应分别为 $P + M + A_R$ 及 P。只是形成珠光体的温度不同，得到是极细珠光体即屈氏体或索氏体。

3.3.5　影响C曲线的因素

影响C曲线的因素较多，下面介绍几个主要的影响因素：含碳量的影响，合金元素的影响，加热条件的影响。

（1）含碳量的影响。随着奥氏体中含碳量的增加，C曲线逐渐右移，这说明奥氏体的稳定性增高。越来越不容易分解。当含碳量增加到共析钢共析成分左右时，奥氏体的稳定性最高。超过共析成分以后，随着含碳量的增加，C曲线左移，奥氏体的稳定性减小。另外，奥氏体中含碳量越高，M_s点越低。

（2）合金元素的影响。概括地讲，所有合金元素（除钴和铝，质量分数大于2.5%），都增加过冷奥氏体的稳定性，使C曲线右移。

其中，不形成碳化物的元素镍、硅、铜等和弱碳化物锰，只改变C曲线的位置，不改变C曲线的形状。碳化物形成元素铬、钼、镍、钒、钛等，不仅使C曲线右移，而且还改变C曲线的形状。另外，硅、钛、钒、钼、钨等合金元素使珠光体区“鼻子”的温度上升，而镍、锰、铜则使其下降。

（3）加热条件的影响。奥氏体化时的加热温度和保温时间的长短，对形成奥氏体的晶粒大小和成分的均匀程度有明显的影响。奥氏体化温度越高，保温时间越长，则形成的奥氏体晶粒越粗大，成分也越均匀。此外，加热温度的升高还有利于先共析相和难溶颗粒的溶解。所有这些因素都降低奥氏体分解时的形核率，增加奥氏体的稳定性，使C曲线右移。反之，加热温度偏低，保温时间不足，将获得成分不均匀的细晶粒组织，使C曲线左移。

思考题

3-3-1　简述钢加热时的组织转变和过冷奥氏体的转变产物。

3-3-2　简述C曲线和影响C曲线的因素。

3-3-3　描述CCT曲线。

3.4　钢的时效

在日常生活中常发现，如低碳钢板等材料经热加工或冷加工后，在室温放置一段时间，它的力学性能会发生变化，这种金属材料的一种或多种性能随时间延长而改变的现象称为时效。由于钢材的化学成分不同，预先的热加工或冷加工及使用温度的不同，钢的时效也有不同的表现。

3.4.1　时效条件和时效引起的性能变化

时效的条件：

（1）对合金元素具有一定的溶解度。

（2）溶解度随温度的降低而减小。

（3）高温固溶的合金元素，急冷后成为过饱和状态。

（4）在低温状态下，合金元素仍具有一定的扩散速度。

总之，时效现象是一种由非平衡状态向平衡状态转变的自发现象。如果固溶处理后以极缓慢的速度冷却，以达到平衡状态而又未经冷变形，这时时效现象就不会发生。

由于材料发生时效，其性能将发生较大的变化，主要有以下变化：

（1）材料的硬度增加。

（2）钢的强度（屈服强度增加、抗拉强度增加或不变）、塑性和韧性（延伸率、断面收缩比、抗冲击功）降低。

（3）某些电学性能和物理性能也发生了变化，如使电阻降低、磁矫顽力提高等。

3.4.2 碳钢的形变时效和影响因素

钢的时效现象主要是由钢中的碳、氮间隙原子引起的。碳、氮是钢中间隙原子，间隙原子一般在室温下都有一定的扩散能力，它们的溶解度都随温度的降低而减小，因此只要固溶处理后快冷使之成为过饱和状态，就能够产生时效现象。

时效现象可以分淬火时效和应变时效。淬火时效是固溶体快速冷却到某一个温度导致的沉淀硬化。在该温度下，第二相元素变成过饱和状态。较高温度和多次应用时发生沉淀，并导致屈服强度、拉伸强度和硬化的增加。应变时效是塑性变形后，碳、氮原子在位错附近的富集，对位错起钉扎作用的结果。位错的密度随钢材的化学成分、热处理及冷变形等因素而不同。对低碳钢板，应变时效导致不连续屈服的重现，屈服强度和硬度增加，韧性减少而拉伸强度无明显变化。

当钢中碳、氮的过饱和度达 0.0001%以上时就会引起时效现象。钢中的含碳量越高，固溶在 α-Fe 中的碳量也就越高，时效的效果也就越明显。但当钢中的含碳量大到在组织中出现渗碳体时，时效效果反而减小。实验表明，当碳的质量分数在 0.25%左右时，时效后性能的变化最大。

氢原子由于扩散系数比较大，如果长时间放置也会从钢中析出，这就是氢原子引起的时效现象。硼原子在钢中既可是间隙型又可以是置换型，这对时效起抑制作用。氧原子对时效没有太大的影响。研究指出，经铝脱氧的钢能起到减少钢的时效敏感性的作用，因为剩余钢液中的铝（酸溶铝）与氮会形成 AlN，AlN 的溶解度也随温度的降低而减小。但是与不含铝时相比，由于铝的存在，氮在固溶体中的溶解度大大减小，所以铝对抑制钢的时效作用十分明显。除铝外，合金元素钛、钒、钼、铌、铬、硅、锰、铜、砷和锡等都对钢的时效有影响。

此外，冷加工变形量越大，钢的位错密度越大，位错线之间的平均间隔越小，碳、氮原子越易于偏聚于位错周围形成柯氏气团，形变时效的效果也越显著。

3.4.3 碳钢的过时效

碳钢形变时效的存在，会影响到低碳钢板退火后冷变形的力学性能。为了保证所要求带钢的各种性能，必须采用相应的生产工艺措施，防止带钢时效现象的发生。这些相应的生产工艺措施就是过时效。

在连续退火机组和部分热镀锌机组的炉子中设置过时效段，可以对一些有过时效要求的钢种（如 DQ-AK、DDQ-AK 钢等）进行时效处理，即在各个钢种的过时效温度范围内，使带钢保持足够的过时效时间，使碳等间隙原子充分析出。另外，由于在这类钢中同时添加了铝、钒、铌等合金元素，这部分元素会与氮形成稳定的氮化物同时析出，使铁素体基体强化（称为第二相的弥散硬化），并且使晶粒细化，使钢的强度和韧性均能显著提高，同时使较低温度的时效现象受到抑制。例如在铝脱氧的镇静钢中，加入足够量的铝，使它除了与氧结合外（铝作为脱氧剂加入），还有一定的剩余量（0.02%～0.04%）。在固溶体中，利用这部分剩余的铝来固定氮，即通过轧后缓冷或在700～800℃高温卷取，使铝与氮形成稳定的AlN析出，这样就可以减弱甚至完全消除通常在较低温度发生的时效现象。同时高度弥散的AlN质点在1000℃以下（与铝的质量分数有关）能阻止奥氏体晶粒长大，使钢成为本质细晶粒钢。

合金元素的存在，固化了钢中的碳、氮，使钢在经过变形后，虽然出现了大量的位错和空位缺陷，但没有碳、氮的快速移位而形成柯氏气团，从而降低了形变时效的产生。

3.4.4　时效的实际应用

汽车车身的部件，如前挡泥板、汽车顶板等，如果经冷冲压加工而成，在低碳钢板存在有物理屈服现象（在不增加应力时的屈服现象）的时候，由于局部的突然屈服，钢板的形变不均匀，结果在钢板表面出现形变带皱纹。为了避免产生这种缺陷，首先应设法消除物理屈服现象。实践证明，经过退火的钢板，在冲压加工前进行小变形的轧制（0.8%～1.5%的变形量），可以消除物理屈服现象。但是，这种物理屈服现象的消除，只是暂时现象，经过一定时间（一般为6个月）的时效后，物理屈服现象又会重新出现。这说明形变时效对深冲钢板是十分有害的。为了避免形变时效现象的产生，生产中采用以下方法：

（1）在小变形的轧制消除物理屈服现象后及时进行冲压加工。

（2）如果不能及时进行冲压加工，要把钢板存放在零度以下的环境中，这样可以抑制和延缓时效过程。

（3）改用IF钢制造钢板，并将冷轧后的钢板进行退火处理。

思考题

3-4-1　什么是时效和碳钢的过时效？

3-4-2　为了避免形变时效现象的产生，生产中采用什么方法？

3.5　金属在塑性加工中组织与性能变化的基本规律

金属材料在塑性加工过程中，不仅被改变了形状、尺寸和表面质量，而且也使其组织和性能发生了显著的变化。因此，必须掌握塑性加工中各种工艺因素对组织与性能的影响，才能正确地选择工艺条件，控制金属材料的性能。

3.5.1　金属在冷塑性加工中组织与性能的变化

冷变形的金属组织，从晶粒形状和取向到微细结构都发生了强烈的变化。如图3-16所示。

3.5.1.1　显微组织的变化

（1）纤维组织。多晶体金属经冷变形后，会发现原来等轴的晶粒沿着主变形的方向会被拉长。变形量越大，拉长越显著。当变形量很大时，晶粒呈纤维状，故称为纤维组织。

(2) 亚结构。随着冷变形的进行，金属中的位错密度迅速提高，而且这些位错在变形晶粒中分布是很不均匀的。纷乱的位错纠结起来，形成位错缠结的高位错密度区，将位错密度比较低的部分分隔开来，好像在一个晶粒的内部又出现许多“小晶粒”似的，只是它们的取向差不大，这种结构称为胞状亚结构。胞状亚结构实际上是位错缠结的空间网络，其中高位错密度的位错缠结成了胞壁，而胞内晶格畸变很小，位错密度很低。另外，经冷变形的金属的其他晶粒缺陷（如空位、间隙原子以及层错等）也会有明显增加。

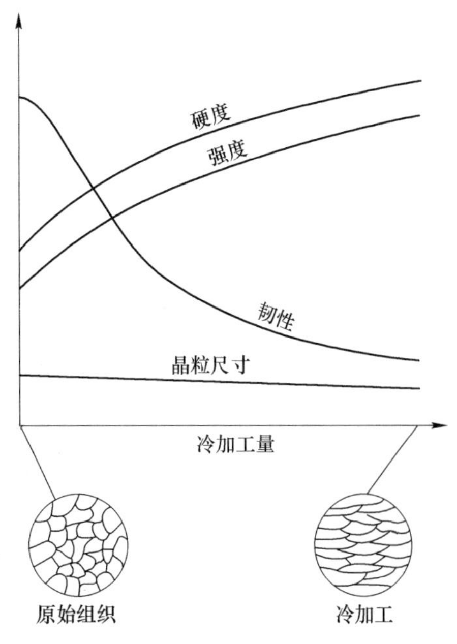

图 3-16 冷加工对材料显微组织和性能的影响

(3) 变形织构。多晶体塑性变形时，各个晶粒滑移的同时，也伴随有晶粒取向相对于外力有规律的转动过程。当变形量较大时，原来为任意取向的各个晶粒也会逐渐调整，引起多晶体中晶粒方位出现一定程度的有序化。这种多晶体由原来取向杂乱排列的晶粒，变成各晶粒取向大体趋于一致的过程称为“择优取向”，具有择优取向的晶体组织称为“变形织构”。

3.5.1.2 性能的变化

金属在冷变形过程中，随着变形程度的增加，强度和硬度明显增高，而塑性迅速下降，这种现象称为加工硬化。影响加工硬化的主要因素主要有晶粒结构、层错能、晶粒大小和变形速度。

冷变形后，在晶内或晶间出现了显微裂纹、裂口和空洞等缺陷，使金属的密度降低；同时位错密度增加、点阵畸变会使电阻增高。

3.5.2 冷变形金属在加热时组织及性能变化

冷变形后，金属处于一种热力学不稳定状态，它的组织和结构具有恢复到稳定状态的倾向。通过加热和保温，可使这种倾向成为现实。本节讨论冷变形金属加热时组织、结构和性能的变化过程。这些变化过程包括回复、再结晶和晶粒长大。在这些过程中不发生点阵类型的变化，因而它们不属于固态相变。

对冷变形金属的加热，在实际生产中的应用就是退火。退火的作用有两个：一是恢复金属的工艺塑性，以便进一步进行冷加工；二是作为最终产品热处理，控制成品性能，得到不同强度和塑性的组合，生产出不同软、硬状态的制品。

冷变形金属在加热时软化过程大致可以分为三个阶段。当加热温度较低时，在光学显微镜下观察不出组织的变化，此阶段为回复阶段；当加热温度超过一定值后，组织和性能皆发生变化，生成新的无畸变的新晶粒，此阶段为再结晶阶段；当温度继续升高时，会发生相邻晶粒的相互吞并和长大，即为晶粒长大阶段。

3.5.2.1　回复

金属在低于再结晶温度下加热时，纤维组织与强度、硬度均不发生明显变化，只有某些物理性能和微细结构发生改变。这是由于原子在微晶内只进行短距离扩散，使点缺陷和位错在退火过程中发生运动，从而改变了它们的数量和分布状态。如图 3-17 所示。

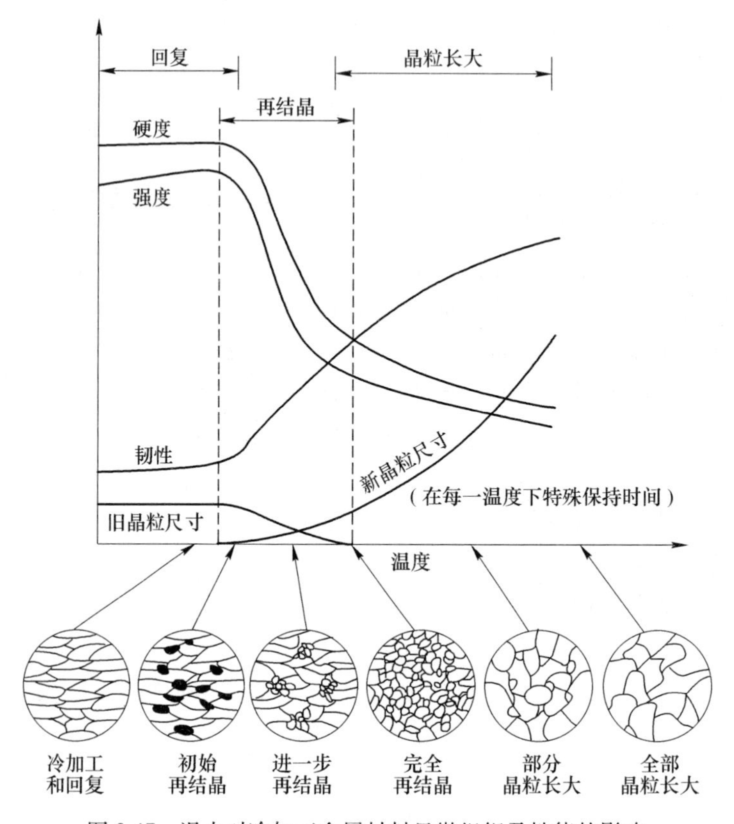

图 3-17　退火对冷加工金属材料显微组织及性能的影响

当回复温度较低时（0.1~0.3T_m），回复的主要机制是空位运动和空位与其他缺陷的结合，如空位与间隙原子结合，空位与间隙原子在境界和位错处沉没。结果使点缺陷密度下降，所以电阻显著降低，内应力降低。可是由于点缺陷周围所引起的应力场较小，因而硬度和强度只有少许改变。

当回复温度较高时（0.1~0.3T_m），回复主要是通过位错的运动，使原来在变形体中分布杂乱的位错向着低能量状态重新分布和排列成亚晶。

在一定回复温度下，性能的回复开始进行得比较快，随着时间的延长回复速度趋于零。回复温度越高，回复速度越快。对应每个回复温度都有一个回复程度的极限值，加热温度越高，回复的极限程度越大，因此达到此极限程度所需时间越短。因此，低温退火过分延长时间是没有意义的。

3.5.2.2　再结晶

冷变形金属加热到一定温度（再结晶温度对于纯金属一般认为大于等于 0.4T_m）后，在原来变形的金属中重新形成新的无畸变等轴晶，这一过程称为金属的再结晶。再结晶后，金属的强度、硬度显著下降，塑性大大提高，加工硬化消除；物理性能也得到明显恢复；内应力完全消除。金属大体上又回到到了冷变形前的状态。

金属的再结晶是通过形核核长大的方式来完成的。再结晶的形核机制是比较复杂的，再结晶晶核来源于现存晶界的弓出，或来源于亚晶粗化。

冷变形量较小时，相邻晶粒的位错密度可能大不相同。这时晶界中的一段会向位错密度高的晶粒突然弓出。被这段晶界扫过的地区，位错密度下降，这就是再结晶晶核，这种形核机制称为弓出机制。

再结晶加热温度越高，完成再结晶所需的保温时间越短；保温时间越长，完成再结晶所需的加热温度越低。由此可见，再结晶温度并非确定值。在实际生产中，再结晶温度要比理论再结晶温度高。

下列因素是影响再结晶过程的主要因素，也影响再结晶后的晶粒大小。

（1）形变量。当形变量很小时，晶粒尺寸与原晶粒尺寸相同。这是因为形变量小时，储存能不足以驱动再结晶。形变量达到某一程度时（一般在 2%~10%），再结晶晶粒特别粗大，然后，再结晶晶粒尺寸随形变量的增大而减小。晶粒尺寸的峰值所对应的形变量称临界形变量。在实际生产中应避开这个形变量。

临界形变量的存在可能是由于此时的储存能已可以驱动再结晶，但由于形变量小，形成的晶核数目很少，因而得到粗大的晶粒。形变量超过临界值后，驱动形核与长大的储存能随形变量的增大而不断增长，形核率、长大速率也随之不断增长，但形核率增长较快，从而使再结晶晶粒细化。

形变量对再结晶温度也有影响。形变量大约在 30%以下，再结晶温度随形变量的增大而下降。超过这个范围后，形变量对再结晶温度的影响逐渐减小。

（2）退火温度。提高再结晶温度可使再结晶速度显著加快，但退火温度对再结晶刚刚完成的晶粒尺寸却影响不大。这是因为再结晶和核长大都是热激活过程，形核率和核长大速率都随退火温度的提高而增长，而形核和长大的激活能几乎相等。

（3）原始晶粒尺寸。晶界附近的形变情况比较复杂，这些区域的储存能较高。细晶粒金属的晶界面积大，冷变形后的储存能高，因而再结晶温度低，再结晶的速率较快。同时，由于再结晶晶核多在储存能高的区域形成，所以原始晶粒越细小，再结晶晶粒也越细小。

（4）可溶性合金元素。金属中的可溶性合金元素可通过固溶强化提高金属的强度。在形变量相同的条件下，可溶性合金元素的存在使冷变形金属中的储存能增多。从这一点来看，它们应使再结晶的温度降低。但是，可溶性合金元素对降低界面迁移速度有很大作用，实际上它们会使再结晶温度提高，再结晶晶粒尺寸减小。

（5）第二相颗粒。第二相颗粒的存在使其附近基体形变加剧，从而会使形核率增大。第二相颗粒的存在将加速再结晶过程。这种加速来自形核率的增长，因而再结晶晶粒较细。

如果第二相颗粒很细（小于 0.3μm），颗粒间距又小（小于 1μm），第二相颗粒将抑制再结晶。这是因为长大中的亚晶粒成为再结晶晶核之前将会遇到第二相颗粒的阻碍。细颗粒第二相抑制形核的结果会使再结晶晶粒十分粗大。

3.5.2.3　晶粒长大

晶粒合并长大是金属加热时出现的普遍现象。冷变形金属在再结晶完成后，如果继续延长保温时间或提高温度，再结晶晶粒会同样长大。晶粒的长大是靠晶界的迁移完成的，晶界的迁移定义为晶界在其法线上的位移，它是通过晶粒边缘上的原子逐步向毗邻晶粒的跳动而实现的。晶粒的大小对金属的性能有很大的影响，控制再结晶晶粒的长大在实际生产中是十分重要的。

金属薄板的板厚也会影响晶粒的长大。当晶粒的平均直径达到板厚的 2～3 倍时，晶粒长大便会停止。这一方面是因为晶界由球面变为圆柱面，使界面迁移的界面能减小；另一方面是由于高温下表面能与界面能相互作用，通过表面扩散在与板面相交的晶界处形成热蚀沟，对处于板内的晶界具有钉扎作用。

将再结晶完成后的金属继续加热至某一温度以上，会有少数晶粒突然长大，其直径可达若干厘米，周围的小晶粒则被它逐步吞并，最终使金属中的晶粒变得十分粗大。这种现象称为异常晶粒长大或二次结晶。异常晶粒长大（二次结晶）在正常晶粒长大十分缓慢时才发生。

3.5.2.4　再结晶组织

A　晶粒大小的控制

再结晶以后晶粒大小直接影响塑性加工制品的力学性能和表面质量。因此控制再结晶退火后的晶粒尺寸就成为控制材料性能的一个重要问题。晶粒的大小主要受形变量及退火温度的控制。将三者的关系绘制成空间图形，可以使工程技术人员很方便地找到适宜的形变量和退火温度，这种图称为再结晶图，如图 3-18 所示。

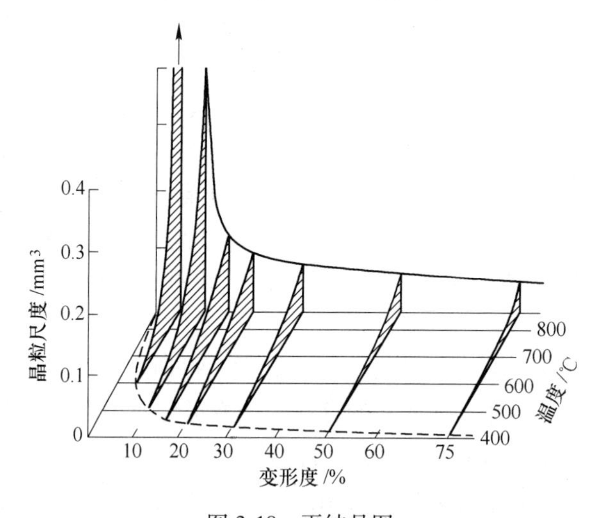

图 3-18　再结晶图

在再结晶图中，水平面上两个互相垂直的坐标分别表示变形程度和退火温度，垂直于水平面的坐标轴表示晶粒大小，加热时间通常规定为 1h。从图中的曲线可以看出，温度一定时，变形程度越大，再结晶后晶粒越小；当变形程度一定时，温度越高，再结晶退火以后的晶粒越大。在低变形程度时出现一个晶粒尺寸非常大的区，这是由于临界变形量所造成的。为了获得强度高的细晶组织，在制定塑性加工工艺时，就要避开临界变形区。

此外，材料中的杂质和合金元素、原始晶粒大小、加热速度和加热时间也对退火后再结晶晶粒大小有不可忽视的影响。一般来说，杂质和合金元素含量越高，再结晶后晶粒越细；原始晶粒越细再结晶后晶粒也越细；加热速度越快，晶粒越细；加热时间越长，晶粒越大，最后趋近于一个恒定值。

B 再结晶织构

金属经过大量的冷变形会形成织构。具有形变织构的金属再结晶后，仍具有织构。这种织构称为再结晶织构。再结晶织构可能与形变织构保持一致，也可能与形变织构位向不同。在某些情况下，再结晶可以使织构消失。

对再结晶织构的形成有两种理论。择优形核理论认为再结晶晶核的位向与冷变形机体的位向具有一定的关系，只要存在形变织构，所有再结晶的晶粒就会具有接近相同的位向，从而获得了再结晶织构。择优长大理论认为，再结晶晶核的位向是无规的。但是，当存在形变织构时，只有具有某些位向的晶核才能迅速长大，从而形成再结晶织构。

纯金属的界面能取决于晶界两侧晶粒的位相差，晶界的迁移速度则与界面能成正比。再结晶晶核若遇形变机体的位向接近一致或呈孪晶关系，晶界迁移将十分缓慢。当两者位相差达到一定角度时，晶界将以很高的速度迁移。晶界迁移速度高的晶核将迅速长大，而晶界迁移速度低的晶核在再结晶过程中将被淘汰。既然存在着形变织构，能够择优长大的再结晶晶粒必然具有某种择优取向。

思考题

3-5-1 简述金属在冷塑性加工中组织和性能的变化。

3-5-2 简述冷变形金属在加热时组织及性能变化。

3.6 钢的性能

3.6.1 钢的基本性能

3.6.1.1 强度

强度是指金属材料在静负荷作用下，抵抗变形和断裂的能力。材料的强度一般通过拉伸试验来测定，如图3-19所示为低碳钢的拉伸曲线，在载荷小于 P_p 时，试样伸长量与载荷成正比，处于弹性变形阶段；在载荷大于 P_p 而小于 P_e 时，试样伸长量与载荷已不成正比，但仍处于弹性变形阶段；当载荷超过 P_e 时，除弹性变形外，试样开始产生塑性变形；当载荷达到 P_s 时，在拉伸曲线上出现了水平或锯齿形的先端，这表面载荷不增加甚至减少的情况下，试样仍继续变形，这种现象称为“屈服”；屈服现象过后，变形量又随载荷的增加而逐渐增大，整个试样发生均匀而显著的塑性变形；当载荷增加到某一最大值后，试样的局部截面开始急剧减小，载荷也逐渐降低；

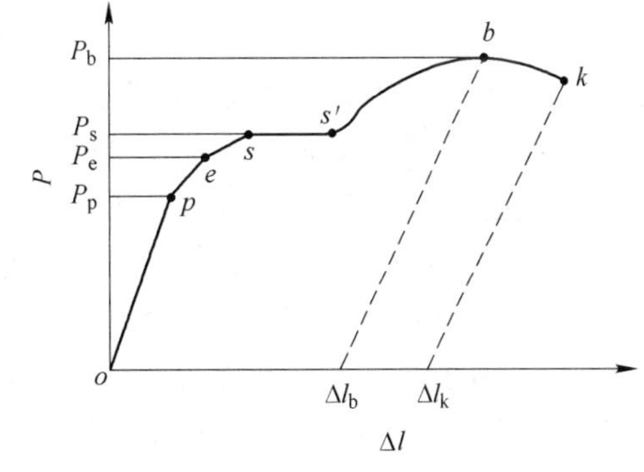

图3-19 低碳钢的拉伸曲线图

当达到 P_k 时，试样在颈缩处断裂。

通常拉伸试验所测的强度指标为屈服强度和抗拉强度。

（1）屈服强度（σ_s）是材料产生屈服现象的应力，计算如下：

$$\sigma_s = P_s / F_0 \tag{3-1}$$

式中，P_s 为试样发生屈服时的负荷，MN；F_0 为材料原始截面积。

（2）抗拉强度（σ_b）是试样在拉断前所承受的最大应力，计算如下：

$$\sigma_b = P_b / F_0 \tag{3-2}$$

式中，P_b 为试样在拉断前承受的最大负荷，MN。

3.6.1.2　塑性

塑性是指金属材料在静载荷作用下产生永久变形而不破坏的能力。金属的塑性也是通过拉伸试验测得的。标志金属塑性好坏的指标是延伸率和断面收缩率。

（1）延伸率是拉伸试样在拉断后，标距长度的增量与原标距长度的比，用 δ(%) 表示为：

$$\delta = [(l_1 - l_0)/l_0] \times 100\% \tag{3-3}$$

式中，l_0 为试样原标距长度；l_1 为拉断后试样标距部分的长度。

（2）断面收缩率是拉伸试样在拉断后，缩颈处横截面积的最大值与原横截面积的比，用 ψ(%) 表示为：

$$\psi = [(F_0 - F_1)/F_0] \times 100\% \tag{3-4}$$

式中，F_0 为试样的原横截面积；F_1 为试样拉断后断裂处的横截面积。

显然，材料的 δ 和 ψ 越大，则塑性越好。强度、硬度越高的材料，一般塑性较低而脆性较高。对于工程材料来说，则希望既有较高的强度和硬度，又有良好的塑性等强韧综合性能。

3.6.1.3　n 值（应变硬化指数）

在金属材料拉伸真应力应变曲线上的均匀塑性变形阶段，应力与应变符合 Hollomon 关系式：

$$S = KE^n \tag{3-5}$$

式中，S 为真实应力；E 为真实应变；n 为应变硬化指数；K 为硬化系数。

应变硬化指数 n 反映了金属继续抵抗塑性变形的能力，是表征金属材料应变硬化的性能指标。在极限情况下，$n=1$，表征材料为理想弹性体，S 与 e 成正比；$n=0$ 时，$S=K=$ 常数，表示材料没有应变硬化能力，如室温下产生再结晶的软金属及受强烈应变硬化的材料。大多数金属的 n 值在 0.1~0.5 之间。

应变硬化指数 n 和层错能有关。层错能低的材料应变硬化程度大。n 值除与金属材料的层错能有关外，对冷热变形也十分敏感。通常，退火态金属 n 值比较大，而在冷加工状态时则比较小，且随金属材料强度等级降低而增加。实验得知，n 和材料的屈服点 σ_s 大致呈反比关系，既 $n\sigma_s=$ 常数；在某些合金中，n 也随溶质原子含量增加而下降；晶粒变粗，n 值提高。

3.6.1.4　R 值（塑性应变比）

塑性应变比指金属材料在进行塑性变形时，宽度方向上的变形量与厚度方向变形量的比值：

$$R = \frac{\varepsilon_b}{\varepsilon_h} = \frac{\ln \frac{B_0}{B_1}}{\ln \frac{H_0}{H_1}} = \frac{\ln \frac{B_0}{B_1}}{\ln \frac{B_1 L_1}{B_0 L_0}} \tag{3-6}$$

式中，H_0、B_0、L_0 分别为试样的原始厚度、宽度和标距长度；H_1、B_1、L_1 分别为经 15% ~20%拉伸变形后试样厚度、宽度和标距长度。

在试验中，$R>1$ 说明钢板在宽向容易变形，在厚向不容易变形，这样钢板在冲压过程中以板面的变形来抵抗破裂，表面冲压性能好；否则，若 $R<1$，说明宽向不容易变形，厚向容易变形，这时钢板容易产生破裂，冲压性能不好。

因冲压板材是轧制方法生产的，不可避免地会具有各向异性，也就是在不同方向上具有不同的变形比 R 值，这时可以取平均值：

$$\overline{R} = \frac{R_0 + 2R_{45} + R_{90}}{4} \tag{3-7}$$

式中，$\overline{R}$ 为塑性变形比 R 的平均值；R_0、R_{45}、R_{90}分别为沿轧制方向成 0°、45°、90° 角方向截取试样的塑性变形比。

3.6.1.5 *BH* 值

BH 值是指烘烤硬化钢的烘烤硬化指数，一般为 30~60MPa。烘烤硬化是当钢板在变形后加热到一定温度 160~250℃几分钟后，钢板屈服强度上升的现象，这种现象不是由应变强化引起的。

3.6.1.6 *AI* 值

AI 值是指钢的时效指数（aging index），表示钢退火后发生时效的趋势大小。*AI* 值与退火后冷却到室温时钢中的固溶原子数量有关，一般来说，退火后固溶原子越多，*AI* 值越大。

3.6.1.7 屈强比

屈服强度与抗拉强度的比值称为屈强比。屈强比与材料的塑性有关。通常，材料的塑性越高，屈强比越小。如高塑性的退火铝合金，$\delta = 15\% \sim 35\%$，其屈强比为 0.38~0.45；人工时效的铝合金 $\delta<0.5\%$，其屈强比为 0.77~0.96。

3.6.1.8 *IE* 值（杯突试验值）

杯突试验值主要用于评估钢板的拉胀性能，是模拟钢板受双轴向拉应力的应变状态。*IE* 值越高，说明钢板的拉胀性能越好。在国内对于 R 值、n 值供方难以提供，需方无法复查的情况下，使用 *IE* 值作为评定钢板成型性能的主要指标，但在杯突试验中，人为地观看透光裂缝出现来确定 *IE* 值，一定程度上存在人为误差。

3.6.1.9 拉深和拉胀

拉深和拉胀都反映带钢的冲压成型性能。拉深也叫拉延，指变形区金属板料在一拉一压的应力状态作用下，成为深的空心件而厚度基本不变的塑性加工方法；拉胀也称胀形，指变形区金属板料在双向拉应力状态作用下，取得所需制件的成型方法，胀形过程中，材料的表面积加大，板厚强制变薄，如图 3-20 所示。

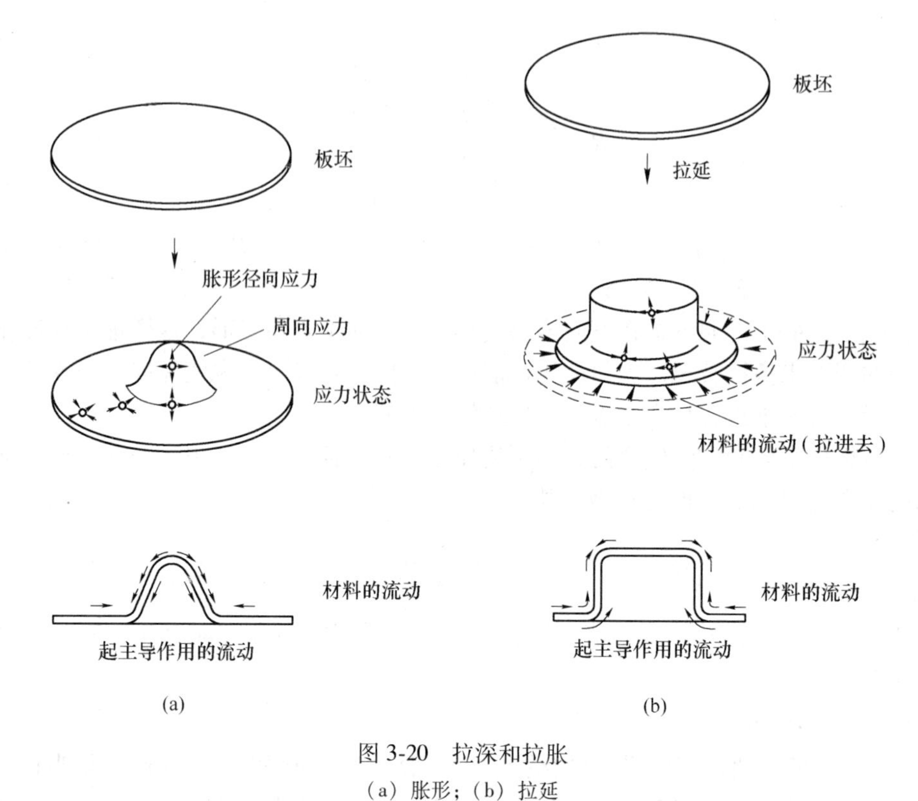

图 3-20　拉深和拉胀

（a）胀形；（b）拉延

3.6.1.10　*硬度*

材料抵抗硬物压入其表面的能力，称为硬度，也就是对局部塑性变形的抗力。

从材料抵抗塑性变形的能力大小这点来说，硬度与抗拉强度有相似之处，故两者之间存在一定的线性关系。对于塑性材料，可以通过简单的硬度测量，对其他强度性能指标做出大致定量的估计，这在生产实际中是非常有用的。这里介绍几种常用的硬度测量方法。

（1）布氏硬度。布氏硬度的测量，是用负荷 P，将直径为 D 的淬火钢球压入试样表面，保持一定的时间后卸除负载，以试样的载荷 P 除以压痕的表面积 A 所得的商，作为硬度的计算指标。布氏硬度用 HB 表示。

在进行布氏硬度试验时，根据材料硬、软和工件的薄厚来选择合适的负载和钢球的直径 D，按合适的布氏硬度试验规范进行硬度测量。

由于压痕的面积较大，受试样的不均匀度影响较小，故能准确反映材料的真实硬度，适合于灰铸铁、滑动轴承合金和组织不均匀的材料硬度测量。但由于压痕的面积较大，不适于小件、薄件和成品件。另外，由于钢球的硬度和刚度不够，不适于检测硬度大于 HB450 的材料。

（2）洛氏硬度。以前，洛氏硬度试验最为广泛。这种方法也是利用压痕测量材料硬度。与布氏硬度不同的是洛氏硬度以压痕深度的大小作为衡量硬度大小的依据。洛氏硬度的测量可以分为 A、B、C 三种，其各有不同的测量范围。洛氏硬度用 HR 表示。

洛氏硬度试验的优点是：压痕面积小，可以测量成品、小件和薄件；测量范围大，从很软的有色金属到极硬的硬质合金；测量速度简单迅速，可以从表盘上读出其硬度值。但它不适用于测量灰铸铁、滑动轴承合金和偏析严重的材料。

（3）肖氏硬度。肖氏硬度试验是一种动载荷试验法，其原理是将一定重量的带有金刚石的圆头或钢球的重锤，从一定高度落到金属试样表面，根据钢球的回跳高度来表征金属材料的硬度值大小，因此也称回跳硬度。肖氏硬度用 HS 来表示。

标准重锤从一定高度落下，以一定的动能冲击试样表面，使金属产生弹性变形和塑性变形。重锤的冲击能一部分转变为塑性变形功被试样吸收，另一部分转变为弹性变形功储存在试样中。当弹性变形恢复时，能量释放，使重锤回跳一定的高度。金属的屈服强度越高，塑性变形越小，则储存的弹性能量越高，重锤的回跳高度越高，表明材料的硬度越高。因此，肖氏硬度值只有在金属弹性模量相同时才能比较。肖氏硬度计一般为手提式，较为方便。可在现场测量大型工件的硬度。大型冷轧辊的硬度验收标准就是肖氏硬度值。其缺点是试验结果的准确性受人为因素影响较大，硬度测量精度较低。

3.6.2　钢的其他性能

3.6.2.1　弹性模量

在弹性范围内，应力与应变的比值称为弹性模量。它相当于引起单位弹性变形时所需的应力。它主要取决于材料中原子的本性和原子间的结合力，与材料的成分、显微组织无关。但弹性模量对温度十分敏感，随温度的升高而降低。

3.6.2.2　冲击韧性

材料的冲击韧性使在冲击载荷作用下，抵抗冲击力而不破坏的能力。通常用冲击韧性 α_k 来表示。

3.6.2.3　高温时力学性能

材料随温度的升高，内部晶粒强度与晶界强度都降低，所以材料的强度下降，抗拉强度降低。同时随着材料温度的升高，材料的硬度也降低；材料的屈服极限降低。同时在温度较高时，金属容易发生金属蠕变现象。在实际生产中，带钢在进行再结晶退火时，处于高温状态下，所以必须控制带钢的张力，防止带钢的过大拉窄。

3.6.2.4　材料的耐磨性

耐磨性是指材料抵抗磨损的性能，它是一个系统性质。迄今为止，还没有一个统一的意义明确的耐磨性指标。通常用磨损量来表示材料的耐磨性，磨损量越小，耐磨性越高。耐磨性的影响因素如下：

（1）硬度越高，耐磨性越好；硬度相同时，含碳量越高，耐磨性越好。

（2）马氏体硬度最高，耐磨性最好；铁素体因硬度太低，耐磨性最差。

（3）机体组织变化，耐磨性也不同，机体为马氏体与回火马氏体者，其耐磨性最好。

（4）在相同硬度下，下贝氏体比回火马氏体具有更高的耐磨性。

（5）细化晶粒因为能提高屈服极限和硬度，也提高耐磨性。

（6）在高应力作用下，加工硬化能显著提高材料的耐磨性。

3.6.2.5　疲劳强度

许多零件和制品，经常受到大小及方向变化的交变载荷作用。在交变载荷反复作用下，材料常在远低于其屈服强度的应力下发生断裂，这种现象称为“疲劳”。材料的疲劳强度通常是在旋转对称弯曲疲劳试验机上测定。

提高材料的疲劳强度可通过合理选材、改善零件的形状结构、减少应力集中、提高零件表面清洁度、对表面进行强化等方法来解决。

思考题

3-6-1　简述钢的基本性能。

3.7　汽车用钢板

为了适应汽车工业的发展，汽车用钢板生产技术也在不断完善和发展，现在已经基本形成了以节能为目标的高强钢板、以提高成型性能为目标的深冲钢板和以提高汽车防腐性能为目标的表面处理钢板等一系列产品。

从钢种的分类来看，现在基本上可以分为深冲用钢（铝镇静钢、IF 钢）和高强钢（如 BH、HSS-IF、C-Mn 固溶强化钢、微合金化高强钢、DP、CP、TRIP 和 MART 等）。其中铝镇静钢和 IF 钢主要用作车身侧部、底板、内板和仪表盘，BH、HSS-IF 和加磷高强钢主要用作车门、引擎罩、挡泥板和悬挂件等；DP 和 TRIP 用作内板、底板和车轮等；MART 用作保险杠、门梁等。不同钢种的屈服强度和延伸率的关系如图 3-21 所示。此外，从冲压等级来分，又可以分为 CQ、DQ、DDQ、EDDQ、SEDDQ 等，通常钢种的分类和名称见表 3-2。

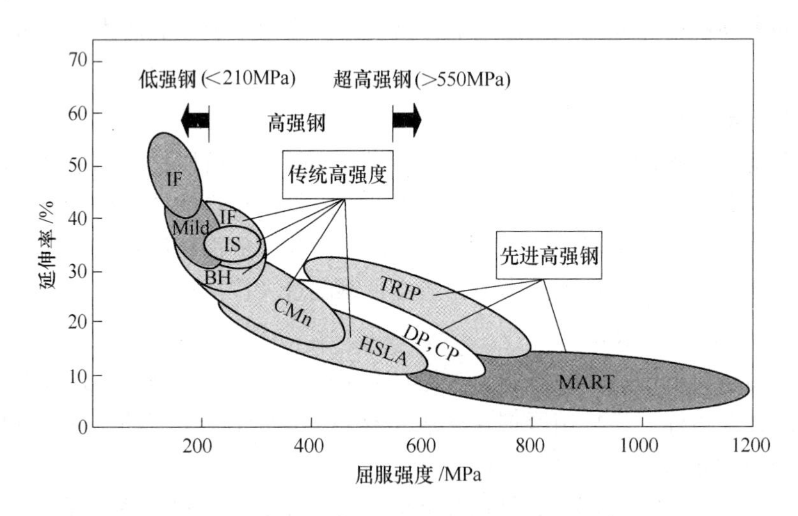

图 3-21　不同钢种的屈服强度和延伸率的关系

表 3-2　通常钢种的分类和名称

钢　　种	冲压等级	说　明
CQ（commerce quality）	商用级	铝镇静钢
DQ1（drawing quality）	深冲级	铝镇静钢
DQ2（drawing quality）	深冲级	IF 钢

续表 3-2

钢　　种	冲压等级	说　明
DDQ（deep drawing quality ）	超深冲级	IF 钢
EDDQ（extra deep drawing quality）	特深冲级	IF 钢
SEDDQ（super extra deep drawing quality）	超特深冲级	IF 钢
DP（dual phase）		双相钢
TRIP（transformation inducted plastic）		相变诱导塑性钢
CQ-HSS	商用高强钢	固溶强化钢或微合金钢
DQ-HSS	深冲高强钢	加磷钢或微合金钢
DDQ-HSS	超深冲高强钢	高强 IF 钢
BH-HSS（bake hardening）	烘烤硬化高强钢	超低碳钢

冷轧板带的基本生产工艺为冶炼→二次冶金→连铸→热轧→酸洗→冷轧→罩式退火/连续退火/连续热镀锌→平整，见表 3-3。

表 3-3　生产流程及其对冷轧薄板性能的影响

生产范围	生产途径	重要影响因素	受影响的材料性能
炼钢厂	冶炼 二次冶金 连铸	化学成分 脱氧 洁净度	强度 成型性能 时效行为
热轧厂	热轧	加热温度和停留时间 终轧温度 冷却速度 卷取温度	组织形成 第二相析出 织构 各向异性
冷轧厂	酸洗 冷轧 罩式退火/连续退火/热镀锌 平整	冷轧压下量 退火类型 退火曲线	组织形成 第二相析出 织构 各向异性 时效指数
		平整延伸率	屈服强度 表面粗糙度

3.7.1 深冲用钢

对于深冲级别的热镀锌和冷轧钢板，要求具有屈服极限低、变形均匀和总延伸量高、r 值高和抗时效性（3 个月或 6 个月内屈服平台不回复）等性能。

3.7.1.1 低碳铝镇静钢

A 简介

低碳铝镇静钢包括以前的 08Al 镇静钢以及近年的碳质量分数在 0.02%左右的低碳铝镇静钢（也称微碳钢），具有较好的延展性，并随冲压级别提高而提高，适用于从简单成型、弯曲或焊接加工直至深冲压成型及复杂加工的汽车零部件的制作。在国内外铝镇静钢已发展成熟，在汽车用板尤其高档轿车用板上正在逐渐隐退。但目前还是国产汽车及载重车的主要供货来源，主要用作轿车及载重车的外覆盖件及内部件。如一汽、东风公司用DQ和DDQ级带钢冲压成载重车的底板、顶盖、车门外板、发动机罩、左右轮罩等，上汽大众汽车公司用它们制作底板、连接板、车顶骨架、门外板、顶盖、侧位外板等。

目前国外深冲用汽车板有代表性的且处于领先地位的钢号为日本的SPCC、SPCD、SPCE（N）；德国的St12、St13、St14和韩国的KSPCC、KSPCD、KSPCE。这三个国家的三个钢号冲压级别相对应，其中SPCE(N)、St14和KSPCE是深冲性能最好的，当今世界的深冲铝镇静钢均向微碳、低Mn、低S方向发展。Si为痕迹，碳大都通过真空处理降到不超过0.04%（质量分数）。特别值得一提的是，德国DIN标准中硫虽然定为不超过0.02%（不脱S），但多了一项$w(\mathrm{MnS})>10$的要求，这是其他国家没有的，且锰含量要求也较严，硫的有害作用被限制。

B 低碳铝镇静钢的生产原理

衡量热镀锌和冷轧钢板冲压性能的主要指标有屈服强度、延伸率、n值、r值。为了提高低碳铝镇静钢热镀锌和冷轧钢板的冲压性能，应从粗化热镀锌和冷轧钢板铁素体晶粒和强化{111}织构入手，对化学成分、热轧条件和冷轧条件提出一些要求。

图3-22表示用连续退火生产低碳深冲钢的原理。采用连续退火方式快速加热带钢，不能产生AlN析出，必须采用热轧高温卷取析出AlN和形成粗碳化物，才能有效地减少再结晶固溶碳，从而提高连续退火低碳铝镇静钢的深冲性能。

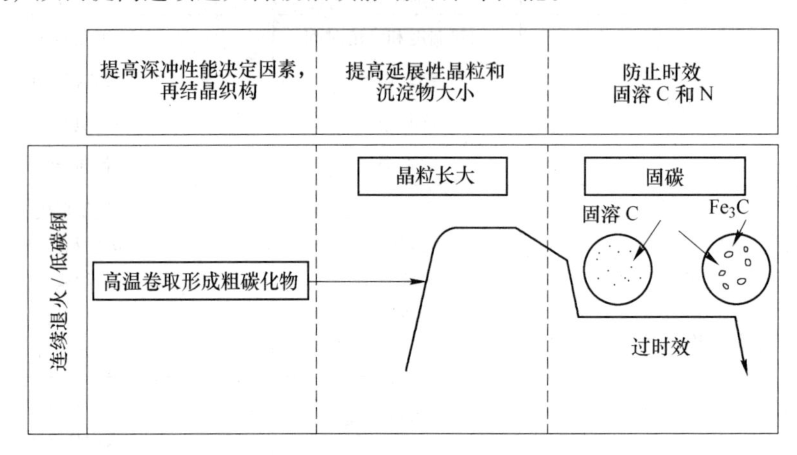

图3-22 连续退火生产低碳深冲钢的原理

C 低碳铝镇静钢的化学成分

降低含碳量可适当地降低钢的强度，但却对于其r值有很大的提高，这是由于碳含量高时容易形成不均匀的变形区，导致再结晶退火过程中促进随机取向再结晶晶粒的形核，不利于形成（111）织构。再者，热镀锌机组的炉子一般都没有过时效段，退火后固溶含碳量要比普通连续退火钢板大，从这个角度来说，降低碳含量可改善其时效性。现阶段常用的低碳钢碳的质量分数为0.01%~0.06%，研究表明为了得到更好的深冲性能，最优的是碳的质量分数在0.02%~0.03%左右。总之，在一定的范围内，采取更加经济的冶炼技术尽量减少含碳量是有利的。

铝镇静钢在炼钢生产过程中加入了一定量脱氧用的 Al，在炼钢完毕后还有 Al 剩余，在随后的热轧、退火过程中将会形成 AlN。在连续退火中，应确保脱氧后的剩余 Al 与 N 元素完全析出，以避免 N 引起的时效性（Al/N≥20）。AlN 在热轧高温卷取后形成细小的析出物，在随后的退火过程中阻碍了晶粒进一步成长，使得材料变硬，过高含量的 Al 会导致强度的提高和深冲性能的降低，一般认为脱氧后酸溶铝含量不应超过 0.07%。

N 的作用同 C 一样，降低钢的延展性，降低 n 值和 r 值，增加连续退火时的时效性，所以应尽量降低。氮在铝镇静钢中以氮化铝形式析出并存在于晶界处，抑制铁素体晶粒生长，影响深冲性能。

在热轧通过 Al 相变点时，若冷却速度一定，Mn 含量越高，析出的渗碳体组织越不容易粗大，反之 Mn 含量越低，渗碳体析出越充分，材料加工性就越好；但是若 Mn 含量一定，通过 Al 相变点时冷却速度越高，渗碳体析出就越不充分。由于钢卷头尾温降较快，相对钢卷中部来说析出不充分，因而钢卷长度方向性能容易产生不均匀；如果降低 Mn 的含量，热轧卷取后钢卷长度方向上渗碳体析出、长大相对均匀，因而长度方向上的性能不均匀程度将会减少。当然，为了防止热脆，Mn 的质量分数最少需达 0.05%。但含量过高时，成型性变差，r 值和（111）织构均受到削弱，研究认为上限定为 0.3%。

S、O 含量越少，成型性越好，质量分数不应超过 0.01%。

Si 元素是脱氧元素，但应尽量小于 0.05%，过多时影响铸造性，降低热镀锌产品的涂镀性能。

P 是一种很经济实用的强化元素，能促进有利的织构，P 在低碳钢再结晶中在钢中以 Fe_3P 形式存在时有类似于 AlN 的作用，改变了 C 的析出行为，影响了固溶 C 原子的状态及作用。业已证明，对于固溶碳量在 0.001%~0.002%的铝镇静钢，P 对于｛111｝织构有促进作用，一般 P 控制在 0.02%以内为好。

D 低碳铝镇静钢的热轧工艺

对于传统的罩式退火用低碳铝镇静钢，在热轧时应采用“三高一低”制度，即高的加热温度、开轧温度和终轧温度及低的卷取温度，避免进入两相区轧制，以得到均匀细小的热轧态晶粒，并且使 AlN 在卷取时固溶在钢中避免析出，在罩式退火时 AlN 先析出，阻碍晶粒在厚度方向的长大，促使晶粒沿轧制方向择优取向，形成了伸长的饼形经历，利于形成｛111｝织构。但是如果采用连续退火方式生产铝镇静钢，如果与罩式炉上游工序相同，那么在连续退火中，高达数十 K/S 的加热速率和短至约 30~180s 的均热时间将导致极其细小的 AlN 颗粒的不完全析出，因而 N 大量固溶而晶粒细小，结果导致了强度虽高但是 r 值很低的情况。所以，对于连续退火，要采取高的卷取温度 680~740℃，使热轧板中的 N 和 Al 几乎完全结合，使铁素体晶粒长大和碳化物粗大。这样带钢经冷轧和连续退火后，铁素体晶粒能长得足够大，碳化物的聚集和粗大化使对深冲不利的织构晶粒在碳化物附近减少。而且粗大的碳化物晶粒溶解速度较慢，这样基体中固溶的 C 较少，使再结晶前沿移动阻碍小，从而易形成明显的｛111｝织构和良好的冲压性能。

但是高温卷取也带来一些问题，比如氧化铁皮量增多，增加了酸洗负担，但最重要的是在热轧卷取时钢卷的内外圈比钢卷的内部容易接近外部空气，冷却速度较快，AlN 及渗碳体析出、聚集不充分，从而钢卷内外比钢卷的中心部的材料性能要差，从而造成钢卷长度方向的性能就不均匀。为了减少这种现象，在热轧采用提高头尾温度来补偿钢卷内外因的温降，即在热轧层流冷却阶段采用钢卷头部少喷水、尾部不喷水的方法（即U形控制方式）来实现。如图3-23可见，相对非U形，采用U形冷却控制，冷轧退火带钢长度方向上性能均匀，头尾和中部的性能差在10%以内。

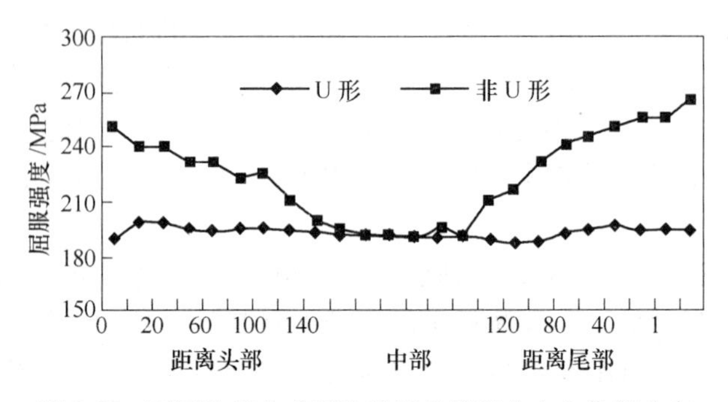

图3-23 不同冷却方式下冷轧钢卷长度方向上性能分布

E 低碳铝镇静钢的冷轧工艺

对于连续退火用低碳铝镇静钢，在冷轧阶段，大的压下量是得到良好深冲性能的必要条件。冷轧压下量越高，晶粒越是均匀细小，再结晶驱动力越大，越有利于形成有利织构。增大冷轧压下率在导致冷轧织构中（111）组分增强的同时，也导致了退火织构发生从非（111）特征向（111）特征的转化，使 r 值增大。为了得到好的成型性，冷轧压下量一般在60%～90%范围内。对低碳和超低碳钢而言，大的冷轧压下量是获得有利于深冲性能的择优织构（（111）织构）的重要条件。但中等冷轧压下量的铝镇静钢经罩式退火后就可以得到很好的织构。而IF钢为了在退火后得到优越的性能，冷轧压下量应达到80%～90%。

在这里对几种不同的钢种和工艺进行了对比，同时也表明了对于连续退火用带钢来说高的冷轧压下率都是有利的。在实际生产时应根据设备能力在保证板形质量的前提下尽量增加压下量。

F 低碳铝镇静钢的连续退火工艺

钢中的氮以AlN形态完全析出，连续退火时钢的性能主要是由固溶碳决定。

在加热过程中，带钢的碳化物结构将部分或全部地被溶解，溶解程度主要取决于含碳量的多少和碳化物的大小。另外，加热速度快、退火温度低和碳化物粗大也会减慢碳的溶解过程。在退火温度下，大约经过30～60s的均热，碳的溶解度达到平衡，而后根据退火温度的高低，晶粒有最大限度的长大。然后通过调节冷却参数和过时效参数，控制碳化物分布和溶解碳量，以便获得良好的力学性能并消除时效的影响。

均热时带钢发生的转变有渗碳体溶解、铁素体晶粒长大和部分铁素体转变为奥氏体。渗碳体溶解只需40s左右就能达到平衡，铁素体转变为奥氏体所需时间很短，因此受工艺因素影响最大的是铁素体晶体长大。刚完成再结晶时的铁素体晶较细小但不均匀。晶粒细小有助于提高塑性，但是金属组织不均匀会导致塑性变形量不均一。当然，当铁素体晶粒过分长大时，塑性值也要下降。所以均热过程要使铁素体晶粒适当长大。光学金相观察表明，830℃均热60s时，晶粒不均匀仍比较严重，塑性较低；当均热80s时，晶粒不均匀改善，塑性上升。均热温度较高时晶界运动加快，870℃均热40s时晶粒已比较均匀，塑性较高；如果也均热80s，晶段已明显长大，塑性也下降了。

在快冷段采取较高的冷却速度将导致在铁素体中有大量的过饱和碳存在，这将成为碳化物析出的动力。当过时效开始时，在晶内析出很多微细碳化物并长大，固溶碳量减少，延伸性增大。其间发生的主要冶金过程是：在过时效处理的早期阶段，碳化物开始析出，碳化物周围的固溶碳量降低，以致总的成核率迅速降低。因而在过时效早期阶段，碳化物弥散分布，随着过时效时间增长，在高温快冷期间沿晶界析出的碳化物逐渐长大，在过时效早期阶段析出的细小碳化物也长大。在过时效处理后的冷却过程中，由于温度低，碳的扩散系数低，固溶碳转而就近向晶内碳化物扩散，晶内碳化物得以继续长大。

但是对于没有过时效段的热镀锌机组，带钢只能冷却到460℃进入锌锅，然后经气刀后就进入了镀后冷却段，对于GA产品还要先进行550℃合金化退火然后再进入镀后冷却段。所以，采用这种工艺路线时，带钢在460℃时短暂停留，碳化物弥散分布，因为很快带钢就进入镀后冷却段，因而碳化物也很难长大，钢种固溶的碳含量也会比经过连退机组或有过时效段的热镀锌机组处理的大，最终的力学性能也不如上述机组的好。因此，在热镀锌机组上要求深冲和超深冲的钢板一般采用IF钢。

G 低碳铝镇静钢的组织与力学性能

通常，低碳铝镇静钢钢板的金相组织由铁素体和渗碳体两相组成。铁素体晶粒为饼形晶粒，渗碳体以颗粒形态弥散分布于铁素体基体中。

影响延伸率的主要组织参数是渗碳体的形态。试样拉伸时，延伸率高的试样断口形貌为细小均匀韧窝型。

影响屈服强度的主要组织参数是铁素体晶粒度。随着铁素体晶粒度的增大，屈服强度降低。渗碳体颗粒细小，数量多，以及$w[Al]/w[N]$比例偏高造成AlN析出不完全，均能导致屈服强度升高。

影响抗拉强度的主要组织参数是渗碳体数量。钢中析出的渗碳体颗粒度减小，单位面积颗粒数增加，钢板的抗拉强度升高。渗碳体数量增多，铁素体晶粒变得极不均匀，晶粒形状也极不规则，晶界扭曲严重，强度提高更为明显。因此，钢板获得大而均匀的晶粒和较少渗碳体颗粒的组织，可确保较低的强度和高的延伸指标。在某些情况下，虽然渗碳体以大块状形态沿晶界分布，但由于钢板中渗碳体颗粒数大大减少，铁素体晶粒充分长大，钢板的性能仍然较好。

由此可见，低碳铝镇静钢中渗碳体颗粒的细化，不仅对钢板产生强化作用，同时还在退火过程中对再结晶动力学产生影响，从而改变其退火组织。因此，研究低碳铝镇静钢中渗碳体的变化规律和变化条件，并通过调整生产工艺控制其在钢板中的尺寸、数量和分布，对获得有利于钢板力学性能的显微组织具有重要意义。

3.7.1.2 IF钢

A IF钢简介

IF钢，全称Interstitial-Free Steel，即无间隙原子钢，即真空脱碳（$w(C)<0.005\%$、$w(N)<0.003\%$）且添加微细的钛铌铝镇静钢，在热轧钢卷中间隙原子C和N绑扎成碳氮化合物形式，这些碳氮化合物在冷轧卷的再结晶退火中不溶解。因此，对于组织和力学性

能，只有退火温度起作用，冷却方式无关紧要。没有间隙原子的晶格在退火过程中形成了一种明显的显微结构，并且在不经光整的情况下具有极低的屈服强度。因此，IF 钢具有优良的成型性、高 r 值（大于2.0）、高 n 值（大于0.25）、高 δ 值（大于50%）和非时效性（$AI=0$）。

IF 钢在 1949 年首次被研制成功，但由于受到当时冶炼技术的限制，钢中原始的固溶 C、N 含量较高，所以需要加入的 Ti 含量也很高，因而阻止了其当时的商业化进程。直到 1967~1970 年，由于真空脱气技术在冶金生产中的应用，大大减少了需要添加的 Ti 合金元素含量，才正式出现了商用的 IF 钢，其应用也只限于少量特殊的零件。到20 世纪 80 年代，冶炼技术进一步发展，采用底吹转炉和改进的 RH 处理可经济的生产 w(C)≤0.002% 的超低碳钢，RH 处理时间也缩短到 10~20min。现代 IF 钢的成分大致为：w(C)≤0.005%、w(N)≤0.003%，w(Ti)或 w(Nb)一般约 0.05%。

B　IF 钢冶金工艺

与低碳铝镇静钢相比，IF 钢的成分特点是超低碳、微合金化和钢质纯净。

IF 钢的冶炼工艺主要是解决脱碳、降氮和防止增氮、纯净度控制及微合金化来消除 C、N 间隙原子的问题。常规的转炉生产其终点碳一般控制在 0.02%~0.04%，要是碳的质量分数低于 0.005%，只有通过真空脱气装置，目前大型的真空脱气装置可使碳降到 0.0015%~0.002%的水平。真空脱气后，后工序的增碳因素很多，所以还要尽可能减少后续工序的增碳，如采用低碳保温材、低碳保护渣、无碳耐火材料和其他的有效措施，增碳可控制在 0.001%以下。

固溶碳的增加（0.0003%~0.005%）再结晶织构｛111｝组分急剧减少，固溶氮也有类似作用。所以 IF 钢通过真空脱碳脱氮可以有两个好处：一是对 r 值有利，二是可减少 Ti、Nb 合金的消耗。目前 IF 钢产品 C 质量分数可达到 0.002%~0.003%，w(N)<0.002%。但工业生产的超低碳钢（w(C)= 0.001%~0.005%）若不经过 Ti、Nb 的处理，其 r 值并不高，所以 Ti、Nb 也是微合金化元素。工业生产上 IF 钢共有三种：

（1）Ti-IF，Ti 固定 C、N、S；

（2）Nb-IF，Nb 固定 C，Al 固定 N；

（3）Ti+Nb-IF，Ti 固定 N，Nb 固定 C。

Ti-IF 钢的特点是力学性能优异且性能稳定，工艺过程的可操作性强；力学性能平面各向异性（Δr、$\Delta\delta$）大；但是镀层抗粉化能力较差。

Nb-IF 钢的特点是 r 值和 δ 值不如 Ti-IF 钢好，且力学性能对工艺过程比较敏感，高温卷取时半卷头尾性能较差，再结晶温度也高；力学性能平面各向异性（Δr、$\Delta\delta$）小；但镀层抗粉化能力较好。

Ti+Nb-IF 钢的特点是 r 值和 δ 值比 Nb-IF 钢好，且力学性能对工艺过程不敏感，整卷性能均匀；适合在连退工艺下生产 EDDQ、SEDDQ 级的超深冲冷轧板、高强钢、BH 钢和热镀锌板带；但镀层抗粉化能力良好，适合高温退火下生产超深冲冷轧板、高强钢、BH 钢和热镀锌钢板。

考虑到经济效益、生产的难易程度、钢板的力学性能和镀锌性能，生产厂一般倾向于将钛、铌一起使用。但是有的生产厂 GI 产品采用 Ti-IF 钢，GA 产品采用 Ti+Nb-IF 钢。

在 Ti-IF 钢中，Ti 在净化 C 之前先与 N、S 结合，所以 Ti 的最少加入量为：

$$w(Ti) \geqslant (48/14)w(N) + (48/32)w(S) + (48/12)w(C)$$

S 元素导致热脆性，是有害元素，应尽量降低。在 IF 钢中应控制在 0.008%以下，一般为 0.005%~0.007%。

P 会导致冷脆性，一般为有害元素，但是 P 同时也是提高钢的强度最有效的元素，且最为经济。磷对钢的成型性的总体影响是：随着钢中磷含量的增加，抗拉强度和屈服强度增加，总伸长率 δ 值、n 值和 r 值均降低。

C　IF 钢的热轧工艺及控制

IF 钢为了得到更好的超深冲成型性能，热轧工艺需要采用板坯低温加热、终轧温度略高于 A_{r3}、终轧后快冷、高终轧压下率和铁素体区润滑轧制，再加上后续高的冷轧压下率和高温退火，可获得优异的板带组织性能。

（1）板坯加热温度。在板坯加热过程中要发生碳化物和氮化物的溶解或析出。NbC 在 1000℃时完全溶解，AlN 在 1250℃时完全溶解，Ti(C，N）在 1250℃时未完全溶解，而且 Ti-IF 钢中 Ti(C，N）微粒在 1250℃时比在 1000℃下更细小、弥散，显然加热时未溶解的碳氮化物更加粗大，而这对 r 值更加有利。一般认为在添加钛铌较少的情况下，板坯低温加热是有利的，但随着 Ti、Nb 含量的增加，板坯加热温度对 r 值的影响减小。

（2）终轧温度。对 Ti-IF 钢，终轧温度对 r 值的影响很小；而对 Nb-IF 钢，随终轧温度的下降，r 值明显提高；对 Ti-Nb-IF 钢，终轧温度对 r 值影响也比较明显，在 835~920℃之间随温度上升 r 值有所增加，在约 900℃时 r 值有一峰值。

（3）卷取温度。对于 IF 钢，随卷取温度升高，再结晶温度下降，r 值提高；卷取温度对 Nb-IF 钢影响显著，但随钢中过剩 Ti 量增加，影响减小。其主要原因在于，高温卷取有利于碳氮化物的析出和粗化，特别是在较低温度下（热轧后）发生的析出。NbC 析出温度较低，所以卷取温度对 Nb-IF 钢影响大。通常采用低卷取温度（不超过 680℃）或高卷取温度（高于或等于 680℃）生产钛 IF 钢，其他两种 IF 钢采用高温卷取（680~750℃）。但是卷取温度高于 700℃以后，会加大带卷全长性能不均的问题，并且氧化严重对酸洗也有影响，还会因冷速不均而导致带钢头尾性能较差。

（4）铁素体区轧制。铁素体区热轧的两个关键因素是：铁素体区精轧及终轧，良好的热轧润滑。在传统热轧工艺下，热轧是在 A_{r3} 温度以上完成，通过热轧期间的反复轧制和再结晶以得到细的再结晶组织，由于热轧后再结晶的奥氏体向铁素体转变，热轧晶体取向总有任意性，所以其 r 值低于 1.0；要想得到高的 r 值，必须发展｛111｝织构，对于低碳钢，如加入充分的 Ti 或 Nb，则铁素体的动态再结晶被延迟或制止，当热轧温度降到铁素体为再结晶区时，如果积累足够的变形，并在适当的温度下退火使形变铁素体发生再结晶，就可以得到高的 r 值，这就是铁素体区轧制的机理。

IF 钢的铁素体区热轧能节约能源、提高成材率；减少轧辊磨损，提高轧制生产效率；提高热轧带钢酸洗效率和带钢表面质量；缩短工艺流程，降低生产成本；降低冷轧工序的轧制负荷；在铁素体区热轧后在经随后的冷轧及退火在成品的织构组成上表现为强烈的｛111｝〈110〉退火织构，具有良好的深冲性能。

此外，铁素体区轧制时的润滑也非常重要，对 r 值影响很大，主要是由于轧制过程中带钢与轧辊间的摩擦产生的切应变造成板厚方向上的变形对织构影响很大。

（5）热轧组织和二相粒子。二相粒子的大小、分布及量的多少会对冷轧退火工艺和产品性能产生影响，而热轧中形成的二相粒子是基础和主要的。二相粒子主要有以下几种：AlN、TiN、TiS、TiC 和 Nb（C，N）、$Ti_4S_2C_2$（主要存在于低于 1050℃的温度下）。

具有粗大析出物的 IF 钢不仅具有强烈的｛111｝织构和高的 r 值，还表现出较高的晶界移动特性。阻碍｛111｝再结晶织构发展的主要机制是细小弥散分布的二相粒子对晶界迁移的钉扎作用。细小密集的析出物并不损害｛111｝取向上晶粒的回复和形核，但钉扎作用会阻止其长大，钉扎力与二相粒子的数量成正比，与平均尺寸成反比，如果｛111｝方向上晶粒生长受抑制，那么其他方向特别是｛100｝就会长大，从而使 r 值下降。

因此在热轧中采用轧制温度略高于 A_{r3} 和终轧后快冷是为了保证晶粒的细化，此时晶粒的尺寸约为 20μm，而常规的热轧后晶粒的尺寸约为 40μm，故最终产品 r 值约提高 0.2；其次采用低的板坯加热温度是为了获得粗大稀疏的二相粒子以促进｛111｝再结晶织构的发展。

D　IF 钢的冷轧及退火工艺

冷轧压下率越大，IF 钢的 r 值越大。实际生产一般采用大于等于 75%的冷轧压下率。

对于 IF 钢连续退火来说，是铁素体再结晶及晶粒长大和发展再结晶织构的过程，这直接决定了钢板的深冲性能。现在 IF 钢常用的退火温度为 800～870℃，均热时间在 20～40s 之间不等，不同的工艺性能也不同。高的再结晶退火温度和足够的均热时间会产出高的 r 值，这时因为形成了强烈的｛111｝织构的缘故，最终产品冲压性能好；此外，退火温度越高，强度越低，延伸率越高。

因为 IF 钢中没有固溶原子，所以无需过时效处理。

3.7.1.3　各生产工序对深冲用钢的影响

对于 IF 钢最终性能的影响，炼钢和退火最大，热轧其次，冷轧和平整最小。而对于铝镇静钢，炼钢、热轧和退火的影响比较大，冷轧和平整最小。

3.7.2　高强钢简介及强化机理

3.7.2.1　高强钢简介

根据国际上对超轻钢汽车的研究（ULSAB-AVC），把屈服强度在 210～550MPa 范围内的钢板称为高强度钢，屈服强度大于 550MPa 的钢板称为超高强度钢。根据强化机理的不同又把高强度钢板分为普通高强钢和超级高强（AHSS）钢。其中，普通高强度钢主要包括高强度 IF（无间隙原子）钢、烘烤硬化钢（BH）、含磷钢、各向同性钢（IS）、碳锰钢和高强度低合金钢（HSLA）；超级高强度钢主要包括双相钢、复相钢、相变诱发塑性钢、贝氏体钢和马氏体钢等。

高强钢的开发为超轻量设计的实现做出了重要贡献，而早期的高强度钢是通过微合金化来实现的。早在 20 世纪 70 年代中期，人们主要致力于热轧产品的开发和性能优化，几年后人们又开始构思如何进一步开发传统冷轧高强度钢。随后热轧双相钢、烘烤硬化高强 IF 钢等新钢种开始出现。20 世纪 90 年代高强钢的开发和应用主要集中在高强深冲各向同性钢、残余奥氏体钢（TRIP 钢）、冷轧双相钢、热轧复相钢和热轧马氏体钢。

3.7.2.2　强化机理

钢的性能取决于材料加工最终状态的微观组织及其精细结构，而组织结构又依赖于钢的化学成分、生产流程和工艺参数。对于高强低合金钢也是如此，必须先了解影响最终性能的组织结构，才能从冶金及工艺因素上找到适当的方案。

总的说来，高强钢的强化机制主要有细晶强化、析出强化（也叫沉淀强化）、固溶强化、相变强化、烘烤硬化。

（1）细晶强化。说到细晶强化，就不得不提到一个著名的公式，那就是霍尔-佩琦公式：

$$\sigma_t = \sigma_c + k \cdot D^{-\frac{1}{2}}$$

式中，σ_c为常量，大体相当于单晶时的屈服强度；k 为表征晶界对强度的影响程度，与晶界结构有关，k 值越大，说明晶界的作用越大；D 为晶粒直径，mm。

可见晶粒越细小，最终的强度值越大。这是一个理论上的细晶强化原理解释。

从理论上来说，细晶强化是最好的获得强度和延伸性能的手段，但目前局限在于细化晶粒获得的最高抗拉强度只在 500MPa 左右。

（2）析出强化。析出强化也称沉淀强化，其机理是通过从过饱和固溶体中某种成分的沉淀析出而引起强化。这种效果对于含有强的碳（氮）化物形成元素的钢是很强的，例如 Ti、Nb、V、Mo 等合金元素。这些元素在技术的轧制变形过程中析出，生成很细小的颗粒，在退火处理过程中这些颗粒位于奥氏体与铁素体或其他相的界面上，可起到阻碍晶粒或位错的运动的作用，最终可得到高强度的纤维组织。沉淀硬化其抗拉强度很容易地达到 800MPa 左右，然而这种强化的强度-延性匹配稍差。

（3）固溶强化。固溶强化最为常见和普通的一种强化方式，有置换固溶和间隙固溶两种方式。例如 Mn 和 Si、P 等属于置换固溶元素，而 C 和 N 属于间隙固溶元素，如图 3-24 所示。

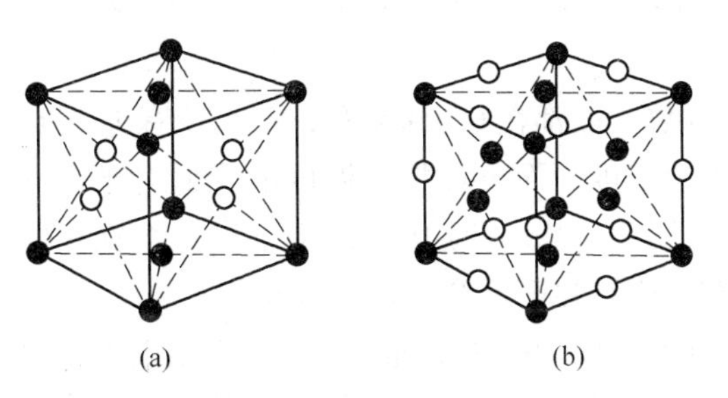

图 3-24 置换固溶体和间隙固溶体的晶格
（a）置换固溶体；（b）间隙固溶体

（4）相变强化。DP 钢和 TRIP 钢以及多相钢等均主要应用了相变强化的原理，当然并不是唯一的机制。通过在钢种产生第二相组织例如珠光体、贝氏体、马氏体等来使钢得到强化，但要控制好各种相的比例以及其分布形态。对于碳质量分数为 0.08%~0.20%的珠光体钢，典型结构为片层状的珠光体和多边形铁素体组成，珠光体质量分数为 10%~25%，铁素体质量分数为 90%~75%。

（5）烘烤硬化。BH 钢、DP 钢和 TRIP 钢都有这种特性，其基本原理是钢中固溶 C 或 N 原子钉扎位错的结果。

当然，实际生产中提高钢的强度的手段从来都不是单一的。对冷轧钢板的强化而言，主要通过晶粒细化，其次是析出强化。在大多数情况下，Mn 和 Si、P 的固溶强化也作为补充的强化手段。同时，和其他钢一样，对高强度低合金钢而言，细化晶粒对冷成型无害，是最合适的强化机制，但目前单以细化晶粒获得的最高抗拉强度只在 500MPa 左右。因此，低合金高强冷轧钢板适合用 Nb（主要作用是细化晶粒）进行微合金化。要经济地获得 350MPa 以上的强度，单单加 Nb 就显得不太合适，这时往往通过 Ti、Nb 复合添加，同时加入固溶强化元素来实现。

3.7.3　普通高强钢

3.7.3.1　固溶强化钢

固溶强化式冷轧高强钢的主要生产方式，通过采用添加 C、N、P、Si、Mn 等元素形成间隙固溶体或置换固溶体起到固溶强化的作用。其中以 C、N 和 P 的固溶强化效果最好，但是 C、N 除了使 r 值急剧下降外，还产生时效性，使钢的加工性能下降、屈服点上升并产生屈服延伸等一系列问题，因此应尽可能降低其含量。所以近年来固溶强化钢是以在低碳钢和超低碳钢中加入 P、Si、Mn、Cu 等元素为主。

固溶强化钢 $w(\mathrm{P})<0.1\%$，其他元素与低碳铝镇静钢和超低碳钢基本相同。P 的固溶强化同别的元素固溶强化、析出强化和细晶强化相比，在整个生产工艺中强度损失小，并在高强度下有高的延展性，但是 P 过高有害于产品性能，如点焊性，而且随着 P 含量增加，r 值下降，伸长率降低，所以一般加磷钢板的抗拉强度不超过 440MPa。

3.7.3.2　微合金化高强钢

微合金化高强钢是以 Si、Mn 固溶强化，并添加少量 Ti 或 Nb 合金元素的低合金高强度钢板。Ti 或 Nb 通过细化晶粒和析出强化而提高基板的强度。

A　化学成分

微合金钢的碳质量分数一般都在 0.1%左右，现在还有进一步降低的趋势。

Mn 能够降低 γ-α 相变温度，而 γ-α 相变温度的降低对于热轧态或正火态钢材的铁素体晶粒尺寸有细化作用，因此，Mn 早就作为高强度微合金钢中的主要合金元素而被广泛应用。Mn 含量与普通软钢或高强度低合金钢基本相同。

微合金钢中必定含有 V、Ti、Nb 等元素，主要作用是固定钢中的 N、生成二相粒子细化奥氏体和铁素体晶粒、V 和 Nb 的碳化物和氮化物的析出弥散强化。一般说来，常用的铌质量分数为 0.015%～0.05%，V 的质量分数为 0.08%～0.12%，Ti 的添加量一般在 0.10%～0.20%（微 Ti 处理钢在 0.01%～0.03%之间），近年来随钢中碳含量的降低，Nb 的含量有升高的趋势。

微合金钢中其他元素的控制范围基本上与普通的低合金钢和软钢相同。含 Ti、V 的微合金钢，为了保证在添加微合金之前充分脱氮，故常有一定含量的残 Al。此外，微合金钢中的氮含量需要进行适当的控制，尤其含钒的微合金钢中氮含量要稍高一点，为 0.01%～0.02%。

B　冶炼轧制和热处理

微合金钢的冶炼工艺类同于普通钢。为了提高微合金添加剂（特别是 V、Ti）的收得率，微合金钢一般要充分脱氧后再在钢包内合金化。此外，性能要求较高的微合金钢必须控制夹杂物的形态。微合金钢一般都是镇静钢。

热轧必须采用控制轧制来生产微合金钢材，才能充分发挥微合金作用，达到最佳的强韧化效果。微合金钢的轧制工艺基本上与普碳钢和普通高强度低合金钢的轧制工艺相似。对于微合金化钢，不需要进行时效处理，但要求退火温度要稍高。

C 性能

微合金钢具有较高的冲击功和延、塑性，并有相当低的冲击韧-脆转折温度。微合金钢由于微合金元素的存在，其晶粒较细，且其碳含量较低，珠光体颗粒细而且量少，这都有利于减少珠光体对 ε_{μ} 和 δ 的不利影响；碳含量的降低不仅能保证微合金钢有良好的塑性和韧性，能有效地提高钢材的冷、热变形能力，可以使微合金钢能保持良好的可焊性和低的韧脆转折温度。

3.7.3.3 高强 IF 钢

高强度 IF 钢板是以 IF 钢为基板加 P 强化的热镀锌钢板，可以作为冲压用的热镀锌钢板。为了降低二次加工脆性，基板中加入少量的 B。高强 IF 钢不仅具有 IF 钢的优异的冲压性能，而且具有较高的强度级别，按强度机理可以分为固溶强化、烘烤强化和析出强化。固溶强化主要是通过加入固溶的硬化元素，如 Mn、P 和 Si，造成晶格畸变，从而使合金的强度和硬度增加。

P 一方面可提高强度，另一方面在慢速冷却时，尤其是在罩式炉退火冷却时，易在晶界聚集，因而在冷加工时易产生脆性，通常称为冷加工脆性。添加 B 是降低冷加工脆性必不可少的方法。B 和 P 在晶界处进行竞争，从而阻碍了 P 的聚集。然而，研究表明，在罩式炉退火情况下，B 的添加不足以减少冷加工脆性。防止 P 的聚集不仅需要通过添加 B，而且需要同时施加高的冷速才行，这只能在连退中实现。特殊实验证明，含 B 的 IF 钢，用连退生产，脆性转变温度可以降到-50℃以下，而同样的试样在试验室进行罩式炉退火仿真，发现试样甚至在环境温度下就可产生冷脆。这也是高强 IF 钢只能通过连退方式生产的原因。

3.7.3.4 烘烤硬化钢

烘烤硬化钢板，是因为该产品在冲压加工的时候强度低，其最小屈服强度可在 180~300MPa 之间，有很好的加工性能，但是涂漆后在 160~250℃烘烤几分钟后，屈服强度可提高 30~60MPa。生产这种烘烤硬化钢板时，通过炼钢和轧制热处理工艺控制基板中保留 0.001%~0.002%（质量分数）的 C，钢板在冲压加工过程中产生很多可动位错，烘烤时，钢中的 C 移动到位错，形成柯氏气团和一些极细小的沉淀把位错钉扎使它不能运动，从而提高了强度，原理如图 3-25 所示。如果固溶的碳含量过高，烘烤硬化的效果也就越好，然而在常温下发生时效也越早。如果固溶碳含量过低，则屈服强度的增加可能就不能满足要求了。固溶碳含量的调整是由退火工艺决定的。烘烤硬化是解决强度和冲压性能矛盾的一个最佳方案。

按照钢中碳含量的不同，可以分为低碳 BH 钢和超低碳 BH 钢。在用连续退火生产碳质量分数在 0.05%左右（一般要低于 0.05%，高于 0.01%）的低碳铝镇静钢时，需在较高温度退火，目的是为了得到更多的游离碳；同时辅之以较高（大于 30℃/s）的冷却速度，就会有较多的 C 保留在固溶体中，若将碳含量降到很小，达到 A 区，退火保温时就不会有任何渗碳体粒子存在，在冷却时只在某些特殊晶界有碳化物析出，而大量的 C 保留在基体中，即使缓慢冷却也能达到这一目的。

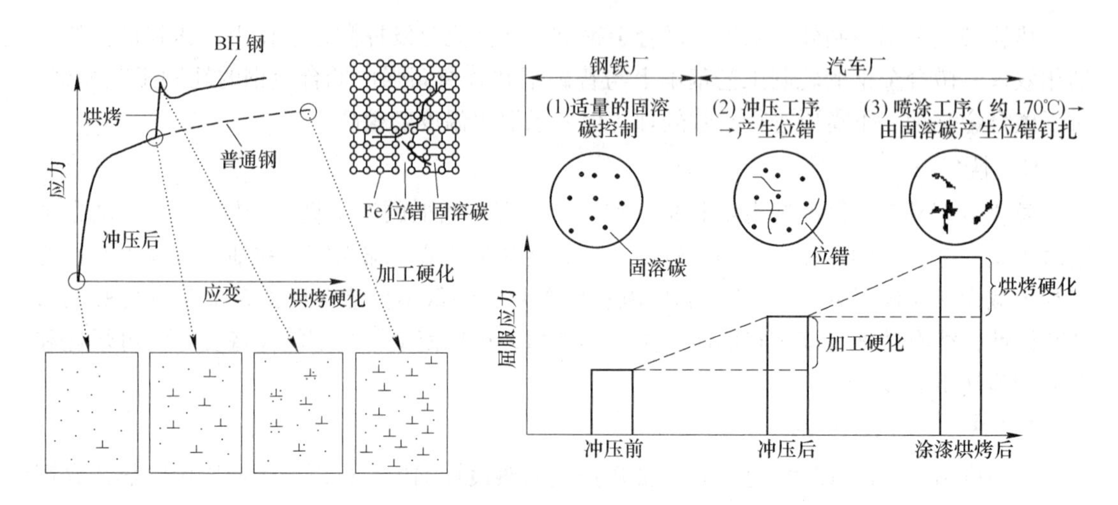

图 3-25　烘烤硬化原理

对于加 Ti、Nb 的超低碳 BH 钢，采用高的退火均热温度，TiC、NbC 会分解而形成固溶 C，只要冷却速率达到 30℃/s 以上，就能得到烘烤硬化值在 40MPa 以上的 BH 钢。

A　化学成分及其控制

对于低碳 BH 钢，C 质量分数最好不超过 0.05%，否则可能引起常温时效；如 C 质量分数小于 0.02%，即使在低于临界温度下退火，也可得到高的 BH 性，但这时如果不加入冶炼比较困难，所以一般是把碳控制在 0.02%~0.05%之间，在此范围内越小越好。而对于超低碳的 BH 钢，其碳质量分数应低于 0.007%，过高的话引起强度偏大，不利于后续的冲压加工，但也不要低于 0.0013%，一是含碳量太低不利于烘烤硬化性，二是生产时需要加入的钛或铌太多，成本太高。

对于含铌的超低碳 BH 钢的固溶碳量可以计算出来：

$$w(\mathrm{C})_{\text{固溶}} = w(\mathrm{C}) - (12/93)w(\mathrm{Nb})$$

Mn 能够减小 C 在铁素体中的固溶度，且降低时效温度，一般控制在 0.15%~0.35%之间比较合适。Si 增加时效温度，推迟 C 的析出速度，还引起强度的增加，一般最好控制在 0.03%~0.05%之间，过低没有意义且成本较高，过高对深冲性不利，高于 0.08%对热镀锌镀层非常不利。P 的影响近似 Si，而且在退火中能隔离铁素体晶界，因而占据了碳化物形核的有利位置，因此 P 改善 BH 性；另外 P 还是增加强度很好的元素，有利于改善 r 值；磷的含量最好控制在 0.01%~0.015%之间，过低对于强度及 BH 性能不利，过高容易引起晶界脆化。

铝元素是铝镇静钢炼钢时脱氧必要的元素，Al 和 N 在钢中形成 AlN，从而降低了 N 在时效中的作用，故 Al 是有利元素，但含量也不宜过高，因为会导致成本增加及强度增加，不利于成型，一般控制在 0.02%~0.05%为合适。硫元素对于炼钢本身没有意义，但是对于加钛的 IF 钢，它会与钛结合生成 TiS，从而使有效的合金元素降低，增加了冶炼成本；再者硫含量较高时会引起热轧时的热脆性，所以硫含量应尽量控制得较低，一般应小于 0.012%。N 元素的作用类似于碳，会降低钛或铌的有效加入量，一般控制在 0.004%以下。

对于 BH 性能的 IF 钢，Ti 和 Nb 是保证良好的深冲性能所必需的元素，而且非常有利于镀锌。一般 Ti 或 Nb 的质量分数不应小于 0.001%，否则不能将碳、氮等固溶元素固定，不能保证良好的时效性。质量分数的上限值最好不要超过 0.025%，此时钢的延迟时效性已饱和，而再结晶温度反而会上升，会导致退火温度偏高，生产上很不经济；对于钛的上限值最好不要超过 0.04%，其原理同上。

另外在超低碳型 BH 钢中同时加入硼和钼对改善成型性以及延迟时效性很有利，Mo 的加入量下限为 0.005%，太少不能发挥作用，上限为 0.25%，过高会发生不能再结晶的现象，延伸率也迅速降低；而 B 的加入量最好满足：$w(\mathrm{Mo})/300 \leqslant w(\mathrm{B}) \leqslant w(\mathrm{Mo})/4$，才能发挥其应有的作用。

B 热轧工艺

（1）低碳 BH 钢的热轧工艺。对于低碳 BH 钢，随热轧卷取温度的提高，钢板强度下降，延伸率提高。这是因为随着卷取温度提高，晶粒尺寸增大，碳化物和 AlN 充分析出，并有利于颗粒聚集长大，连续快速退火过程中，基体在粗大的析出物尚未重新溶解之前便完成了再结晶，在这种纯净基体中进行的再结晶得到发达的有利织构，提高 r 值。正是由于高的卷取温度使碳化物颗粒粗大，在快速退火中有较高碳量固溶，获得较高的 BH 值。因此，低碳 BH 钢的热轧条件应与低碳铝镇静钢基本相同。

（2）超低碳 BH 钢的热轧工艺。超低碳 BH 钢往往选用较低的板坯加热温度（1150℃左右）和开轧温度（1100℃左右），以阻止连铸过程中析出的二相粒子特别是碳氮化物重新溶解，有利于它们在轧制过程中继续析出和长大，同时也防止奥氏体晶粒粗化，从而对钢板性能产生有利影响。

热轧通常在奥氏体区进行，终轧工艺参数有重要影响。考虑到终轧期间不应发生奥氏体向铁素体的相变，以致尺寸控制困难和性能变化，以及终轧温度过高对性能的不利影响，终轧温度应略高于 A_{r3}。此外，应选择较大的终轧变形量和变形速率以及较高的卷取温度（高于 680℃）。

对于 Nb 或 Nb+Ti 复合处理的超低碳钢，Ti、Nb 量较低时，热轧时往往采用较低的板坯加热温度和开轧温度，终轧在奥氏体区内进行，快速大压下并尽可能降低终轧温度，采用高于 680℃的高温卷取，即热轧上的“二高二低”热轧工艺。可保证碳、氮化物充分析出和长大，从而清除间隙原子，在随后的再结晶退火中降低再结晶温度，促进再结晶晶粒长大和｛111｝织构发展。

另外，热轧后若冷却速度不够，将产生 TiC 的粗大衍出物，因此热轧后最好至少快速冷却到 500℃左右，并且希望冷却速度达到 20℃/s 以上。热轧后冷却速度的控制，实际上是很困难的，故避免特别规定冷却速度，一般采用水冷作为快速冷却的手段，能确保冷却速度为 20~100℃/s。

C 冷轧及连续退火工艺

冷轧工艺参数最主要的是冷轧总压下率的合理选择，总的趋势是压下率越高，对于 r 值和 BH 值越有利。对于一般低碳钢，冷轧压下率达到 70%为最好，而对于超低碳钢，工艺上一般要求冷轧总压下率达到 80%为最好。

影响 BH 钢退火工艺的主要参数有退火温度、均热时间、快冷速率、过时效温度及时间，这些工艺参数决定最终冲压性能和 BH 性能。

在连续退火过程中，随着均热温度的升高，*r* 值、*AI* 值和 *BH* 值增加；*n* 值和 δ 值先下降然后趋于稳定，其他性能变化不大。这表明提高均热温度有益于改善超低碳 BH 钢板的深冲性能和烘烤硬化性能，但是塑性有些变坏。对于低碳钢来说也有类似的趋势。在实际的工业生产中，对于 IF 钢型 BH 钢，受退火炉加热能力的限制，最高退火温度可到 850℃左右，而对于低碳型 BH 钢 830℃一般就足够了。

当退火时间不变时，随着均热温度的升高，一方面，加热速度增加，再结晶过程提前发生和完成，晶粒长大过程相对延长；另一方面，热激活条件改善，特别是再结晶完成后继续升温、保温过程中晶粒长大和 NbC 粒子溶解所处的热激活环境改善。上述两种影响均导致了 γ 纤维退火织构的增强和 NbC 粒子溶解数量的增多，使得钢板的 *r* 值、*AI* 值和 *BH* 值提高。然而，它们对于钢板的塑性却产生了不同的两种作用：一是促进了退火板组织晶粒的长大，使塑性改善；二是引起固溶 C 原子和空位数量的增多，不利于塑性改善。因此，塑性变化实质上是两种影响斗争的结果。当不利影响占据主导地位时，塑性变差。当两种影响相当时，塑性与均热温度无关。

一般来说，均热时间延长，*r* 值提高，塑性略微改善，其余性能改变不大。退火均热时间增加，有利于再结晶晶粒继续长大和再结晶织构［111］组分进一步发展，使得深冲性能和塑性改善。但是，对于 NbC 粒子溶解和空位产生的影响很小。此时仅仅是延长等温的热平衡过程，且钢板组织结构趋于热平衡的速率随着时间推移而逐渐减慢，一旦达到热平衡，均热时间的继续延长便没有意义。因此，均热时间对超低碳 BH 钢板深冲性能和塑性的影响较小，尤其是对塑性的不利影响和烘烤硬化性能的影响更小。实际的工业生产中 BH 钢的均热时间一般不小于 30s，对于低碳钢型 BH 钢最少均热时间也可达 20s。而对于低碳 BH 钢，当采用较高的退火温度和较长的退火时间时，由于基体中有较高的碳浓度，过时效阶段碳的析出比较容易，得到较低的固溶碳含量使 *BH* 值降低。对于其他性能的影响，与低碳铝镇静钢类似。

BH 钢退火工艺中最为重要的一个参数应该是从均热或缓冷段以后的快速冷却速率。只有以大于一定值的冷却速度冷却，才能将高温下的游离碳迅速地按一定比例固溶下来。对于冷却速度的基本要求是最少 30℃/s 的冷却速率。

对于超低碳 BH 钢，影响规律是随着冷却速度的加快，BH 值大幅度增加，强度和表面硬度值略有提高，延伸率有所下降。但是，*r* 值和 *n* 值变化不大。这表明加快冷却有助于烘烤硬化性能的改善，也使强度有所提高，唯一不足的是导致塑性有些降低。对于低碳钢 BH 钢，冷却速度对性能的影响与超低碳 BH 钢类似。

对于低碳 BH 钢来说，过时效温度和时间也是很重要的工艺参数，有两种过时效处理方式。通常采用的是下降的温度梯度，以获得有效的碳化物析出。对于 BH 钢，最重要的是不管带钢运行速度如何，都要确保过时效处理后钢中具有恒定的游离 C 含量。由于退火炉能力的限制，厚板比薄板退火运行速度慢，继而冷速慢，过时效时间长。这对碳化物的析出有相互矛盾的两种影响趋势：冷速慢会使过时效开始时碳化物成核密度降低，使 C 析出延迟；而另一方面，过时效时间加长会促进 C 的析出。为解决这种矛盾，应根据带钢运行速度过时效温度进行调整，也就是说，运行速度低时过时效温度应提高。另一种方式是以恒定的相对高的温度进行过时效。在较高的温度下，由于 C 原子的扩散能增加，析出有望加快。另外，由于过时效开始（快冷结束温度）与均热温度之间的差值减小，析出压力下降，从而C的饱和度下降。在400℃以上较高的温度进行过时效时，平衡溶解度足够高，延长过时效时间并不能使碳化物析出量增多，故而也没必要增加过时效长度。如果过时效后能以足够快的速率冷至环境温度，那么对于所有速度和厚度范围的带钢都能获得均匀的烘烤硬化值。

但是对于超低碳BH钢无需过时效处理，所以热镀锌机组上一般采用超低碳BH钢。

对超低碳BH钢的综合分析，各工艺参数的极差大小排列顺序为：冷却方式>退火均热温度>冷轧压下率>退火均热时间。对 $\bar{r}$ 值而言，极差大小的顺序为：冷轧压下率>退火均热温度>退火均热时间>冷却方式；对 BH 值来说，极差大小的顺序为：冷却方式>退火均热温度>退火均热时间>冷轧压下率。

3.7.4 超级高强钢

3.7.4.1 双相钢

A 简介

冷轧和热镀锌双相钢是通过向低碳铝镇静钢中添加Si、Mn、Cr等合金元素，将温度加热到α+γ两相区保温一段时间，合理的控制奥氏体和铁素体的比例（奥氏体一般在20%左右），然后控制冷却速度而获得铁素体和马氏体共存的双相钢。双相钢的特点是在相当柔软的铁素体基体上形成岛状或网状的马氏体，还可能有一些贝氏体，产生相变强化。如图3-26所示。

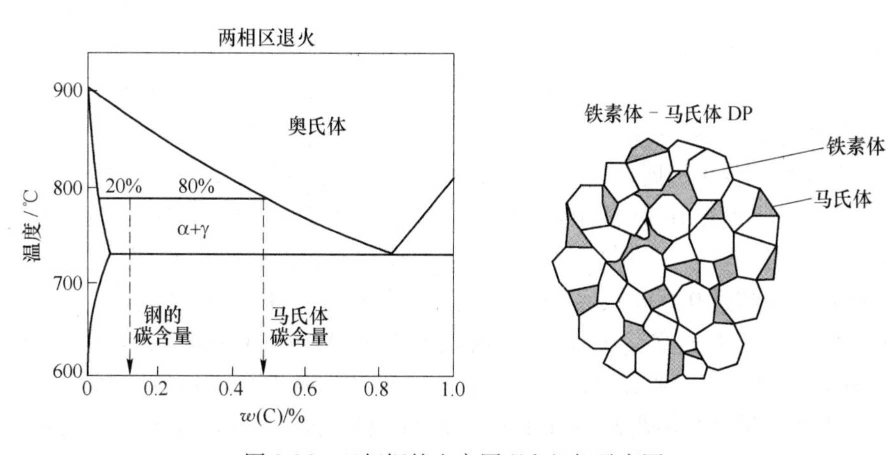

图3-26 双相钢的生产原理和组织示意图

双相钢的屈服强度为200~600MPa，屈强比为45%~70%，即抗拉强度范围为420~1000MPa。其应变硬化程度表现为 n 值，对于高强度级别，n 值在0.18左右，对于低强度级别，n 值在0.3左右。因此，双相钢不仅具有高的应变强化效果，而且还具有优异的烘烤硬化效果，并具有高均匀应变量和断裂应变量。

双相钢的深冲性能差，因为 r 值在1.0左右；弯曲回弹大，尺寸精度差；翻边成型差，由于翻边成型性依赖于局部变形能力，双相钢中的夹杂物、碳化物和变形能力差异很大的二相（F+M）界面破坏了韧性从而影响了局部变形能力；这些缺点都影响了其在汽车制造中的应用。

连续退火生产冷轧双相带钢的工艺特点是临界区保温、两段式冷却。两段式冷却包括慢冷段和快冷段，慢冷段有利于铁素体中的碳进一步析出，提高铁素体的纯净度和奥氏体的淬透性，快冷段则保证了过冷奥氏体充分转变成马氏体。使用罩式退火也可以生产双相钢，但要加入较多的合金元素，以保证很好的淬透性。从产品性能和生产成本上来看，连续退火更适合生产双相钢。

在热镀锌机组上生产双相钢板，目前有多种不同的生产工艺，因而也导致了不同的基板化学成分。如果热镀锌机组的退火炉有过时效段，可以采用和连退相近的生产工艺，采用低的合金成分、高的冷却速率和过时效处理来得到双相组织，然后再感应加热到450～460℃进入锌锅热镀锌，出锌锅后采用空气冷却；但是大多数热镀锌机组的炉子是没有过时效段的，带钢直接从高温冷却到460℃进入锌锅热镀锌，然后出锌锅采用空气冷却，这种生产工艺相对来说要求钢的淬透性比较大，因而需要在冶炼时添加更多的合金元素如铬、钼等。

B　化学成分及控制

现在生产双相钢板主要有两种合金成分，即C-Mn-Si系和C-Mn-Si-Mo/Cr系。前者在连退机组和带过时效的热镀锌机组上生产，后者在普通的热镀锌机组上生产。主要的区别在于合金成分添加的不同，生成两相组织所需要的临界冷却速度不一样。

C是形成马氏体组织和增多马氏体数量的有效元素，根据Fe-C平衡图，用杠杆定律计算马氏体质量分数为20%时，C质量分数应为0.10%。Mn是稳定奥氏体、促使马氏体形成的元素，对马氏体数量的影响不如碳大，对稳定奥氏体并形成马氏体则是不可缺少的元素。Mn和Si是以Fe-Mn和Mn-Si合金加入钢水罐的，加入量过多影响钢水浇铸温度，并增加夹杂物，加入过少又由于连续退火炉冷却条件所限，不能保证双相组织形成，因此拟定Mn质量分数为1.0%～2.0%。Si能与Mn提高铁素体的析出温度，促使铁素体的形成，并净化铁素体，从而确保了延展性，但Si对铁素体固溶强化作用大，不宜多加，特别是Si对热镀锌产品有影响，所以有时候采用P和Al来减少Si的用量。Cr和Mo元素能强烈的右移C曲线，增加钢的淬透性，一般用于热镀锌产品特别是双相钢GA产品的生产上。

若C质量分数超过0.008%，则r值会明显下降；若C质量分数低于0.001%，则不能获得高BH性能。为此，应将C质量分数限制在0.001%～0.008%，最佳为0.002%～0.004%。Si及P是获得必要强度的有效元素，若$w(P)>0.15\%$，$w(Si)>1\%$，则r值会大大下降。因此P质量分数不得超过0.15%，而Si质量分数不得超过1.0%。Mn质量分数应不得低于0.05%，以防止热脆性，若Mn质量分数超过1.8%，则r值会大大下降。因此，应将Mn质量分数限制在0.05%～1.8%范围内，最佳含量为0.1%～0.9%。Al是减少钢中氧含量及以氮化铝形式析出氮的有效元素。为了达到这一目的，Al质量分数不得低于0.01%。如果Al质量分数超过0.10%，那么，非金属夹杂会迅速增加，且延展性能变差，因此Al质量分数应限制在0.01%～0.10%范围内。

Nb、B这两种合金元素特别重要，因此，同时添加这两种元素是必不可少的。当$w(Nb)<0.002\%$，$w(B)<0.0005\%$，$w(Nb)+w(B)<0.010\%$时，不能获得双相组织钢板，而当$w(Nb)>0.050\%$，$w(B)>0.0050\%$，$w(Nb)+w(B)>0.080\%$时，不但使跟加Nb，B的作用达到饱和状态，而且会使延展性能及r值大大降低。因此，$w(Nb)=0.002\%\sim0.050\%$，$w(B)=0.0005\%\sim0.0050\%$，$w(Nb)+w(B)=0.010\%\sim0.080\%$，这一点很重

要。此外，有关同时添加 Nb 和 B 作用的机理尚不清楚。尽管已知 B 能改善钢制品的淬透性，然而，向超低碳铝镇静钢中仅添加 B 并不能生成低温相变组织。

在获得高 r 值及低 YR 值即高延展性方面，Cr 特别有效，若 $w(\mathrm{Cr})<0.05\%$，则不能起到添加 Cr 的作用，而若 $w(\mathrm{Cr})>1.00\%$，则不但会使添加 Cr 的作用达到饱和状态，而且会严重影响钢板性能，尤其是影响钢板的延展性，因此，应将 Cr 的质量分数限制在 0.05%~1.00%的范围内。

C　热轧工艺控制

对于冷轧连续退火用 DP 钢，在热轧过程中两种轧制曲线均可采用，只不过在采取热轧双相钢的路线时，冷却速度要比较低，而且在 700℃左右时就进行卷取，这样能够得到质地较软的铁素体和珠光体组织，有利于后续冷轧的进行。也可以采用在贝氏体形成区间这种较低的温度进行卷取的热轧过程。因为贝氏体在大约 500℃形成，是相对硬的组织，显然在冷轧时轧制力较高。但是这种工艺路线会形成更均匀更细的微观组织并且退火后产品有突出的性能。

工业生产上，对于双相钢热轧阶段主要工艺参数根据工艺路线的不同而有所不同：板坯加热温度，1200~1250℃；精轧温度，870~900℃；卷取温度，580~700℃。

D　冷轧和退火工艺

在双相钢的冷轧工艺环节内，最主要的影响因素是冷轧压下率，一般说来，冷轧总压下率最好不低于 50%，否则，在最终的产品力学性能上，r 值会偏低，不利于带钢的冲压成型。只有有了大的压下率变形，才有可能形成再结晶过程中更多的 {111} 织构，这一原理对于钢种都是适用的。

如前所述，热镀锌双相钢有两种生产工艺，如图 3-27 所示。图 3-27（a）是采用无过时效的工艺生产双相钢，图 3-27（b）是采用低温过时效+感应加热的工艺生产双相钢。

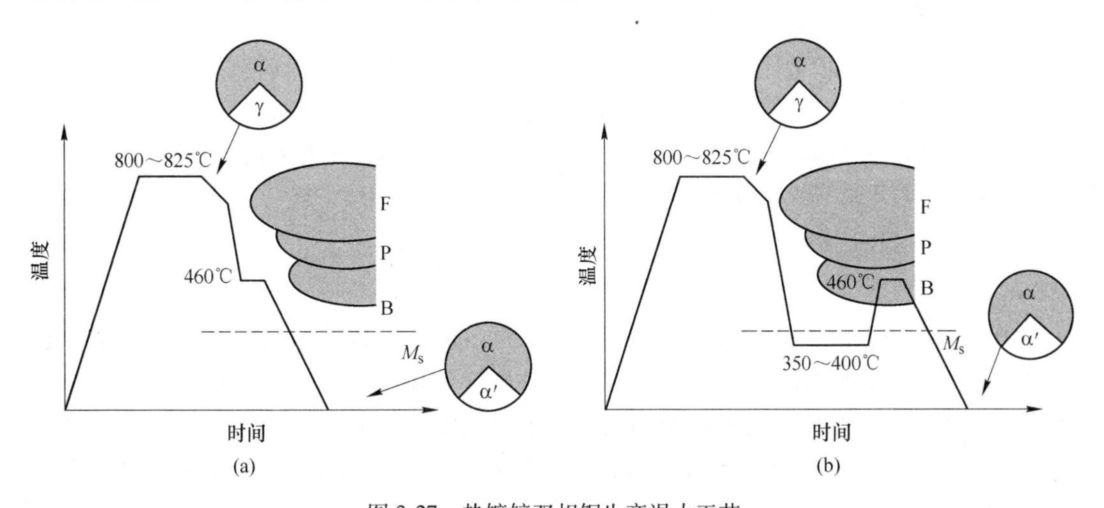

图 3-27　热镀锌双相钢生产退火工艺
（a）无过时效；（b）低温过时效+感应加热

均热温度一般为 800~825℃，均热时间一般为 30~60s，两者和具体的化学成分和最终性能要求有关。在此温度范围内均热得到奥氏体与铁素体的双相混合组织，一般奥氏体比例控制在 10%～20%，快冷后的组织就形成含有 10%～20%马氏体的铁素体与马氏体混合物，一般还会有少量的残余奥氏体。

一般来说加热速率高一些对最终产品有利，快速加热时奥氏体化过程不能达到平衡，形成细小的奥氏体粒子，有利于最终形成马氏体小岛。

均热完成以后，一般都要有一段缓冷段，到大约 680～700℃。缓冷段对退火工艺本身几乎没有影响，但它有利于实际生产中的控制与操作，可大大降低对退火炉快速冷却能力的要求，降低能源消耗。

对于双相钢来说，退火过程一个最重要的参数就是快速冷却时的冷却速率。对于不同的工艺路线来说，钢的化学成分不同，因而冷却速率的要求不同。如果加入一些使 C 曲线右移的合金元素，就可降低得到马氏体的冷却速率。对于图 3-27（a）所示的生产工艺，因为要冷却到 460℃进入锌锅镀锌，然后出锌锅冷却生产双相组织，限制了冷却速率不过太大，所以钢中的合金成分添加的比较多，而且对于 GI 和 GA 产品合金含量还不一样。而对于图 3-27（b）所示的生产工艺，可以采用大的冷却速率、低合金含量来生产双相钢，然后虽然感应再加热会进入贝氏体区，但是双相组织已经确定时间很短不会对组织产生太大的影响，出锌锅后采用移动冷却器快速冷却带钢，但是这种生产工艺生产双相钢 GA 产品比较困难。在实际生产中，一般都采用高的冷却能力设计，这样可以节约合金化的投资。

对于图 3-27（b）所示的生产工艺，快冷段结束以后就是过时效段，主要是对双相钢中淬硬的马氏体进行回火处理，降低马氏体的硬度，改善综合力学性能。

双相钢的屈服强度随着过时效温度的升高明显呈上升趋势，在 300℃以下，屈服强度处在一个较低的平台区；在 350℃以上，屈服强度处在一个较高的平台区；在 300～350℃之间，屈服强度急剧上升。马氏体在较高过时效温度下的分解，极可能是双相钢屈强比升高的主要原因。抗拉强度随着过时效温度的升高，基本呈线性下降的趋势。屈强比和屈服强度的变化规律基本相同。

过时效时间对双相钢性能的影响和过时效温度类似，但影响的程度要很弱。

过时效温度升高，马氏体的相对量仅少量降低。过时效时间延长马氏体相对量的降低比较平缓。因此在过时效阶段为了得到适当多的马氏体含量，过时效时间不宜过长，过时效温度区间要避开某一温度区间。

3.7.4.2　TRIP 钢

A　简介

TRIP 钢即相变诱导塑性高强钢（transformation induced plasticity），冷轧及热镀锌 TRIP 钢都是通过两相区加热保温，然后冷却至贝氏体区等温淬火，生成 50%～60%铁素体、25%～40%贝氏体或少量马氏体和 5%～15%残余奥氏体混合组织，其中碳化物很少，C 主要以固溶方式存在于残余奥氏体中。其组织结构特点为：合金元素固溶于三相组织之中，即多相共存、特点互补、固溶强化。因此其强度高于双相钢和微合金高强钢，一般抗拉强度最高可达 1500MPa，屈服强度为 600～800MPa。

TRIP 钢通过相变诱发塑性使钢板中残余奥氏体在塑性变形效应下诱发马氏体生核核形成，并产生局部硬化，继而变形不再集中在局部，使相变均匀扩散到整个材料以提高钢板的强度和塑性。其组织如图 3-28 所示。

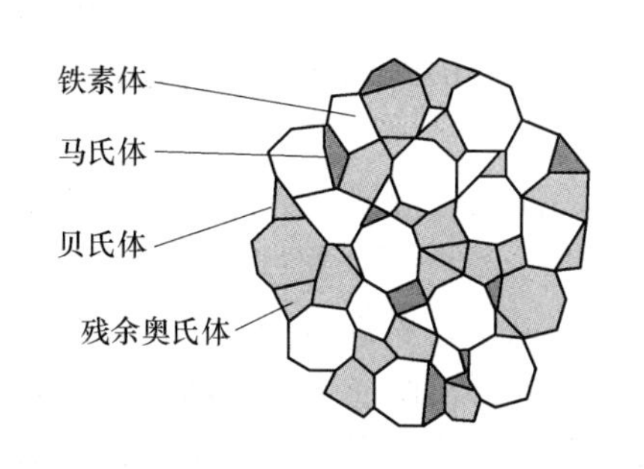

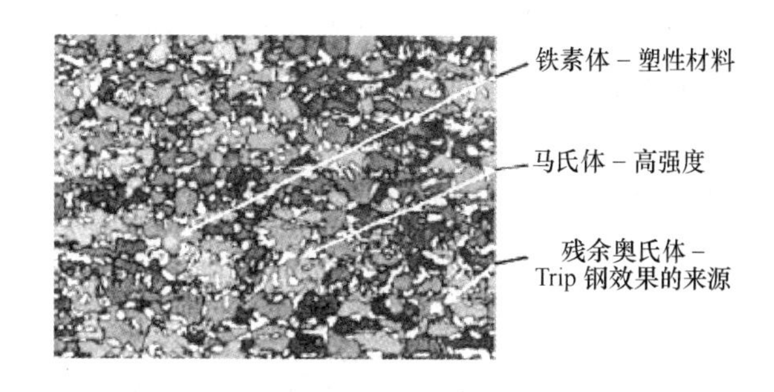

图 3-28 TRIP 钢的组织

TRIP 钢板是近几年为满足汽车工业对高强度、高塑性新型钢板的需求而开发的。最先是由 V · F · Zackay 发现并命名的，他利用残余奥氏体的应变诱发相变及相变诱发塑性提高了钢板的塑性并改善了钢板的成型性能，但早期的 TRIP 钢因含有较多镍、铬等贵重合金元素，成本高，使用受到限制。后来 Hayam 在双相钢中发现其含有残余奥氏体并具有 TRIP 效应，因此人们开始考虑以硅、锰等廉价的合金元素代替镍、铬等贵重元素来研制 TRIP 钢板。目前，日本已可以工业规模的生产与制造 TRIP 钢板。硅锰结构钢采用临界区等温淬火热处理，得到铁素体、贝氏体及大量稳定残余奥氏体的混合组织，结构钢也能产生相变诱发塑性，具有高强度与高塑性。然而，硅锰钢中的高 Si 含量导致 TRIP 钢表面产生厚的氧化皮，该氧化皮在热轧时易轧入钢板表面，并难以通过酸洗清除，使 TRIP 钢涂镀效果很差。因此人们又相继开发了低硅甚至无硅的 TRIP 钢，既提高了相关的力学性能，又改善了其涂镀性。

B TRIP 钢化学成分及控制

总的说来，影响 TRIP 的因素主要是残余奥氏体的含量，残余奥氏体的稳定性和碳在残余奥氏体中的富集程度，碳的富集程度越高，残余奥氏体越稳定。换言之，残余奥氏体的稳定性和马氏体转变温度 M_s 有关，而 M_s 受化学成分的影响。M_s 越低，则残余奥氏体越稳定。第一次奥氏体富碳发生在 $\alpha+\gamma$ 两相区保温过程中，该工艺的目的是获得大约 50%奥氏体。随后便可发生第二次奥氏体富碳过程，它主要发生在贝氏体区奥氏体等温转变过程中。带有过时效段的连续退火生产线和热连轧缓冷卷取生产线均可满足这样的两阶段热处理工艺的要求。残余奥氏体的含量同钢的成分和控轧控冷工艺有关。研究认为，对于一般的硅锰系 TRIP 钢，碳的质量分数应控制在 0.2%左右，硅锰最佳组合为 1.5%和 2.0%。当然具体来分析，要从不同的方面来分析化学成分的影响趋势。

TRIP 钢中普遍的合金元素主要是 C、Si 和 Mn。在室温获得大量、稳定的奥氏体的最廉价的方法是增加钢中的 C 含量。然而，材料的其他性能，诸如焊接等性能将限制 C 含量的增加，因而，采用合理的技术和工艺手段使 C 在钢中局部富集是十分重要的。Si 在贝氏体形成过程中能抑制碳化物的形成，使贝氏体周围的奥氏体富碳，这部分奥氏体容易保留至室温成为残留奥氏体。所以，较高的 Si 含量有利于获得较多的残留奥氏体量。Mn 是奥氏体稳定元素，所以，奥氏体中 Mn 含量的提高，也有利于获得较多的残留奥氏体。有的研究认为，Si 与 Mn 相比较，Si 对残留奥氏体量的影响是主要的，并且认为，随 Si、Mn

质量分数比的增加，残留奥氏体量增加。但是，较高含量的 Si 会恶化钢的热轧性能和热镀锌表面镀覆性能。所以，目前各国研究人员正致力于低 Si 的 TRIP 钢和 Si 替代元素例如 P、Al 的研究。

研究表明在 Si 质量分数降至 0.6%以下时，由于在贝氏体区等温时，奥氏体析出了渗碳体，而无法获得残留奥氏体；有的研究还认为，当 Si 质量分数降至 0.6%时，TRIP 钢将不能获得好的力学性能，并提出在含 Si 质量分数为 0.6%的钢中，若加入一些 P，将有助于提高性能。加入低于 0.1%的 P 能有效阻止铁的碳化物的析出，使强化效果增强，而且它必须和硅或铝结合才能实现对相变的有益作用和保持残余奥氏体，但如果过量则会造成晶界偏析而损害韧性。

在用 Al 替代 Si 的 TRIP 钢中，当 Si 质量分数降至 0.3%时，加入一定量的 Al，可以使钢获得良好的强韧性和较好的 TRIP 效应。而且 Al 合金的相变诱发塑性（TRIP）钢能进一步改善成型性，比传统的 C-Si-Mn TRIP 钢更适合于镀锌。对于以 Al 替代 Si 的冷轧 TRIP 钢的研究结论如下：

（1）以 Al 替代 Si 的 TRIP 钢可得到优良的力学性能（UTS>750MPa，A_{80}>26%），抗拉强度与延伸率明显高于 C-Si-Mn TRIP 钢。

（2）Al 替代的 TRIP 钢在有限的应变下显示出更稳定的 n 值，从而具有更均匀的延展性。这一特性对于冲压成型操作尤其有价值。

（3）在相同热处理下，Al 替代的 TRIP 钢的显微组织中贝氏体量较大，这是由于在临界区退火结束时存在大量的奥氏体。

（4）Al 替代的 TRIP 钢的残余奥氏体的体积分数（φ>12%）比参考钢（φ>8%）的大。C-Mn-Al-Si TRIP 钢应变后残余奥氏体量 γ(6%～8%）大于 C-Si-Mn TRIP 钢的 γ(3%～5%)。但是两种钢的退火工艺中的温度与时间的设定差别不大。C-Mn-Al-Si TRIP 钢的 C 含量高于传统的 C-Si-Mn TRIP 钢。

（5）根据前面提到的性能，含 Al-TRIP 钢很有希望应用于连续镀锌线，因为其 Si 含量低。至于它们的生产工艺，含 Al-TRIP 钢的均热温度应当控制在 770～800℃，均热时间约 240s，随后在（400～500℃)×120s 条件下进行贝氏体转变。

综上所述，当 Si 质量分数低于 0.6%时，较难获得好的力学性能，此时必须添加其他替代元素。而 Mn 是奥氏体稳定化元素，在 Si 质量分数为 0.6%的 TRIP 钢中，Mn 含量较高时，经热处理后可获得较多的残留奥氏体。如果用 Al 代替部分 Si 元素，可有更优良的涂镀性和力学性能。

另外，在 TRIP 钢中加入适量的微合金元素 Nb 的其影响如下：

（1）临界退火后，大部分 Nb 以 Nb 的碳氮化物沉淀析出形式存在，它可通过粒子钉扎作用使钢的组织细化。每增加 0.01%的 Nb 可使强度提高 15MPa。

（2）Nb 微合金化可促使残余奥氏体数量提高并使热处理工艺途径增加。

（3）在 Nb 微合金化 TRIP 钢中获得的较高体积分数的残余奥氏体并未导致较高的均匀延伸性能，它似乎表明最大体积分数的残余奥氏体的稳定性可能被降低，对每一种钢都可能存在一个最佳的残余奥氏体体积分数值。在略高温度条件下，因为残余奥氏体稳定性提高，从而使钢的成型性得到改善。

（4）Nb 对 A_{c1} 和 A_{c3} 温度的影响较小，因此不必改变热处理温度参数。

（5）为获得强度和成型性能的最佳配合，最佳退火工艺为：贝氏体相变温度范围400~425℃，保温时间200s。获得最大体积分数残余奥氏体一般需要保温350s左右。

（6）在贝氏体区的等温处理，温度太低或保温时间太短都不足以产生TRIP钢特有的性能配合，对无Nb钢更是如此。

C TRIP钢热轧工艺控制

加热温度和其他钢种没有大的区别，高的加热温度对于合金元素的完全析出和组织的均匀是有利的，碳氮等化合物分解固溶且均匀分布，有利于轧制过程及轧后组织性能的均匀性。卷取温度一般在650℃左右，和普通铝镇静钢相差不多。

D TRIP钢冷轧及退火工艺

冷轧压下量越大，晶粒越细小，有利于退火时碳的富集；再结晶的储存能也越大，在退火均热阶段固溶碳分布越均匀，对最终的产品力学性能也越有利。

当然，最为重要的部分应属TRIP钢的退火工艺，典型的热镀锌机组TRIP钢退火曲线如图3-29所示。图3-29（a）所示为无过时效段的热镀锌机组的工艺，图3-29（b）为有过时效+感应加热的热镀锌机组的工艺。

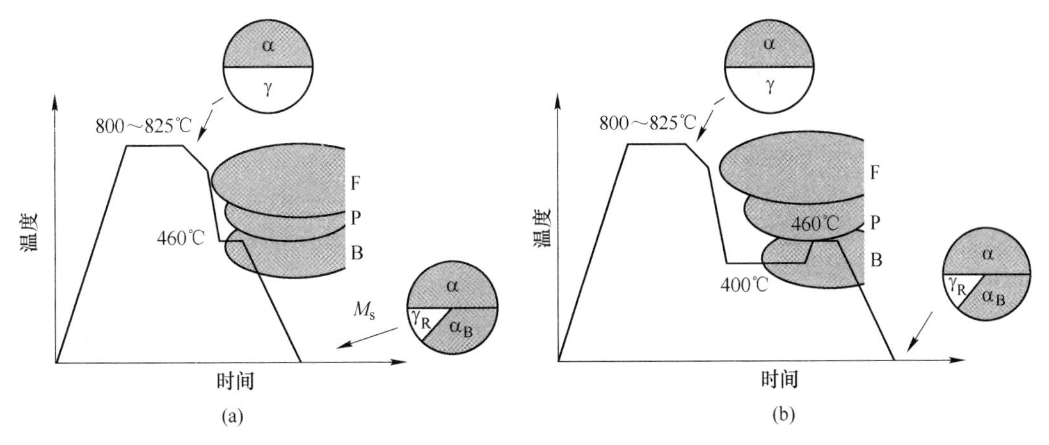

图3-29 热镀锌机组TRIP钢退火曲线

（a）无过时效；（b）有过时效+感应加热

研究表明，冷却速度大于50℃/s可使铁素体量增加、铁素体中碳含量降低、残余奥氏体量增加、残余奥氏体稳定性提高、屈服强度降低、均匀伸长率和总伸长率增加，但基本不影响抗拉强度。因此当冷却速度大于50℃/s后，可获得强度与塑性的良好匹配。可见，不但对于DP钢，对于TRIP钢而言，在连续退火和热镀锌机组上尽量高的快冷能力也是很必要的。

450~350℃温度范围是二次退火阶段，只有碳的活动性值得一提。为获得足够数量和足够稳定性的残余奥氏体，保温温度和时间都是非常重要的。这种结合是TRIP钢良好力学性能的先决条件。太短的保温时间导致形成极少量的贝氏体，抑制了碳的富集程度，而碳富集是在冷却到室温时避免形成马氏体所必不可少的。如果提高保温温度，缩短保温时间，对工业应用非常有益，并提供了预期的组织和有利的奥氏体性能。应该说，450~350℃的等温转变温度几乎涵盖了所有种类TRIP钢的过时效温度范围，根据各自的冶金工艺路线不同而稍有不同。而对于等温转变的时间，应该尽量长一些，形成一定比例的贝氏体和残余奥氏体，并使碳在奥氏体晶界上进一步富集，在理论上也不能时间过长。在实际的连续退火线上考虑到生产的经济性一般过时效段设计为工艺速度下时大于 120s，在连续热镀锌线上往往为了得到更多的过时效时间而进行减速生产。

总之，TRIP 钢连续退火工艺的主要特点是两相区临界退火，得到一定比例的铁素体和奥氏体组织；然后最好不经缓冷，直接快冷至等温转变温度，这样有利于碳的富集；尽量增加等温转变时间，对于得到一定比例的稳定的残余奥氏体更为有利。

思考题

3-7-1　简述汽车用钢板的分类。

3-7-2　简述低碳铝镇静钢和 IF 钢的性能、特点及使用领域。

3-7-3　简述高强钢的强化机制。

3-7-4　简述普通高强钢和超高强钢的性能、特点及使用领域。

4 热镀锌生产工艺

扫码获得热镀锌生产工艺相关学习视频

4.1 原料的生产工艺及要求

4.1.1 原料的生产工艺

热镀锌原料的生产工艺如下：

炼铁→炼钢→二次冶金→连铸→热轧→酸洗→冷轧

在高炉中炼出生铁后送到铁水罐中，经过浸入吹氧法预脱硫。在转炉中，经过氧气顶吹和惰性气体底吹的复合吹炼后转变成钢。为了调整化学成分，采用炉外精炼和二次精炼，使杂质元素降低到很低含量。

热轧工艺在生产中主要控制的是钢坯在加热炉中加热时的出炉温度、连轧的终轧温度和卷取温度。另外，由于钢在热连轧的轧制过程中，实际上是一个放热快、吸热慢的过程，所以在轧制过程中要求控制不同阶段的温度降。

另外，在热轧生产过程中，由于轧制温度高，摩擦条件恶劣，因此在轧制过程上板形不容易控制，所以一般采用两边薄，中间厚的板形，这样可以防止带钢跑偏，如图 4-1 所示。

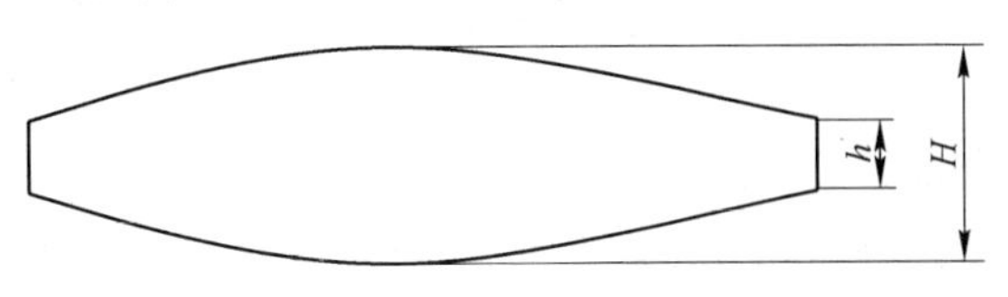

图 4-1　热轧成品板截面图

在轧制过程中，另外最重要的控制因素是带钢横向的硬度分布，对于作为冷轧原料的热轧板生产工艺来说，要求钢材的横向硬度分布要尽量均匀，这样在冷轧生产时，就不容易产生裂边、锯齿边缺陷。

热轧带钢在冷轧前必须清除带钢表面的氧化铁皮，现在主要采用盐酸酸洗工艺。氧化铁皮的产生主要是在热连轧过程中产生的，它的厚度主要与轧制温度、终轧温度、冷却速度、卷取温度等因素有关。除去氧化铁皮的方法，主要是机械法和化学法。机械法主要是利用矫直机进行弯曲加工破鳞，使鳞片龟裂，或用砂轮清理；化学法是把鳞片与酸反应，除去氧化铁皮。在冷轧生产中，往往先采用拉矫机破鳞，然后进行酸洗的工艺，以便达到最佳的效果。由于盐酸与氧化铁皮反应速度快，在溶液里的溶解度大，可以提高处理速度，同时废酸可以回收利用，对环境污染较小，所以现在盐酸酸洗已经取代了硫酸酸洗工艺，并向连续酸洗轧制联合生产的方向发展。酸洗轧制联合机组提高了生产能力，降低了切头、切尾损失，因而大大提高了成材率。

在连续酸洗过程中，首先经准备站对热轧原料头部进行整理，切除不合格部分，经开卷机开卷与上一卷经整理的带尾进行焊接，然后再经活套进入酸洗槽内酸洗，酸洗后切边进入连接活套，最后进入轧机。

冷轧是以带钢不经过加热直接在常温下轧制，以便获得更薄的产品，通常是在 4~6

机架冷连轧机中进行。与热轧相比，其产品具有尺寸精确、板形好、表面光洁、质量高的特点。最实用的冷连轧机组都采用了无头轧制，在轧制过程中无切断点，并在轧制后按要求长度进行分卷剪切。在冷轧的生产过程中，由于其产生大量的变形热、摩擦热，这样，就会影响轧辊的使用及钢材变形的均匀性。另外，在200~350℃的温度范围内，钢材还会出现蓝脆现象，带钢极易断裂。因此在轧制中采用冷却和润滑技术。经过轧制后的带钢在卷取分切后就可以进入前库进行存放等待热镀锌机组生产。

4.1.2　原料缺陷

汽车和家电用高级热镀锌板要求良好的力学性能、几乎无缺陷的表面、良好的板形和良好的镀层。因此，来料的质量对成品的质量影响很大，必须严格控制。

要控制来料质量，首先对于来料的缺陷有大致的了解。概括说来，缺陷可分为外在缺陷和内在缺陷；从对最终产品质量的影响来说，又可分为可消除缺陷与不可消除缺陷；从来料的工序上分，还可分为铸锭（连铸坯）缺陷、热轧缺陷及冷轧缺陷等。下面主要针对冷轧前工序存在的一些缺陷进行简单介绍。

（1）气泡。这种缺陷是在铸锭时形成的。注入锭模中的钢水仍含有相当数量的以氧化铁形式存在的氧，氧与钢中的碳起反应生成一氧化碳。一氧化碳气体能聚集成气泡，这些气泡在铸锭温度过低和浇铸速度很快时，由于钢水静压力作用不能逸散出来而留在钢锭中。热轧时，若气泡能够焊合，冷轧后就不会出现缺陷；若不能焊合，当冷轧到厚度很薄时，就会暴露在冷轧板带表面上，造成起皮分层。由于轧制延伸作用，它以条状或者箭头状断断续续出现，缺陷处有凹坑。

这种缺陷多出现在沸腾钢中，因它在铸模中沸腾时气体比较多，故留在钢中气泡也比较多。气泡缺陷破坏了钢基体的连续性和均匀性，使产品变为废品。但这种缺陷在铝镇静钢中应该很少遇到。

（2）夹杂。浇注时，盛钢桶、中注管等处的耐火材料剥落以及钢内熔渣等非金属夹杂物混入钢水中，凝固在钢水中间的疏松区和缩孔处，经热轧、冷轧、延伸后暴露后轧件表面，形成非金属夹杂。其形态与气泡缺陷类似，只不过在凹坑中能见到非金属夹杂物存在。

这种缺陷也常见于沸腾钢中，特别是低温浇注的沸腾钢。对于镇静钢，如缩孔切不净，或钢水静置时间太短，夹杂物未能完全上浮时，也出现此缺陷。夹杂造成钢板局部起皮分层，钢基体的均质性被破坏，形成废品。

（3）分层。分层是以上两种缺陷隐含在钢板内部时形成的缺陷，往往是在拉力试验和冷弯试验时才发现它。拉伸时，试件出现层间错动而产生裂缝，冷弯时因内外分层金属分别受拉、压的作用，而产生宽度方向的变形、分层或开裂。分层缺陷除非使用仪器检查，否则不会发现，一直到用户使用时，分层缺陷使金属制品成为废品。

（4）铁皮压入。热轧开坯时，板坯表面生成的氧化铁皮，没有除净而压入板面中，压入的铁皮在冷轧前破鳞机上不能剥落，酸洗也未能洗掉，冷轧时仍然保留着。冷轧后，压入铁皮处，出现点状、鱼鳞状的黑褐色痕迹，这种缺陷多出现在带钢的两头。

铁皮压入钢板表面中，减少了钢板的厚度。除少数一些点状缺陷可以降为次品外，其他将造成废品。

（5）结疤折叠。当板坯结疤或板坯清理不良时，呈现凹凸不平。当表层气泡夹杂轧后破裂并延伸，当铸锭发生冷溅、重锭、钢锭模清理不净时，在热轧时就会出现结疤或折叠。这种缺陷有“舌状”“鱼鳞状”“片状”。有一端与钢基体相连，一端可以翘起。

（6）原料划伤和辊印。热轧时，板坯在加热炉中炉底辊上划伤，或是输送辊道不转而划伤。冷轧以后，由于延伸和厚度压缩，划伤变得轻微，其形状有连续或断续行条状的，而且往往是多余的。

辊印是热轧时轧辊表面被破坏或是黏有异物而传到钢板的结果。这种缺陷与轧辊周长相一致并呈周期性。

4.1.3　原料的质量要求

镀锌成品厚度为镀锌原料厚度加镀锌层厚度，故此，要求镀锌原料厚度比成品要薄。原料厚度计算如下：

$$r = R - 0.000139 \times (G_1 + G_2) \tag{4-1}$$

式中，r 为原料厚度，mm；R 为成品厚度，mm；G_1、G_2 为单面镀层质量，g/m^2。

镀锌生产是连续完成的，带钢在退火过程中处于张力作用下进行加热。带钢的宽度将产生变化。同时，光整和拉伸弯曲矫直过程带钢的宽度也会产生变化。为了保证宽度公差符合标准，原料带钢的宽度要大于成品宽度。由于生产的品种规格及成品对力学性能的要求不同，退火工艺、光整和拉矫工艺参数也各不相同，带钢的拉窄量也不尽相同。根据生产实践对于软钢系列带钢拉窄量主要与原料厚度关系较大。软钢系列原料的宽度可由式（4-2）计算：

$$d = D + \Delta d \tag{4-2}$$

式中，d 为原料宽度，mm；D 为成品宽度，mm；Δd 为带钢拉窄量，mm。

d 的选择：小于 0.75mm 厚度的原料，$\Delta d = 4 \sim 7$mm；大于 0.75mm 厚度的原料，$\Delta d = 4 \sim 6$mm。

抗拉强度大于 450MPa 的硬钢系列带钢拉窄量不但与原料厚度有关还与硬度有关。硬钢系列原料的宽度可由式（4-3）计算（不包括 BH 钢）：

$$d = D - Y + \Delta d \tag{4-3}$$

式中，d 为原料宽度，mm；D 为成品宽度，mm；Δd 为带钢拉窄量，mm；Y 为硬度系数折算值，mm。

d 的选择：小于 0.6mm 厚度的原料，$\Delta d = 3 \sim 6$mm；大于 0.75mm 厚度的原料，$\Delta d = 3 \sim 5$mm。

Y = 原料抗拉强度值 MPa/450MPa

以上公式仅是经验值，还需要在实践中积累经验。对原料的其他要求如下：

原料表面要求清洁，不允许有压印、划伤、轧穿、黏结、表面夹杂、锈蚀、铁皮压入、残余乳液斑等，对于有严重的瓢曲、浪形、浪边的原料应拒绝镀锌。

塌卷、扁卷造成的卷内径椭圆度应小于±25mm，边裂的深度不准超 1mm，塔形及溢出边不得超过 10mm，镰刀弯应小于 30mm/10m，平直度最大 55IU。

思考题

4-1-1　简述热镀锌原料的生产工艺流程。
4-1-2　简述热镀锌原料的相关缺陷及其影响。
4-1-3　对镀锌原料的质量有何要求。

4.2　入口段

4.2.1　开卷

在轧后库的冷轧钢卷将通过存储区域的天车，被吊到三个钢卷鞍座上，经过钢卷梭车运输到地辊上手动拆捆带，再运输到1号入口步进梁上。钢卷通过步进梁移动到步进梁末端。在1号入口步进梁末端通过1号入口钢卷车送到1号开卷机芯轴上，通过2号入口步进梁和2号入口钢卷车送到2号开卷机的芯轴上。钢卷车上配有钢卷测径和测宽装置，在上卷到开卷机上时以进行自动水平和垂直对中。

在连续热镀锌机组上一般都配有2台开卷机，为了调节钢卷中心线与机组中心对正，大多数开卷机都安装有CPC装置。开卷机主要由固定底座、移动框架、电机、减速箱、芯轴，卷芯胀缩用旋转液压缸和横移液压缸等部件组成。

开卷机的主要尺寸是卷芯的公称直径，根据原料内径要求，一般分为508mm和610mm两种，某厂热镀锌机组只采用610mm，其胀缩范围是450~610mm。卷筒的主要形式为四棱锥式，卷筒中心是一根四棱锥心轴，卷筒的胀缩是通过液压缸给油，来推动旋转液压缸的活塞杆，使芯轴做轴向移动，此时由于芯轴的斜面作用，推动了套在最外端的扇形块径向胀开和收缩。为了提高芯轴与扇形块间的耐磨性能，在芯轴锥面上安装有用合金钢材料制成的耐磨衬板。为防止开卷机芯轴疲劳弯曲，现在都采用外支撑来保证芯轴的强度和运行的平稳。

开卷机电机在穿带开卷时，处于正常的电动状态，而在正常的连续生产运行中，开卷机与1号张力辊之间的张力是依靠开卷机电机的反向力矩产生的，这时电机处于发电状态。

开卷机上还有液压马达驱动的压辊，可以保证打开捆带后的钢卷在反向转动中不会松卷。穿带导板台通过两个液压缸可以升降和伸缩，以便对不同卷径的钢卷起到托起带头、调整引带位置的作用和磁力皮带配合将带头送入夹送辊，夹送到五辊直头机进行带头矫直，防止穿带时带钢头部进入后部设备被卡住。五辊直头机的下辊固定，上辊通过电动丝杠装置进行双侧的同步或单侧升降，以调整板形平直。在调试期间，根据经验设定不同钢种规格的带钢的压下量，正常生产后可以从PLC查表来自动控制上辊的压下量。

正常说，冷轧带卷不可避免地要存在头尾10~30m左右的超厚部分。而在无头轧制的生产中，带头还会有划伤缺陷。所以在热镀锌机组中必须切除带头带尾的超厚部分，一般都采用双切剪，剪切后的带头、带尾要符合厚度要求，切头后对带钢厚度应符合以下要求：

$$D_f = D_e + D_X - D_E \tag{4-4}$$

式中，D_f 为切头后应达到的厚度，mm；D_e 为热镀锌板的成品厚度，mm；D_X 为正公差值，mm；D_E 为镀层厚度，mm。

在生产计划上，标明了热镀锌板的成品厚度，也指出了镀层的质量，当要求的锌层厚度比较薄时，可以忽略 D_E。因此，只要减去公差尺寸就可以。在某厂热镀锌机组上，双切剪前都没有测厚仪，带钢厚度从冷轧三级机传来，根据钢卷信息确定带钢切掉超厚部分长度。

双切剪设备是由机架，固定剪刃梁、可动剪刃梁、液压缸、滑板、导板、同步机构组成。双切剪分上下两层，上组剪通过液压缸驱动上的剪刃而剪切，下组剪同样是通过液压缸驱动上剪刃而剪切，剪刃间隙可通过调整螺栓固定剪刃梁实现，对于产品厚度为 0.3～3.0mm 规格的带钢来说，剪刃间隙的调整范围是 0.01～0.10mm，剪刃间隙过大就会造成切不断带钢，剪刃间隙过小容易使剪刃崩伤，因此应合理调整剪刃间隙。

双切剪入口配有一对夹送辊，入口夹送辊用于向双切剪内喂料，剪切长度最大 2m，上通道废料通过一个溜槽落到废料斗中，下通道的废料通过横移皮带送到废料斗中，废料斗满后用天车吊运到传动侧卸到标准废料斗中，然后用汽车将标准废料斗运走。

开卷是保证全线生产工艺顺利进行的关键环节。要求操作者首先对原料进行质量检查，同时严格按照生产计划进行上料。原料的检查，应包括以下几个方面：

（1）在拆捆带处核对卷号和生产卡片是否相符，保证实物与卡片一致，否则将出现废品，因为不同的钢种采用的生产工艺不同。

（2）外观检查，主要是对边部裂纹、卷径、塔形等方面进行检查。

（3）开卷切头过程可以对卷头部带钢的情况进行检查，如压印、划伤、表面夹杂、锈蚀、表面清洁情况等。

4.2.2 焊接操作

带钢切头后送到焊机处，要把上一卷的带尾和下一卷的带头焊接起来，以保证机组的连续生产。目前，在连续热镀锌机组中，采用的均是窄搭接电阻焊机。如图 4-2 所示。

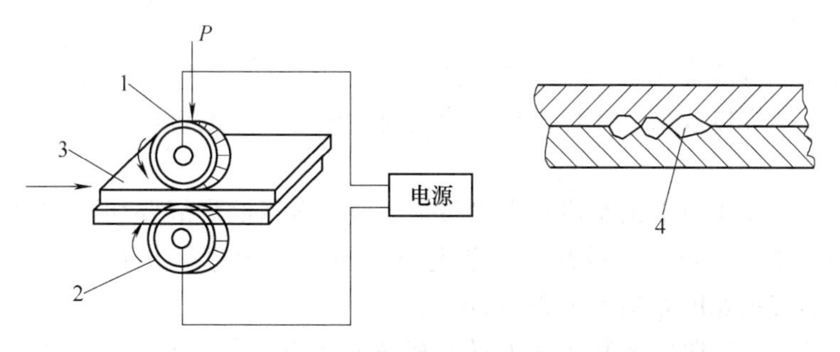

图 4-2 搭接电阻焊示意图

1—上焊轮；2—下焊轮；3—焊接钢板；4—连续的焊点

搭接电阻焊是将两块材料搭接、加压并通以电流，利用材料自身的电阻、材料与电极之间接触部分的集中电阻所产生的热量，使材料温度升高，其电阻率也升高，因而便引起进一步的发热。此热量又使电阻率进一步升高。如此不断反复，最终使材料熔化。熔化时的电阻率比熔化前提高 1～2 倍。因此，电流不再从熔化区通过，而从即将熔化的压接区流过，使该区域再陆续熔化，而焊核不断地扩展。发热量为：

$$Q_r = 0.24I^2RT = 0.24IET \tag{4-5}$$

式中，Q_r 为热量，cal；I 为电流，A；R 为焊接区间电阻，Ω；E 为电极间电压，V；T 为通电时间，s。

从式（4-5）中可以看出，发热量与电流平方成正比，与电阻和通电时间成正比，因此只要改变三者中的一项就可以改变发热量，对于电流与通电时间都可以直接控制，而电阻是随着板厚、温度的变化而变化的，即

$$R = \rho \cdot D_f / S$$

$$\rho = \rho_0(1 + \alpha) \tag{4-6}$$

式中，R 为电阻，Ω；ρ_0 为某温度下的电阻率 Ω · m；D_f 为板厚，mm；S 为焊接区间的接触面积，m^2。

焊接时，电阻率 ρ 越高，产生的热量越多，因此为了得到同样大小的焊核，电阻率高的材料就可以降低电流，缩短通电时间。相反电阻率低的材料就必须提高电流，延长通电时间，但从客观上讲，通电时间过长后散热与吸热平衡，并不能起到增加电阻的效果，同时焊接时间越长，对电极要求质量越高，入口活套量就越大。因此，在焊接时，都希望选用短时间大电流。

窄搭接焊机是由入、出口活套，入、出口对中装置，搭接台，倾翻台，C 形架，双切剪，冲孔装置，焊轮，压轮，月牙剪装置等机构组成，工作原理是当带钢运行到尾部时，被双切剪切断，由夹送辊甩尾将尾端送入焊机双切刃剪内，被夹紧，起活套，对中，并由后面备好的带头在入口进行对中及定位处理，双切剪剪切，并同时冲孔后，倾翻台翻转，搭接台前送带头带尾搭接在一起，C 形架带动焊轮，碾压轮移动，焊接带钢。

厚度不同的两卷带钢焊接时，参数以厚带钢为准，焊接厚差不得大于 0.5mm，最多不得差 0.8mm。在搭接电阻焊中，带钢搭接量的大小取决于带钢的厚度。如果两种厚度不同的带钢搭接，则根据厚度大的带钢取搭接长度。一般情况下，带钢的搭接量为 0~3mm。带钢抗拉强度大于 780MPa 时，焊缝最大超厚 15%，带钢抗拉强度小于 780MPa 时，焊缝的最大超厚为 10%或 0.08mm。

焊机的焊接参数通常是经过试验来获得，这是由于各生产机组的原料品种等存在差别，若获得较佳的焊接效果，在焊机投入使用前应进行必要的试验来优化焊接参数，以利于指导生产。

焊接后操作工要用锤击试验检查焊缝质量，对不合格的焊缝要切断重焊。不同宽度带钢焊后必须切月牙弯，同宽度带钢正常情况可以不切月牙弯。由于月牙剪进刀深度的限制，前后两卷的带钢宽度差最大为 300mm。

另外，在开始调试阶段要利用球冲试验机测试焊缝质量，有以下几种情况，如图 4-3 所示。

（1）球冲后裂纹平行于焊缝或在热影响区，焊缝质量可以接受，如图 4-3（a）所示；

（2）球冲后裂纹垂直于焊缝，焊缝质量可以接受，如图 4-3（b）所示；

（3）球冲后裂纹在焊缝上，焊缝质量不可以接受，如图 4-3（c）所示；

为了保证焊接质量，焊轮须按期进行修磨。修磨焊轮要保证修磨质量，焊轮接触面要光滑，边部没有毛刺，使焊轮始终处于完好的使用状态。焊轮的修磨，一般根据焊轮的损伤情况确定。对于损伤的焊轮，若不进行修磨将严重影响焊接质量，严重的容易造成断带

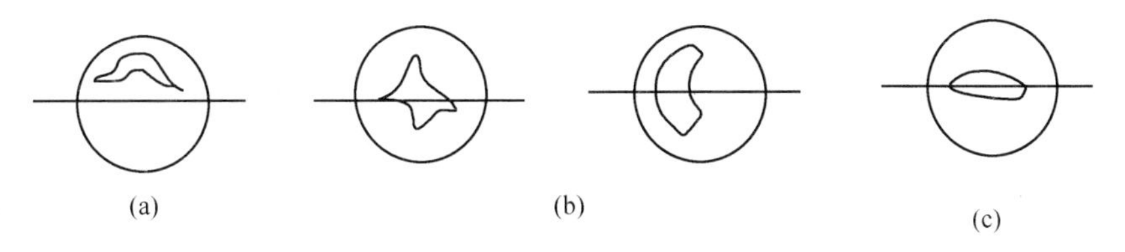

图 4-3　球冲试验机测试焊缝质量

事故。更换焊轮后，下焊轮自动调整到一个标准水平面上。表 4-1 是国内某机组的焊轮修磨次数，仅供参考。

表 4-1　焊轮修磨次数

带钢厚度/mm	修磨次数	
0.5	每焊 2~3 次	1 次
0.7	每焊 3~5 次	1 次
1.0	每班	2 次
1.2	每班	1 次
1.5	每班	1 次
1.5 以上	每班	视磨损情况确定

为了保证连续生产，在焊机后设置有储存带钢的入口活套以补偿焊接停机的供料问题，活套储量是由焊接周期和入口时间周期决定的。焊接前应保持入口活套处于满套状态，在入口段停车焊接时，入口活套中储存的带钢要能保证工艺段的正常运行。一般来说，入口活套的有效储量应该大于 2min。

思考题

4-2-1　简述入口段工艺。

4-2-2　简述钢卷焊接原理及焊接时的限制条件。

4-2-3　简述如何判别焊缝质量。

4.3　带钢清洗技术

热镀锌机组的原料通常均采用冷轧后来未经退火的带钢，其表面存留有残余油脂、铁粉及其他污物。如果带钢清洗不净，经过退火炉后就会在带钢的表面形成残留的固体颗粒和碳化物，这些残留物一是会影响热镀锌镀层性能，二是会导致炉辊结瘤划伤带钢表面。因此要通过清洗将其大部分清除，以提高镀后的带钢性能和表面质量。

4.3.1　清洗技术简介

金属表面清洗的方法种类很多。但目前国内外用于热镀锌机组清洗工艺发展较快的方法大致有化学清洗法、物理清洗法、电解清洗法和组合清洗法 4 种。

4.3.1.1　化学清洗

这种方法通过使用碱性化学溶剂与带钢表面残留物产生化学反应，来达到清洗带钢的目的。如图 4-4 所示，带钢表面的动物油脂，矿物油与碱液中的 NaOH 在加热（60~80℃）条件下发生水解，生成硬脂酸钠和甘油，溶解进入碱性溶液，形成水溶性皂盐。表面活性剂吸附在油脂界面，憎水基向着金属基体，亲水基向着溶液，使金属与溶液间的界面张力降低，在流体动力学等因素的作用下，油膜破裂成细小的油滴脱离金属表面，分散乳化以及分散到溶液中形成乳浊液。

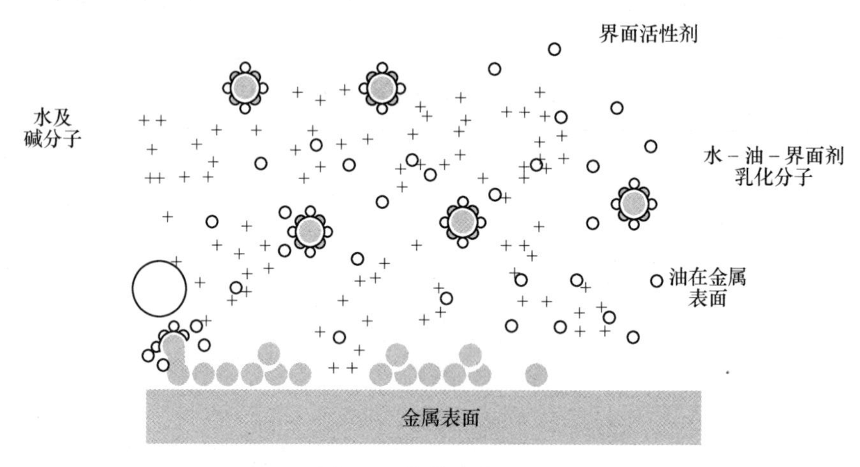

图 4-4　化学清洗原理

4.3.1.2　物理清洗

物理清洗法指使用水作为溶剂对带钢表面进行冲刷洗。物理清洗分为高压水冲洗和刷洗两种。刷洗的原理如图 4-5 所示，刷洗系统由刷辊和支撑辊组成，在碱液的喷洗配合下，刷辊逆向于带钢运行速度旋转，可以有效清除带钢表面残留物 75%以上，而且刷洗对于清除带钢表面的铁粉很重要。但是清洗的效果依赖于刷辊与带钢的压力，压力过大刷毛会弯曲导致过度磨损，压力过小不能有效清洗带钢表面，都会导致清洗效果差。通常的做法是通过在线检测刷辊电机的电流大小，来控制电机丝杠调整刷辊的压下量。

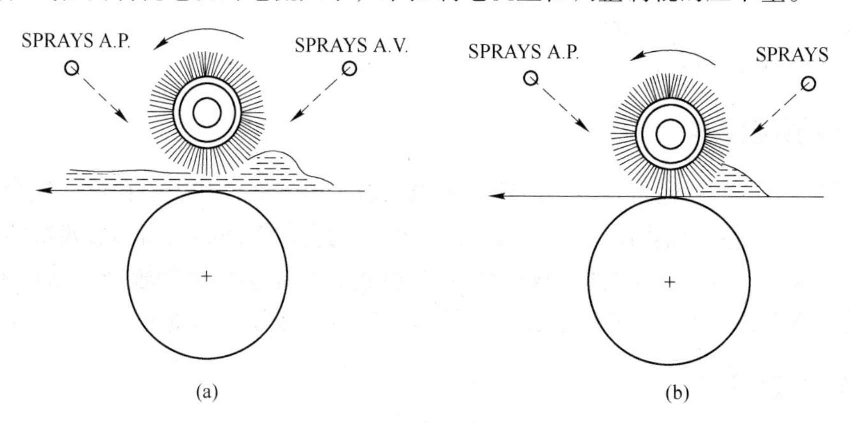

图 4-5　刷洗原理
（a）刷辊压力过小；（b）刷辊压力适中

4.3.1.3 电解清洗

电解清洗法是通过碱液的电解在带钢表面产生氧和氢的微小气泡，物理地去除带钢表面的残留物，电解电流使大多数的黏附物质从带钢表面分离，如图 4-6 所示。

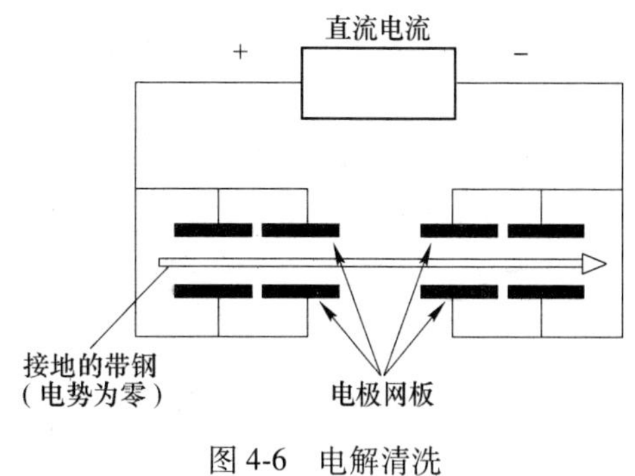

图 4-6 电解清洗

在碱液中和电极板上发生的化学反应如下：

在碱液中 $NaOH \longrightarrow Na^{+}+OH^{-}$

$2H_2O \longrightarrow (H_3O)^{+}+OH^{-}$

在阳极上 $4OH^{-} \longrightarrow 2HO+O+4e$

在阴极上 $2(H_3O)^{+}+2e \longrightarrow 2H_2O+H_2$

电解清洗包括普通电解清洗（10~15A/dm²）和高密度电解清洗（大于 40A/dm²）两类，一般在连退或热镀锌机组上使用的均为普通电解清洗。

4.3.1.4 组合清洗法

组合清洗法是指上述三种方法根据生产工艺对原料带钢表面清洗后的质量要求进行的最佳组合，如化学+物理清洗和化学+电解+物理组合清洗法等。

4.3.2 高压水清洗工艺

该工艺通常被称为高压水清洗工艺，如图 4-7 所示。带钢通过防溅辊进入清洗槽内，喷头将加热到 70~90℃的水高速喷向带钢表面，经挤干烘干完成全工艺，其喷水压力通常在 3~12bar（1bar=100kPa）之间，这需根据产品的厚度范围和钢种来确定。

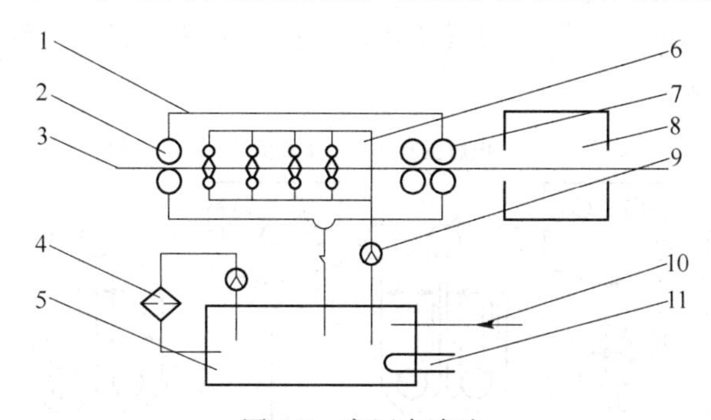

图 4-7 高压水清洗

1—清洗槽；2—防溅槽；3—带钢；4—过滤装置；5—循环槽；
6—喷嘴；7—挤干辊；8—烘干器；9—泵；10—补充水；11—加热器

该工艺简单，运行成本低，占地面积小，污水处理容易，投资少，但清洗效果较差。此种工艺往往用于产品质量要求不太高的生产线上。例如，某厂彩板公司热镀锌机组和宝钢 2030 热镀锌机组就采用了这种工艺。

4.3.3 化学+物理清洗

如图 4-8 所示，带钢经防溅辊进入预脱脂槽，喷头将加热到 70~90℃的且含 3%~7%碱和表面活性剂溶液喷洗带钢表面，在槽子尾部有一对刷辊逆向高速旋转刷洗带钢表面，经挤干后进入脱脂槽，经喷洗和刷洗后挤干进入漂洗槽，带钢在漂洗槽内经喷淋净水将带钢表面的清洗剂及油污洗掉，通常漂洗采用三级以保证漂洗效果，经挤干后的带钢进入烘干器内烘干。

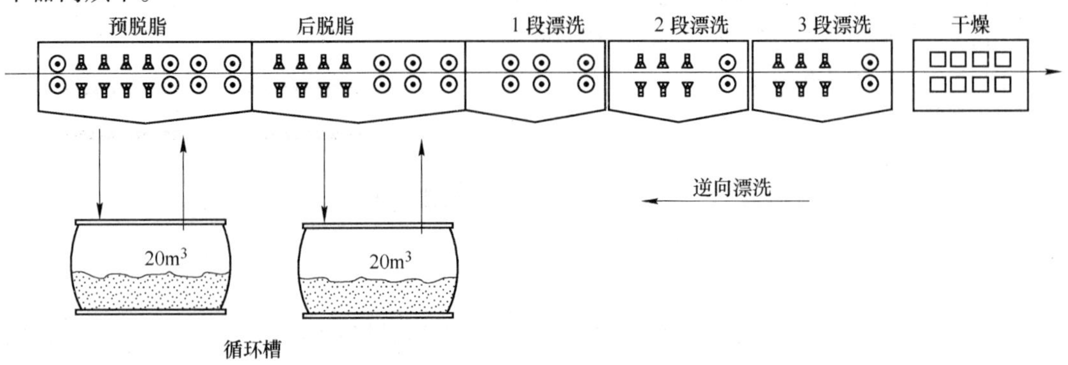

图 4-8 化学+物理清洗

该工艺的清洗效果好于高压水清洗工艺，带钢清洗后的表面质量可以满足大部分产品的质量要求，但占地面积较大，同时排放的含碱、油废水需进行处理。通常的低速小产量的机组都采用这种方式，如某厂彩板公司热镀锌机组和攀钢热镀锌机组就采用这种方式。

4.3.4 化学+电解+物理组合清洗

如图 4-9 所示，带钢经转向辊进入喷淋碱洗槽内初洗加热后表面油层疏松，进入碱液刷洗槽内经刷洗掉大部分油污和铁粉，然后进入电解清洗槽，由于水的电解在带钢表面形成微小气泡，有效地清除了带钢表面残留物，经漂洗刷洗后经过串级漂洗、挤干和烘干，可获得高质量清洗效果。

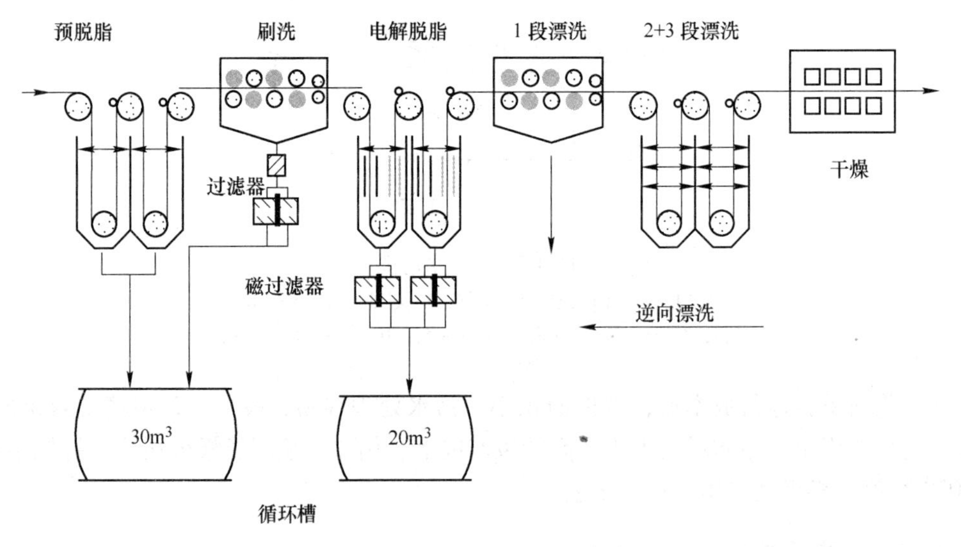

图 4-9 化学+电解+物理组合清洗

该工艺的清洗效果较好，清洗后带钢表面质量完全可以满足汽车（轿车）面板的要求，但是占地面积大，投资高，生产成本高，废水排放量较大。现在新建的高速热镀锌机组和连退机组都采用这种方式，如宝钢 1550、1800 机组。

4.3.5　几种清洗工艺的比较

如图 4-10 所示，影响清洗效果的主要因素有化学品种类和浓度、清洗处理方法、清洗的时间、清洗温度和污染物种类和数量等。

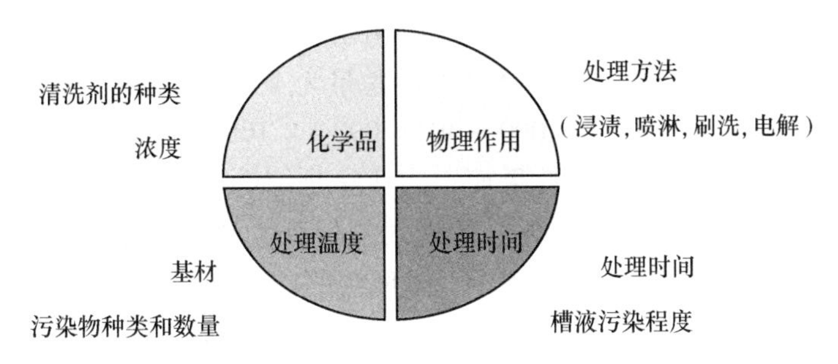

图 4-10　影响清洗效果的因素

下面就根据以上几个因素对上述几种清洗工艺加以比较，见表 4-2。

表 4-2　清洗工艺比较

序号	清洗方法	条件							洗净率/%	投资成本
		清洗介质		刷辊数量	介质温度/℃	喷嘴压力/MPa	电解			
		介质	浓度/$g \cdot L^{-1}$				电流密度/$A \cdot dm^{-2}$	时间/s		
1	高压水清洗	水	—		>60	≥7			>55	高
2	化学+物理清洗	清洗剂	31.2	>4	≥68	-0.5			≥90	较低
3	化学+电解+物理清洗	清洗剂	31.2	>4	≥68	-0.5	9.3	4	>97	低

4.3.5.1　高压水清洗工艺技术指标

这种工艺是将经加温加压后的水冲洗带钢表面，加温的水润湿作用减小了带钢表面油污的黏滞力和表面张力，水的高压冲击力对带钢表面油膜产生了破坏作用，这种破膜力提高了水的清洗效果。下面对影响高压水清洗效果的主要技术指标加以介绍。

（1）清洗介质占用量 Q。在单位时间内被清洗带钢每平方米（单面）所占用的清洗介质，单位为 $L/(m^2 \cdot min)$。该值的物理意义是每平方米带钢每分钟内清洗介质耗用量。当介质的喷射压力和温度不变的情况下，清洗效果与该量是指数关系，通常 $Q \leqslant 10L/(m^2 \cdot min)$ 时近似于正比关系。

（2）喷射压力 P。清洗介质以射流形式冲击带钢表面所产生的压力，单位为 MPa/cm^2。即单位面积的带钢表面所承受的破膜压力。P 值的大小往往取决于生产品种的厚度材质。通常压力大，效果好。

（3）介质温度 T。单位为℃。该值对清洗效果影响较大，温度越高效果越好，但该值受介质极限温度的限制和生产工艺设备的限制，通常采用 80~90℃。

（4）喷射压力的均匀度 S。在带钢横向表面介质射流冲击带钢表面所产生的压力的均匀性。$S=P_{min}/P_{max}$，即最小压力点和最大压力点的比值。由于介质喷射均采用喷嘴形式，横向喷嘴布置的数量高度、角度的不同，所获得 S 值是不同的。

（5）喷射破膜次数 U。带钢纵向喷嘴的布置数量，单位为次。由于喷嘴纵向布置存在间隔距离，带钢表面油膜经第一次喷吹后，有一个恢复，当遇到第二排喷嘴，油膜又经一次射流冲击，这种冲击次数的多少很大程度上决定了清洗效果。

（6）循环介质的洁净度 J。清洗介质通常循环使用，当介质被污染达到了一定程度才排放，这就存在着使用洁净度高的介质清洗带钢比使用洁净度低的清洗效果要好。该值的单位为 mg/L，若每升含油悬浮物、固体颗粒的总量为 W，则：

$$J = [(1000 - W)/1000] \times 100\%$$

上诉所介绍的 6 个参数对清洗效果而言，往往是综合作用的。T 越高清洗效果越好。在 $Q \leqslant 10\text{L}/(\text{m}^2 \cdot \text{min})$，$U>4$ 的条件下，清洗效果与 Q 大致成正比，Q 大对清洗油的效果比清洗固体颗粒要好得多，而 P 大对清洗固体颗粒很有好处。但是采用这种清洗工艺的洗净率通常小于 85%。

4.3.5.2　化学+物理清洗的技术指标

这种组合清洗工艺同高压水清洗工艺的主要区别是增加了化学清洗工艺，并采用刷洗方式，但介质喷淋压力均采用 0.5MPa 常压，影响清洗效果主要指标有以下几个。

（1）清洗介质占用量 Q_1。指含有表面活性剂的碱性清洗介质的占用量，单位为 $\text{L}/(\text{m}^2 \cdot \text{min})$。

（2）漂洗介质占用量 Q_2。指采用水对带钢表面进行冲洗，将碱性清洗介质冲洗干净所占用的介质量。单位为 $\text{L}/(\text{m}^2 \cdot \text{min})$。

（3）碱性清洗介质效果系数 K。由于各生产厂使用的镀锌原料表面残留物的成分不同，特别是轧制油的性质不一样，如矿物油类、植物油类、动物油类等，需要有针对性的配置不同碱性介质。这种介质的化学成分往往需要通过试验来获得，以达到清洗带钢效果好、易漂洗的目的。故 $K=K_1/K_2$，K_1 为经试验配置的清洗介质所获的洗净率，K_2 为采用纯碱配置的清洗介质所获的洗净率。

（4）碱刷洗倍数 h_1。每平方米带钢在每分钟时间内每个刷辊刷洗次数乘以刷辊数（单面）。计算方法由于刷辊均为逆带钢方向运转，刷辊表面某点相对带钢的运行距离 $M=$ 刷辊周长×转速+带钢运行最大速度 V_{max}。$K_1=M/V_{max}$×刷辊个数（单面带钢的刷辊个数）。

（5）漂刷洗倍数 h_2。计算方法同上。

（6）刷辊压力 G。指刷辊对带钢最大允许压力值，单位为 N/cm^2。

（7）刷辊综合性能 X。该性能是判别刷辊在清洗过程中的状态。包括有刷辊的耐磨性能、刷辊运行性能、刷辊压力的均匀性、刷辊的自洁性。这里仅对自洁性进行说明，刷辊在清洗过程中本身也受到污染，如果该性能不好，将出现带钢的二次污染，影响清洗效果。由于 X 是个综合评价指标，通常用好、中、差评定。

P、S、U、J 4 个指标同前。

4.3.5.3　化学+电解+物理组合清洗的技术指标

这种工艺是在化学+物理清洗方案的基础上增加了电解清洗部分，故此仅就电解清洗部分的技术指标介绍如下：

电解液浓度 D_1，单位为%；电解液流量 Q_3，单位为 L/min；电极板尺寸，单位为

mm^2；电极板数量，单位为个；电流密度 I，单位为 A/dm^2。

电流密度通常为 $5\sim40A/dm^2$。一般讲，当电极尺寸、数量、电解液浓度和流量确定后，电流密度超过 $10\sim25A/dm^2$，清洗效果变化已不太明显。

4.3.6 清洗质量和检验标准

目前，对带钢清洗的质量检验特别是热镀锌机组前部工序带钢清洗，国内外尚无统一标准，现将常用的清洗质量指标和检验方法介绍如下：

清洗质量指标的提法较多，通常有脱脂率、净化率、清洗率等，很不统一，但基本含义相差不大，本书认为使用洗净率较为合适。

（1）洗净率：清洗后带钢每平方米平均残留物总量除以清洗前带钢每平方米残留物总量乘以 100%（可单面也可双面）。

（2）清洗后残留物总量：带钢经过清洗后每平方米平均残留总量，单位为 mg/m^2。

（3）清洗前残留物总量：未清洗原料带钢每平方米平均残留总量，单位为 mg/m^2。

（4）清洗后残油类总量：清洗后带钢每平方米残油脂清洗剂总量，单位为 mg/m^2。

（5）清洗前残油类总量：未清洗带钢每平方米平均残油脂类总量，单位为 mg/m^2。

（6）清洗后固体颗粒残留总量：带钢经清洗后每平方米平均残留固体颗粒总量，单位为 mg/m^2。

（7）清洗前固体颗粒残留总量：未清洗的原料带钢每平方米平均残留的固体颗粒总量，单位为 mg/m^2。

（8）清洗后带钢表面微量元素残留量：通常对该值不做检验，但对于漂洗水质量不高或对于清洗后带钢质量要求严格的情况下，需要进行检测，主要检测元素有钙含量、氯含量、硅含量等。

目前检验洗净率的方法较多，大致分为两种。

定性检验方法有擦拭法、水滴法、水漂湿法、薄膜评估法等，在此不做详细介绍。定量检验常用方法有称重法、荧光法和红外光度计测量法。

（1）称重法。1）在焊机后和清洗段出口分别停机取样；2）取样后在实验室冲成标准圆片（直径按照锌层测厚试样）；3）用高精度天平（0.1%~0.2%）称重；4）将称重后的试样放于烧杯内，装入浓度为5%的清洗剂，煮沸 20min；5）取出试样后两面用刷子各面刷洗 15min；6）刷洗后用脱盐水冲洗试样，然后放于净脱盐水中煮沸 5min，烘干试样；7）用酒精擦试样两面，吹干；8）称重。

（2）荧光法。将荧光染料雾状喷洒于清洗后取样的带钢表面，由于染料能吸附油污，使用荧光分光光度计即可进行定量分析。

（3）红外光度计测量法。取标准样品用四氯化碳将带钢样品油溶下，用红外分光光度计测量，由吸收碳、氯的峰值来确定含油脂量。

4.3.7 清洗剂

从物理形态来说，清洗剂可以分为固体和液体清洗剂。北方天气干燥，可以采用固体，固体活性成分高，容易做成单组分，成本低，但是粉末状固体需要预混槽，在配液时不好掌握浓度，而且有黏结问题，使用时有粉尘现象。液体清洗剂使用方便，使用时无黏结和粉尘现象，但是在运输储存麻烦，气温在 0℃以下，需要加热搅拌，但对活性剂无影响，另外液体含水量高，需要增溶剂，成本高。

从组分来说，可以分为单组分和双组分清洗剂。但是只有液体有单双组分，固体只有单组分。单组分由碱（NaOH、KOH 等，质量分数 50%以上）、无机盐、络合剂、活性剂和消泡剂组成；双组分由碱、无机盐和络合剂组成，活性剂和消泡剂单独加入，生产运行成本低，但设备投资高。相对来说，采用双组分清洗剂灵活一些，特别是清洗段采用超滤时，会过滤掉活性剂，这时需要单独加入活性剂。各清洗剂的组成和作用见表 4-3。

表 4-3　清洗剂的组成和作用

清洗剂组成	作　　用
碱（NaOH、KOH 等）	皂化油脂，提高电解槽液的电导率
磷酸盐、硼酸盐、碳酸盐等	分散污物，硬水络合剂，对 pH 有缓冲作用，缓蚀作用
络合剂	防止硬水沉淀，溶解氧化物，减少金属离子在表面的黏附
表面活性剂	减少表面张力，使表面润湿，去除油污，有一些消泡作用
消泡剂	消除碱液喷洗刷洗中产生的泡沫

4.3.7.1　清洗剂的选用

清洗剂的选用主要与残留物类型和数量、金属基材、清洗工艺和设备、加热温度和环保因素有关。例如，热镀锌机组的清洗剂就和连续退火机组的清洗剂类型不一样，连退机组可以选用含硅的清洗剂，但是热镀锌机组的清洗剂就不能含硅，因为硅会影响到镀层的质量。

4.3.7.2　清洗剂的控制和维护

清洗剂的参数需要控制在合适的范围内。浓度太高发生过清洗，板面发黑。浓度太低表面污垢无法清洗干净。温度太高发生过清洗，且可能影响清洗效果。温度太低表面污垢无法清洗干净。喷淋压力增大，清洗效果增加；过大的喷淋压力易产生泡沫。为保证清洗效果，必须将污染度控制在适当范围，同时操作成本也要考虑。通常清洗段喷淋/刷洗的温度为 70~75℃，清洗时间 8~12s，压力 2~4bar（1bar = 100kPa）；电解清洗温度为 80~85℃，清洗时间 5~8s，电流密度 10~20A/dm^2。

4.3.7.3　污染物的一般控制范围

预脱脂溶液中：5~7g/L 乳化液，600~800mg/L 铁粒子；后脱脂溶液中：2~3g/L 乳化液，200~300mg/L 铁粒子。

4.3.7.4　槽液维护的方法

漂浮的油污采用撇油器撇出，皂化的油污采用超滤系统过滤，铁粒子采用磁过滤去除，另外渣和刷毛用普通过滤器过滤。可以延长槽液寿命，降低生产成本。

4.3.7.5　泡沫问题

（1）泡沫产生的原因。泡沫产生的原因主要有温度、喷淋压力、阴离子和非离子乳化剂的带入以及非离子型消泡剂的分解（例如：油水分离器，离心分离器）等，如图 4-11 所示。

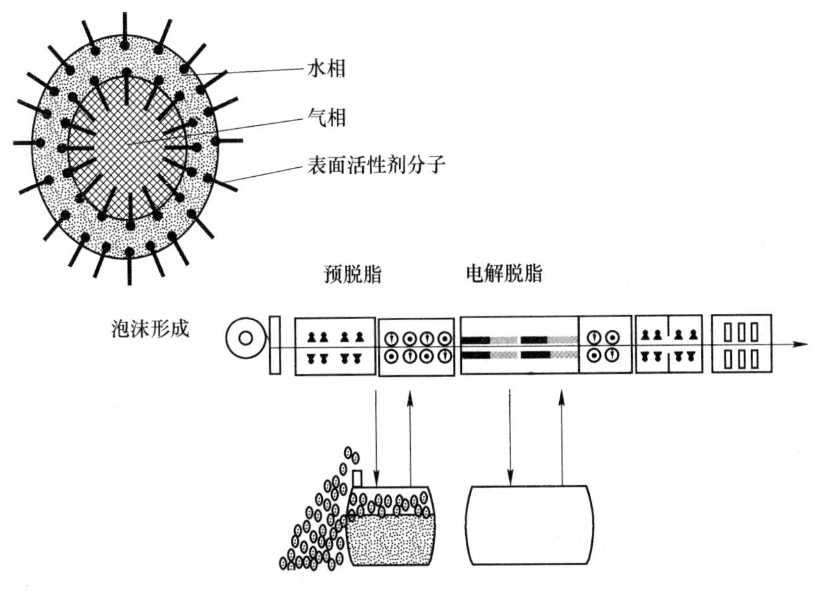

图 4-11 泡沫产生的原因

（2）泡沫的抑制。抑制泡沫主要采用物理方法和化学方法。物理方法主要是降低喷淋压力，减少气液接触的量；用真空机吸出泡沫，然后在槽外集中处理；用超滤机过滤皂化产物，减少助泡物。化学方法主要是添加非离子消泡剂（聚醚型、聚醚聚氧烷型化合物）和矿物油消泡剂（矿物油与表面活性剂复配物）。

4.3.8 主要清洗设备的选择

4.3.8.1 喷嘴的选择

喷嘴的选择对冷轧带钢的清洗效果影响较大。通常选用扁平喷嘴，由于其结构简单，被杂质堵塞的可能性小。其射流呈扁平的扇形，喷射形状的厚度随压力、流量、喷射角和喷射距离的变化而变化。在喷射距离为 300mm 时，喷射厚度约为 15~30mm，在喷射宽度范围内，其流量分布为中间大两端小。

4.3.8.2 刷辊的选择

刷辊是易耗品，使用时要求介质温度不超过 80℃；刷辊线速度不能太高；保证清洗液的供给量。

刷辊的区别在于刷盘的结构，刷盘大致可分为 3 种结构：

（1）柱状组合式。其加工工艺复杂，制作困难，但装配方便，动平衡好，调整平衡快，工作时振动小，但成本高。

（2）单片绑扎式。制造工艺简单，加工容易，成本低。但组装困难，每片刷盘的几何尺寸不易保证对称，组装后的刷辊要做动平衡实验。

（3）单片压制式。加工工艺复杂，制造困难，动平衡好，组装后的刷辊不做动平衡实验（刷盘套筒必须先作动平衡实验）。

从运行稳定性方面考虑，柱状组合式刷盘结构的刷辊为首选。另外，对于刷毛的选择，热镀锌机组和连续退火机组也不同。热镀锌机组的带钢运行速度低（180m/min），选用普通的尼龙刷毛；连退机组带钢运行速度高（600~700m/min），可以考虑采用金刚砂刷毛。

4.3.8.3　挤干辊的选择

挤干辊是带钢的脱水辊，辊的压下力影响脱水性和辊的寿命，压下力增大，脱水性提高，但辊上橡胶内部发热使寿命降低。辊及其压下力有4种选择：

（1）低硬度辊、大压下力；

（2）低硬度辊、小压下力；

（3）高硬度辊、大压下力；

（4）高硬度辊、小压下力。

当主要考虑脱水性时，（1）或（3）较好；如果主要考虑寿命，则（2）或（4）较好。但在（1）或（3）情况下，压下力增加，咬夹宽度也增加，咬夹压力不按比例增高。

在实际中辊的压下力选择是综合考虑多种因素来决定的。简单举例如下：（1）带钢的薄厚，薄的压力大些。（2）带钢板形和边部质量，并同时考虑带钢的薄厚，板形不好，带钢厚，压力小些。（3）挤干辊新、旧和质量，新辊小。质量好的辊是指辊的橡胶弹性和硬度适中，并耐磨，是好辊。过软过硬都不好，软辊通常弹性大压力要小。（4）配辊情况。一般相同质量，使用周期相近配成一对。如果混配，就要根据情况确定压力。（5）辊子在线磨损情况，特别当接近更换期时，也要根据实际情况确定使用状态。在生产实践中还有许多需要考虑的因素，而且往往是几种因素同时出现，这就要求用实践经验来求解这个"高次方多变量方程"。可以出现N个解，但每种情况下经验丰富的可以得到一个最佳解，有经验的可以得到较佳解，经验少的可以得到多个解。

4.3.9　某厂热镀锌机组清洗工艺

某厂冷轧两条热镀锌机组采用化学清洗+电解清洗+物理清洗组合清洗工艺。清洗段位于入口活套至连续退火炉之间，长度约30m。其工艺过程如图4-12所示。

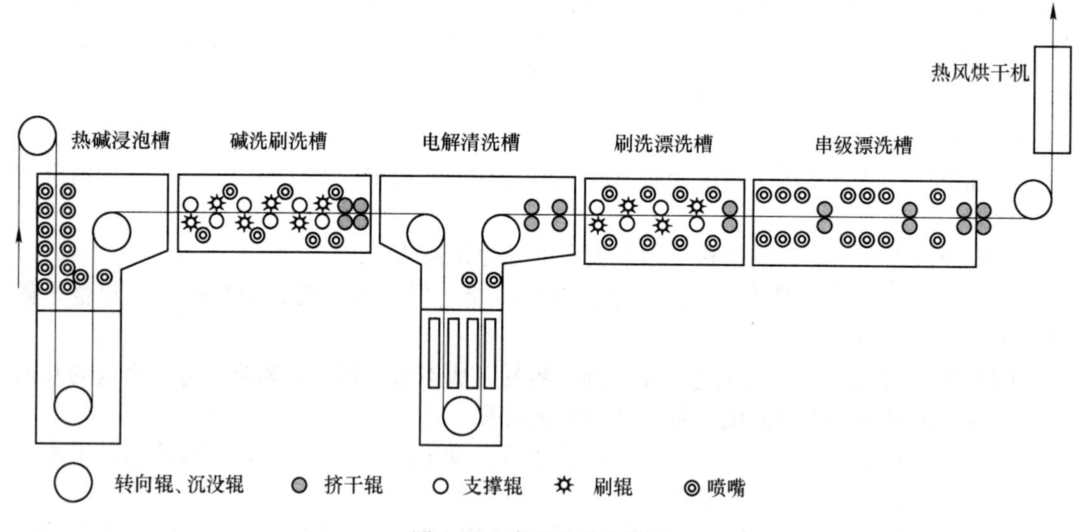

图4-12　清洗段工艺流程

带钢出入口活套后经2号张紧辊组进入清洗段，首先带钢进入立式热碱液浸泡槽。采用约80℃温度、压力约3bar（1bar=100kPa）、浓度为1%~5%的含碱清洗剂进行浸泡和喷洗。在清洗剂的物理和化学作用下，可以除掉带钢表面一部分残留物质，并降低带钢表面残留油脂的表面张力和黏滞力使带钢的表面油脂及残留物易于分离。

带钢出槽后，经挤干后进入水平碱洗刷洗槽，高速逆带钢运行方向旋转的刷辊，与带钢产生摩擦，同时向带钢表面喷射热碱液，在机械物理和化学的作用下，除去带钢表面的残留物。

带钢经挤干辊后进入电解清洗槽。通过电解液的电解，在带钢表面产生氧和氢的微小气泡物理地除掉带钢表面的污垢。电解液的浓度为1%~5%的清洗剂，温度最高为70℃。这种清洗方法对附着牢固的污垢具有较好的清洗效果。

带钢出电解槽后进入热水漂洗刷洗槽。通过向带钢表面喷射80℃的脱盐水并用刷辊进行刷洗，物理的除去带钢表面被剥离的污垢和残留在表面的清洗剂。

带钢出漂刷洗槽后进入三级串级漂洗槽。采用80℃的脱盐水或冷凝水，对带钢表面进行喷洗，使带钢表面清洗剂的残留量降到最低水平。带钢经挤干后进入热风干燥器。带钢烘干后即完成全部清洗工艺。

清洗段可以分为循环系统、清洗系统、排水系统及碱雾净化系统和配碱系统。清洗系统一般包括清洗带钢所必需的传动系统、挤干辊、槽体、刷辊、密封件。循环系统主要是由控制仪表、循环槽、热风系统、循环泵、过滤系统及补水、补碱系统组成。排水系统主要由废水坑、排污泵及废水处理系统组成。碱雾净化系统是由碱雾风机、洗涤塔等组成，配碱系统主要是由配置浓碱所用的碱粉添加装置、温度检测装置、液位控制装置、搅拌装置等组成。

4.3.10　表面清洁度

对热镀锌产品质量的影响表面清洁度低给镀锌产品质量带来的影响可分为直接影响、间接影响、隐性影响三类，在未采用预清洗工艺的改良森吉米尔法卧式退火炉镀锌机组中，这三类影响表现得比较突出。若清洗工艺参数控制不好同样给镀锌产品质量带来影响。

（1）直接影响。改良森吉米尔法退火炉与美钢联法退火炉相比，前者具有较强的对带钢表面的清洁功能。因此，许多早期投产的机组不设置带钢预清洗工艺。随着市场对镀锌产品质量要求的不断提高，人们发现这种清洁功能具有很强的针对性和清洁能力限度。

针对性——主要体现在对带钢表面残油脂类的清除和对带钢表面氧化物的还原方面，而对残留的固体颗粒几乎没有多少清洁作用。

清洁能力限度——主要体现在对带钢表面残油和表面氧化物的最大清除极限。针对性仅从定性的角度反映了这种生产工艺对原料带钢表面残留物的清除的特点；而清洁能力限度是从定量角度反映了生产工艺中原料表面清洁度与热镀锌产品质量的关系。当原料表面清洁度低于清洁能力限度时，意味着带钢表面将有剩余的残留物存在。当这部分残留物量超过镀锌的允许值时，就会出现锌花变小，锌花均匀性差，镀层出现裂纹，甚至锌层脱落等问题，直接影响了热镀锌产品的质量。

（2）间接影响。原料带钢表面残留的固体颗粒一部分粘到炉辊上，另一部分落入炉内。粘到炉辊上的固体颗粒积累后造成炉辊结瘤。结瘤的炉辊造成带钢表面压印，较轻的压印经后部工序的矫直处理对产品的质量影响不大，而压印较重时，带钢表面被划伤，对产品表面质量的影响很大，此时炉辊必须更换。如果固体颗粒落入快速冷却段中，细小的颗粒将被抽入水冷换热器中，若黏附在换热器上，将直接影响换热效率。

（3）隐性影响。在镀锌过程中残留在带钢表面的物质被带入锌锅中，这些物质主要是铁颗粒和碳颗粒（包括灰尘）。铁颗粒在锌液中与 Zn、Al 形成金属间化合物，其中 Fe_2Al_5 形成浮渣，$FeZn_7$ 形成底渣。碳颗粒会污染锌液，由于其量很小，通常变为浮渣的一部分。当浮渣和底渣没有黏附在带钢表面时，镀锌产品质量不会被影响。随着渣量的增加，黏附在带钢表面的概率变大。黏附在带钢表面的锌渣称为锌渣缺陷，这种缺陷在锌层表面表现为一个米粒大小的突起点，经包装和运输后，用户在使用时会发现这些突起点变成黑色，这是由于镀层之间摩擦造成的，直接影响了产品的形象。我们把这种对产品质量潜在的影响因素称为隐性影响。

思考题

4-3-1　简述热镀锌前表面清洁的作用和表面残留物的类型。

4-3-2　目前国内外用于热镀锌机组清洗工艺的方法主要有哪些？

4-3-3　简述热镀锌机组采用的清洗工艺。

4-3-4　简述清洗质量和检验标准。

4-3-5　简述清洗剂和清洗设备的选择。

4.4　连续退火

在整个带钢连续热镀锌工艺中除热镀锌环节外的另一个重要的工艺环节就是带钢的连续退火过程。带钢热镀锌进行连续退火要达到以下两个目的：

（1）完成带钢的再结晶退火过程，消除冷轧过程中的加工硬化现象，恢复其工艺塑性以便进一步进行冷加工，同时作为最终产品热处理，要控制成品性能，得到不同的强度和塑性的组合，生产出不同软硬状态的产品。

（2）将带钢冷却到入锌锅温度，使带钢具有清洁的无氧化物的活性海绵铁表面，并使带钢密封地进入锌锅进行镀锌。

4.4.1　连续退火炉概述

用于热镀锌的连续退火炉从结构上讲，有立式炉、卧式炉、立卧结合炉三种类型。在国内，新建的大型机组大都采用立式炉，例如宝钢、武钢二冷轧、鞍钢、马钢、本钢二冷轧等；而老机组或产量小的机组采用卧式，如武钢一冷轧、本钢一冷轧等；唐钢冷轧镀锌采用 L 形立卧结合炉。

从工艺方面讲，目前国内大型热镀锌机组主要采用改良森吉米尔法和美钢联法。在美钢联法炉内的保护气氛中，氢气的含量只需要达到能将带钢表面少量氧化层还原干净，并达到保护带钢表面的要求就可以，所以氢气含量较低（一般体积分数为 5%左右）。而改进的森吉米尔法还原炉内的氢气的含量需达到还原钢板表面较厚氧化铁的要求，所以氢气含量较高（一般体积分数大于等于 15%），这样其操作安全性和成本上就有差别；而且带钢表面不可避免地带有氧化铁被还原后的铁粉（或海绵状还原铁）和带钢表面存留的乳化液等蒸发后的残渣，而铁粉和残渣的存在将会使炉底辊结瘤（卧式炉时），使锌锅的锌渣增加。加热炉温度高，在出现非计划停产时，容易造成断带。对燃气热值的稳定性要求较高；炉内的微氧化气氛难以控制，容易出现在氧化状态下运行的情况。而采用全辐射管加热的炉子，不会出现类似的情况。

改良森吉米尔法退火炉由预热炉+还原炉+冷却段（现在有些炉子商为了回收废气的热量在预热炉的前面设置预热段）。其基本原理是在预热炉内控制炉内的空气过剩系数小于1，是燃气不完全燃烧而保持无氧化状态。在生产中，根据机组的具体情况，适当的控制加热时间、炉温、燃烧气氛，充分利用 CO 和 H_2 的还原能力，这样在去除带钢表面的油脂的同时，可以极度地降低带钢表面的氧化。冷轧板表面的脱脂和净化都是在预热炉中进行的，通过加热使冷轧板表面的油脂以蒸发、分解的方式去除掉，然后在还原气氛下经过退火，使带钢表面被还原、净化。然后经冷却段带钢被冷却到工艺需要的温度 460℃左右，经炉鼻子进入锌锅；带钢在锌锅内被 460℃左右的液态锌液浸润，出锌锅后经气刀将带钢表面多余的锌液刮掉，然后在冷却塔上经空冷和水冷后带钢温度降低到约 40℃，这就完成了整个退火过程。

美钢联法的炉子与改良森吉米尔法相比，没有 NOF 段，加热段采用全辐射管加热。在辐射管加热段的前面加了预热炉，预热炉主要是通过回收辐射管加热段产生的废气热量，把带钢加热到一定的温度；使带钢在入口密封和加热段之间有一个缓冲区；有效地减少冷带钢和炉辊接触产生的热冲击。其他部分与改良森吉米尔法相同。由于美钢联法炉子前面必须有清洗段，带钢表面在清洗段除去了油脂及表面附着物，在退火炉中，带钢表面残存少量的油脂很容易蒸发。带钢表面很薄的氧化铁层在还原气氛里比较容易还原成海绵铁。这样就可以保持带钢表面的洁净与活化状态，进而大大减少炉底辊结瘤现象，提高了带钢的表面质量，减少了由带钢带入锌锅的铁粉，提高了镀层的质量，降低了锌耗；由于带钢表面没有氧化铁或者非常少，可以降低炉内氢气的含量，减少了爆炸的可能性；另外使用全辐射管加热，其控制调节也比直接用燃气烧嘴加热的控制容易得多。

某厂两条热镀锌机组均采用美钢联法退火工艺。退火炉由预热段、辐射管加热段（RTF+SF）、喷气冷却段（JCF）和均衡段组成，带钢出锌锅后进入冷却塔，由合金化炉（仅 CGL1 有合金化炉）、镀后空气冷却和水淬系统组成，如图 4-13 所示。

4.4.2 预热段（JPF）

4.4.2.1 预热段简介

预热段通过回收废气中的热量把带钢加热到一定的温度；使带钢在入口密封和加热段之间有一个缓冲区；有效地减少冷带钢和炉辊接触产生的热冲击。

预热段由入口密封辊、循环风机、废气/保护气体换热器、喷箱、管道、炉辊和炉壳等组成，如图 4-14 所示。带钢经入口密封辊进入预热段，密封辊主要是防止内部炉气向外过多溢出及防止炉内压力降低时空气进入炉内。当炉内保护气体中氢气含量超过 5%时，入口密封处的排烟风机打开，抽出保护气体到厂房外。入口密封辊正常生产时，带钢与辊子间距为 2~3mm；停车时间距为 5mm；检修时间距为 100mm。当停车时，入口密封处有氮气吹扫；在停电时使密封辊靠事故电源保持低速旋转，以防止热变形。

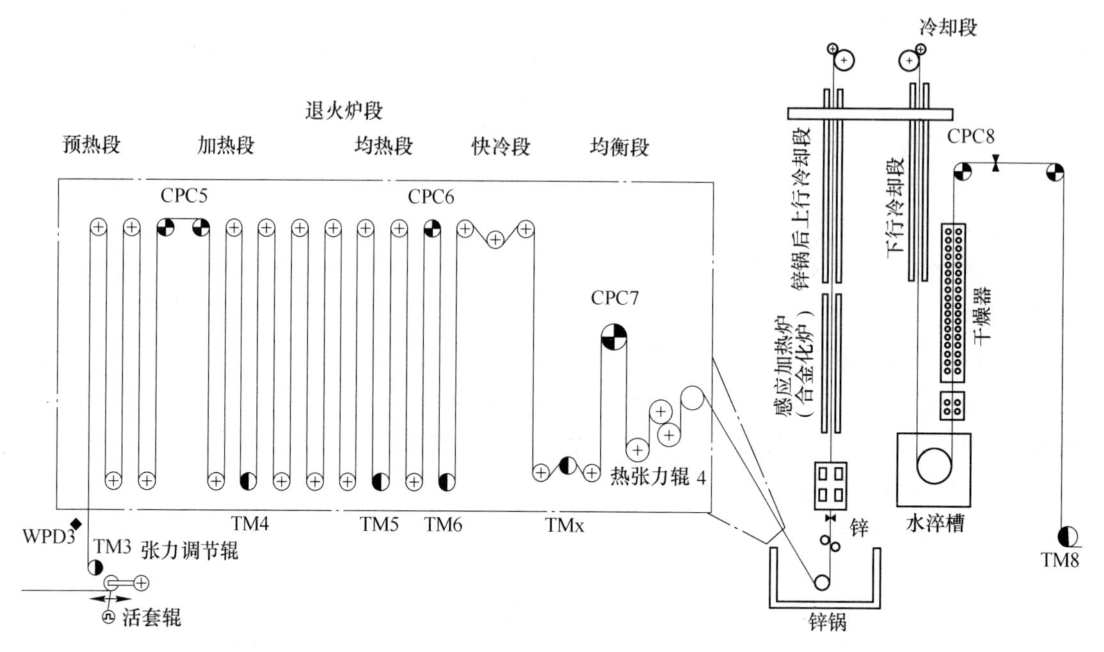

图 4-13　热镀锌机组退火炉及冷却塔

4.4.2.2　耐火材料

对于连续式退火炉，在炉子节能和热效率方面起决定影响的不是炉衬的蓄热，而是空炉损耗功率，即取决于炉子外壳的表面散热损失，所追求的炉衬结构是保温性能要好。因此炉内的耐火和保温材料选择全耐火陶瓷纤维材料，不但可以取得最好的节能效果，而且炉衬最薄。因此，下面就耐火材料进行一下介绍。

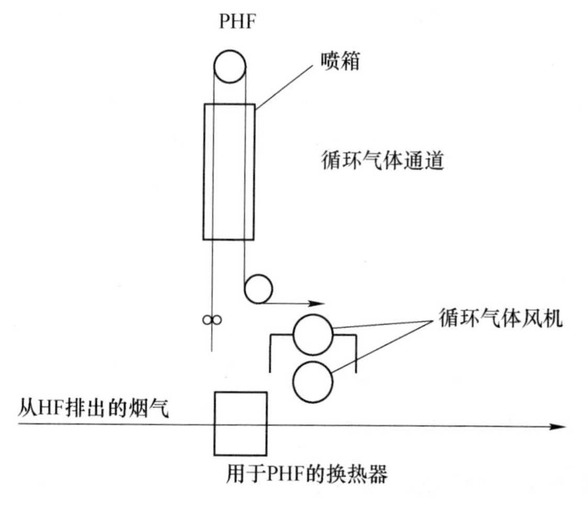

图 4-14　预热段示意图

(1) 分类温度的概念。分类温度，指按国际标准，对耐火制品在某一温度下加热，如果在特定的时间内能够达到特定的收缩率，则称该温度为该耐火制品的分类温度。如在 1260℃下对某一牌号的纤维制品加热 24h，使其达到收缩率 3%（预先设定），则称该纤维的分类温度为 1260℃，如果大于 3%，那么其分类温度应比 1260℃要低，需另行试验。如果小于 1260℃，那么其分类温度应比 1260℃要高，也需要另选温度进行试验。

(2) 分类温度与使用温度的关系。若将一定分类温度的耐火材料应用于氧化气氛下，则应使分类温度比使用温度高出 100~150℃，若应用于还原气氛，则所选耐火材料的分类温度还要比相同使用温度下氧化气氛的耐火材料的分类温度再高出 100~150℃。即分类温度为 1260℃的耐火纤维，应用于氧化气氛的最高使用温度约为 1100℃，而在还原气氛下其最高使用温度只有1000℃左右。这是因为H_2的分子量小，其密度小，流动性好，而且在高温下H_2的导热系数也比其他的气体要高，这样就说明在H_2气氛下炉气的传热要比其他的气氛好，所以要选用分类温度更高的耐火制品。

（3）对应用于还原气氛下的耐火材料，要求其Fe_2O_3的含量要尽可能的低。这主要是因为对热镀锌机组的退火炉来说，其中的H_2的作用是将钢板表面的氧化物进行还原，如果耐火材料中也有Fe_2O_3，那么这部分Fe_2O_3同时也将被还原，这样将在耐火材料中生成海绵状的铁，从而使耐火材料在热态下的强度降低，对纤维来说，还有可能使其粉化加重，碎屑掉落还可能沾染钢板或污染热张紧辊等设备。一般要求纤维制品中的Fe_2O_3质量分数小于0.15%（0.3%），而砖中的Fe_2O_3的质量分数小于1.5%(2%)，另外对所用的耐火浇注料及砌砖用的胶泥也有类似的要求。对纤维折叠块来说，这种耐材在安装时需用金属锚固件将其固定，锚固件放置的深浅取决于纤维块整体的强度，而锚固件放置的位置又影响了纤维整体的隔热效果，放置的深，隔热效果差，放置的浅，隔热效果就好一些。纤维块的强度取决于纤维在生产时的工艺（喷吹或甩丝工艺）、纤维被压缩的程度以及纤维中的渣球含量等因素。喷吹工艺生产的纤维不如甩丝工艺生产的纤维强度大；纤维被压缩的程度越大，其强度也越大；渣球含量大，其强度将减小。减小锚固件对纤维隔热的影响的另一种方法是选用陶瓷锚固件或用陶瓷与金属结合作为锚固件。

4.4.3 加热/均热段（RTF/SF）

4.4.3.1 辐射管加热/均热概述

预热后的带钢进入辐射管加热炉。在辐射管加热炉中一方面是把带钢表面存留的氧化铁还原为适合于镀锌的活性海绵状纯铁层；另一方面是经过辐射加热使带钢按工艺要求在合适的温度下完成退火。加热速度一般为7~60℃/s。

辐射管加热/均热炉由炉室和辊室组成。上、下辊室中装有炉辊，炉室中装有辐射管，用于加热带钢，炉衬采用纤维耐火材料。此外，还包括废气排放系统和热回收系统。

4.4.3.2 辐射管

天然气在辐射管内燃烧，通过管壁进行热辐射，达到间接加热带钢的目的。现在常用辐射管有U形管、W形管、单P形管、双P形管等，如图4-15、图4-16所示。从图4-15中可以看出，普通的U形、W形辐射管在长度方向上的偏差都在100℃以上，而P形辐射管的温度偏差在50℃以内。这是因为P形辐射管燃烧后的废气在辐射管内形成多次再循环。

某厂两条热镀锌机组采用的是DERVER公司改进后的W形辐射管，有部分燃烧废气参与再循环，辐射管在长度方向的温度偏差在50℃以内。辐射管的使用寿命除了与本身的化学成分有关之外，更为重要的是还取决于使用条件。

每种类型的辐射管必须严格遵照设计参数进行使用，特别是管道的超负荷工作，便会大大加大管子的早期破坏，此外在使用辐射管的过程中，一定要定期的检查辐射管的废气成分，严格控制辐射管中的空气过剩系数（λ值），使辐射管内一直保持氧化气氛（$\lambda>1$），如果管壁内出现还原气氛的话，则废气中就有大量的一氧化氮，会与管壁发生下列的

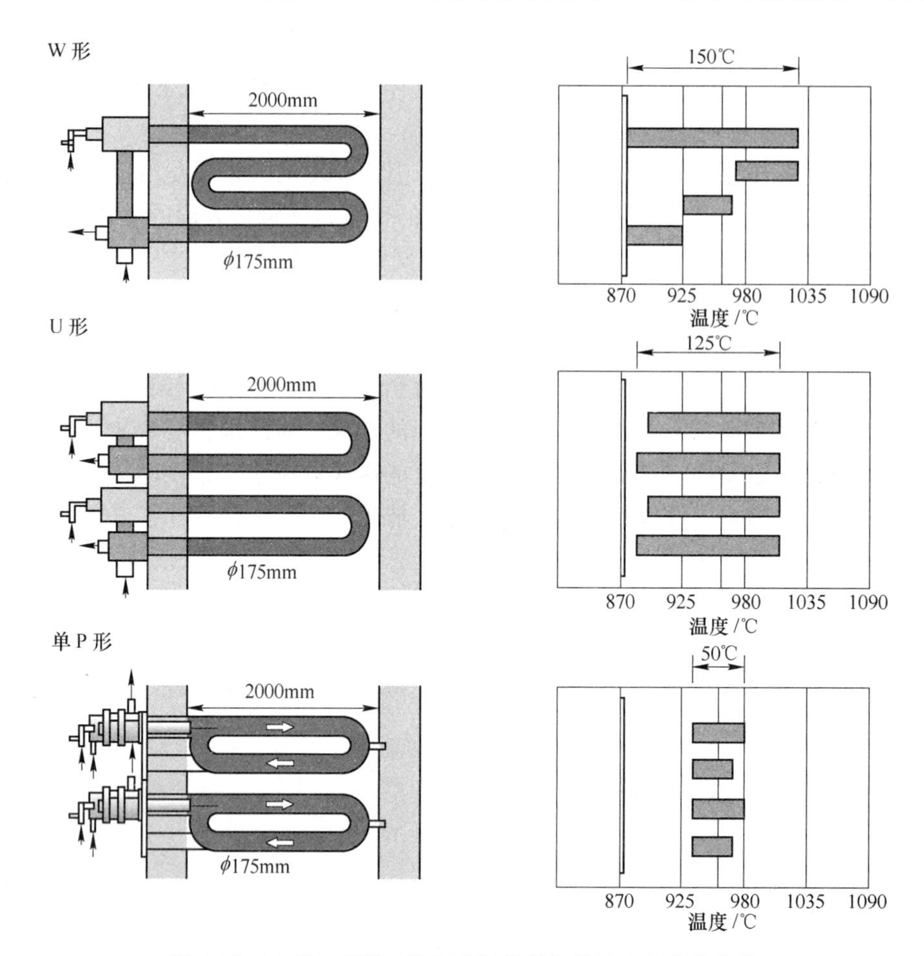

图 4-15　W 形、U 形、单 P 形辐射管沿管长方向温差比较

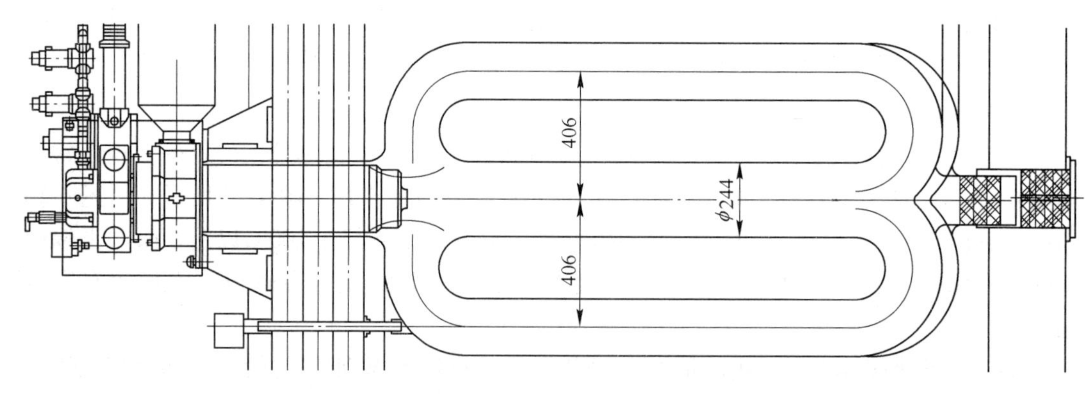

图 4-16　双 P 形辐射管示意图

化学反应：

$$6Fe + 2CO \longrightarrow 2Fe_3C + O_2$$

并在管壁形成渗碳体，使管壁变脆，容易产生裂纹。同时管内壁将发生大量的积碳现象，严重影响加热效率。即使辐射管内的空气过剩系数控制在 1.2~1.3，辐射管依然经常产生

起泡，烧穿、弯曲等损坏的情况，特别是内壁的损坏更为严重。通过一系列的研究试验，结果证明，管子的破损是由于渗氮氧化造成的。辐射管始终在燃烧气体和保护气体的环境中工作，而这种气氛的氮含量很高。在辐射管的内外两个表面都与高浓度的氮气相接触，因保护气氛的一侧，N_2 的体积分数为 95%左右。在燃烧的一侧，也有大量的氮气（助燃空气中氮为 78%），因此会产生渗氮现象，而且已经确认，温度越高，氮含量越高，则渗氮现象就越加严重。实践证明渗氮并不会直接造成管子的破裂，只有在高氧化气氛中燃烧时（$\lambda>1.2$），即氧化气氛变强时（氧气的体积分数大于 2%的情况）则会渗氮的管子就沿着氮化物强烈地被氧化，使辐射管受到腐蚀破坏，出现表面起泡、管子弯曲、烧穿管子等情况。若在微氧化气氛中燃烧（$\lambda<1.1$），虽然有氮化物存在，但是并不发生沿氮化物的氧化现象。但是，实际生产中 λ 值的控制应该根据燃气的热值波动范围来确定，其原则首先保证 $\lambda>1$。在热值稳定情况下 $\lambda=1.1$ 左右，在热值不稳定情况下 $\lambda=1.2$ 或还要大一点。这是因为辐射管一旦产生积碳将严重影响生产，清除积碳需要时间长，而且特别困难。

4.4.3.3 烧嘴及燃烧控制

（1）烧嘴控制方式介绍对于烧嘴控制，从进气和排烟控制上分为抽式（pull）、推式（push）、推-抽式（push-pull）；从燃烧控制方式上分为比例控制和通/断式（on/off）控制等。对于抽式控制，主要是控制排烟量，进而使空气、燃气的供入得到被动的变化来控制热负荷的变化。在抽式系统中如果热需求加大，则要加大烟囱的排烟量，空、燃气的供应也要被动地加大。在加大烟囱抽力的同时，如果烟道内存在漏气，那么此时烟道的实际抽力是要下降的。假设在变化前所有的管道和阀门都工作在特性曲线的最佳点，那么在热需求变化后所有的管道和阀门将不再工作在最佳点，这样就可以引起不完全燃烧、产生残碳等一系列问题，这时燃料燃烧后实际产生的废气量与控制系统根据热需求所确定的废气量就不再相符。

另外一种系统是推式系统，即空气、燃气的供入量是主动调节的，而排烟量则是被动调节的，经分析可知抽式的缺点在推式中依然存在。这种系统很少使用，没有单独应用推式控制的退火炉。

使用比较多的是将抽式和推式结合起来的推-抽式（push-pull），这种系统中空气和燃气分成两路，分别供入并根据配比分别进行调节。根据燃烧产生的废气量在线调节烟囱的排烟量，虽然不完全燃烧的问题可以得到解决，但由于又增加一套管道系统，管道和阀门不能始终工作在最佳点的问题却比前两个系统更严重。

比例控制是根据供热需求的变化，来对燃气和助燃空气量进行成比例的增加或减少来调节区段炉温，因此烧嘴的功率是随热需求的变化而成比例的变化的。比利时的 DREVER 公司采用比例控制。

通/断式（on/off）控制利用模型根据热需求的变化来确定区段烧嘴的工作数量和工作时间，但如果烧嘴工作的话，烧嘴的工作状态却是唯一的，总在最佳点。即在这种控制方式下不涉及工作状态点的变化问题。如果在设计时选用的空、燃气配比可以很好地覆盖燃气热值（成分）的波动范围，对每一个烧嘴都设计出合适的烟道抽力，那么对每个辐射管的燃烧和排烟就始终保证在最佳状态下工作。这样就解决了不完全燃烧、清理残碳等一系列棘手的问题。法国的 Stein-Heurtey 公司和 SELAS 公司采用通/断式（on/off）控制。

（2）分区燃烧控制在某厂热镀锌机组中，烧嘴采用推拉式，燃烧控制方式为比例控制。所有的烧嘴被分成 7 个控制区，通过每个区单独的助燃风机和燃气控制阀能使各区独立工作，通过炉子控制系统自动烧嘴点火，或通过本地烧嘴控制盒手动点火。当某个烧嘴点火失败时，烧嘴控制盒发出信号独立切断烧嘴燃气阀，不会影响其他烧嘴的工作，同时发出报警信号。

每个烧嘴控制区有 2 个热电偶来监测炉温。炉温的设定值通过数学模型自动设定或通过操作工手动设定。正常操作时，2 个热电偶的采样平均值作为实际的炉温值，1 个出现故障，则只有 1 个热电偶投入使用。在每个区中，为得到最佳的空燃比，燃气流量调节阀要与助燃风机彼此相互配合调节。在换钢种的过渡阶段，为保证辐射管处于氧化气氛，若热需求降低，则先减少燃气量，再减少空气量；否则，先增加助燃空气量，再增加燃气量。同时，对燃烧比（O_2 体积分数）和燃烧质量（CO 体积分数）通过 O_2 和 CO 分析仪来长期监测，当 O_2 体积分数低于设定值时，就对空燃比做微小的调节；CO 体积分数监控用于评估燃烧质量，当检测到 CO 体积分数被超出限制水平，则产生报警。退火炉的操作温度限制如下：炉温最大操作温度为 930℃，辐射管设计温度为 980℃，炉温报警（过热）温度为 950℃。

每个烧嘴控制区还安装了一个监控辐射管过热的热电偶。当热电偶检测辐射管过烧，则该区燃气控制阀和助燃空气风机调节器减小此区的燃烧功率，保持温度在某个限度范围内。

燃气管道都安装了压力开关阀，开关阀和自动安全控制阀相连接。在过压（压力调节器失效）或者压力下降（管道泄漏）时，控制阀都能切断燃气管路。

4.4.3.4　废气排放控制

废气首先汇集到位于操作侧和电机侧的两个废气收集室中，然后经预热段、热回收系统或旁通、排烟风机抽到烟囱后排放。热回收系统工作时，废气的入口温度为 410℃，出口温度为 150℃，排烟风机一用一备；热回收系统旁通时，两台风机都工作，但这时废气在排放之前要掺冷风将降到 300℃以下。

燃烧系统管路。包括主燃气管路、助燃空气管路、主燃气排放管路、燃烧系统氮气吹扫管路。

4.4.3.5　废气分析

为了测量废气中的 NO_x 含量，废气烟道带有突出在烟道绝热材料之外的采样管，这里可以用一个可携带式燃烧分析仪进行连接。测量点位置和数量见表 4-4。

表 4-4　NO_x 测量点位置和数量

测量点位置	测量点数量
烧嘴	189
水平集气器	11
预热段热交换器出口	2
烟囱的入口烟道	1

连续测量 O_2 和 CO 含量的废气分析设备，连接在以下各点：采样点位置为水平集气

器，采样点数量为 11 个。

4.4.3.6 热回收系统

为了充分利用辐射管中排出的燃烧废气中的热量，设计了热回收系统，通过废气和冷水的换热来产生供脱脂清洗槽和烘干等使用的过热水。

过热水产生量依赖于带钢的生产情况和炉子的热回收率，故产生的过热水量不是很稳定，不可能完全地满足生产线的要求。因此，提供蒸汽辅助加热器安装在热水循环管路上，在回收的热量不足的情况下加热热水管路中的水。机组要求过热水的入口水温为 90℃，出口水温为 140℃，闭路循环流量为 99000kg/h；管道的最小压力为 10bar（1bar = 100kPa），设计压力为 15bar。过热水循环的原理示意如图 4-17 所示。

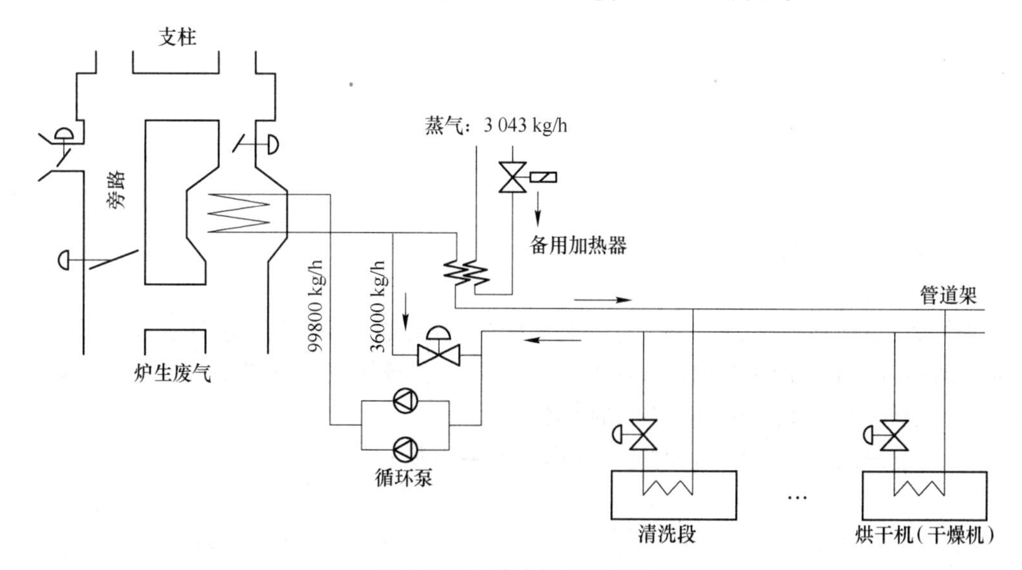

图 4-17 过热水循环示意图

热回收系统由高压热水换热器（水/废气）；辅助蒸汽换热器；高压热水循环泵站、过热水增压系统（带存储罐，泵和减压阀）、稳定管路中水压的膨胀容器和水质处理设备等组成。

系统的循环水量保持不变。当水温度高于设定值时，控制蝶阀减小通过热回收装置的废气流量，同时旁路的流量增大。当温度降低时，控制蝶阀增加通过热交换器的废气流量，同时旁路的流量减少。当炉子产生的热量不足以供给清洗段使用时，特别是起炉时，开通蒸汽辅助加热器向循环管路提供热量。

循环管路的材质为碳钢，初次填充水为生活用水，使用之后会在管壁形成一层氧化薄膜来阻止后续的氧化；补充水为脱盐水，水量为 $1m^3/h$。

4.4.4 冷却段

冷却段的主要目的是在保护气氛的环境下把经过再结晶退火后的带钢按要求的冷却速率冷却到入锌锅的温度 460℃。

某厂 1 号热镀锌机组退火炉冷却段由缓冷部分和快冷部分组成，2 号热镀锌机组退火炉只有快冷部分。这是因为带钢在 800℃左右的高温下，若直接采用急速的冷却，会使带钢发生不规则的变形，这样就有可能导致带钢边浪、浪形、瓢曲等缺陷的产生，从而影响带钢的平直度。这样不仅使镀层不均匀，还会影响以后热镀锌板的成型加工。1 号热镀锌机组的定位为汽车板生产线，对板形和镀层质量要求非常高，故而考虑在快冷段前使用缓冷段。

快冷段在带钢上下表面布置有供快速冷却用的风箱，采用炉内保护气体循环喷射，并以热对流、传导两种方式来直接冷却带钢。缓冷段的喷吹形式与常规冷却方式相同，通过换热器将保护气换热，用冷却后的保护气体去冷却带钢。

4.4.4.1　CGL1 缓慢冷却段

缓冷段的作用就是缓慢冷却带钢到快冷段入口温度，在某些情况下还可以作为均热段的延续。1 号 CGL 采用 1 个行程的缓冷，冷却速率小于 30℃/s。

缓冷段由炉壳、耐材、循环风机、换热器、冷却喷管和电加热元件等组成。炉室中安装有电加热元件，主要是在机组起车时加热炉室。在生产 0.5mm 以下的薄规格带钢，所有冷却设备都不使用时，带钢的温度低于入锌锅温度时，启动电阻加热补偿带钢散热。加热功率是通过可控硅和每个区的热电偶来控制的。炉内断带时，必须立刻断开电阻的电源，以防止带钢下垂发生短路。

4.4.4.2　快速冷却段

快冷段的作用就是将带钢冷却到所要求的温度。采用的是单道次快冷技术。快冷段由炉壳、耐材、循环风机、换热器、冷却喷箱和张紧辊等组成。

快冷段由 3 个区组成，每个区有一对面向带钢的风箱，其长度分别是 7.2m、2.4m、2.4m。循环风机不断地从炉内抽出保护气体，经热交换器后把炉内热的气体冷却下来，然后再把冷气体吹向带钢以达到所要求的温度。

1 号热镀锌机组采用 5%H_2 时冷却速率如图 4-18 所示。

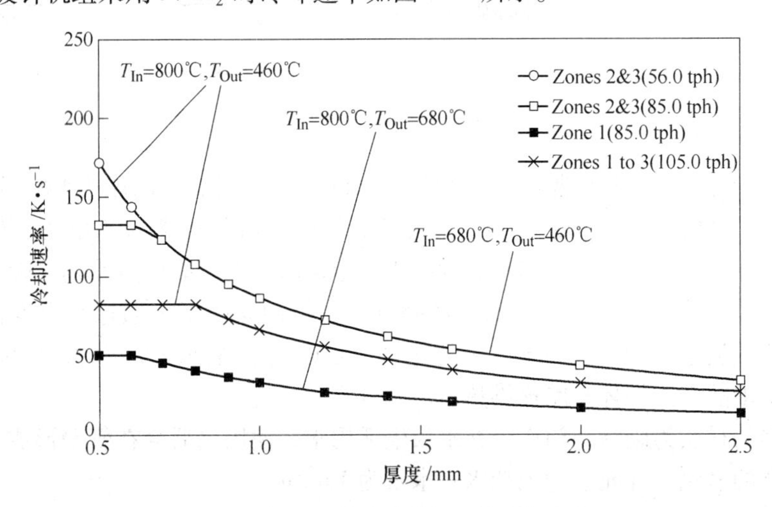

图 4-18　5%（体积分数）H_2 的冷却速率

对于 BH，DP 和 TRIP 等产品要求高的冷却速率（2.3mm 厚带钢冷却速率 45℃/s）。增大冷却速率有几个途径：减少冷却长度；提高机组速度；增大冷却介质冷却能力。但是受到加热段加热能力的限制，机组的速度不能得到提高，通过减少冷却单元的数量已经达不到要求，就需要提高氢气的含量。当带钢厚度大于 1.5mm，冷却段将会采用 20%H_2，而在入口加热段和炉子出口氢气体积分数大约为 5%，对应的冷却速率如图 4-19 所示。

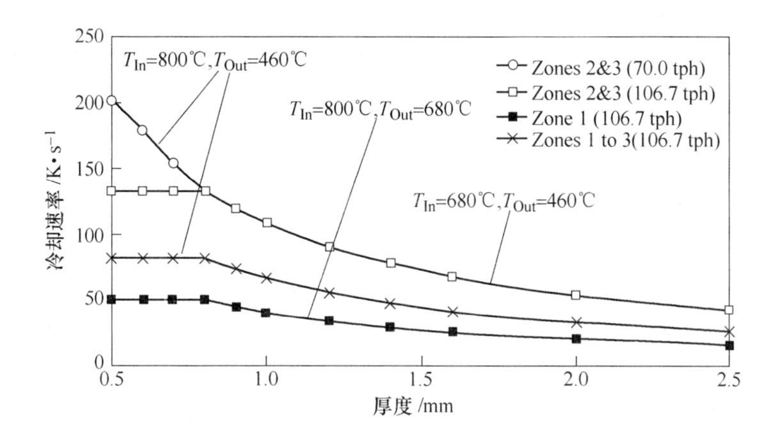

图 4-19　20%（体积分数）H_2 的冷却速率

对于 1 号热镀锌机组的钢种，最大速度时的冷却速率见表 4-5。

表 4-5　1 号热镀锌机组最大速度时的冷却速率

钢种	厚度 /mm	宽度 /mm	速度 /r · min^{-1}	产量 /t · h^{-1}	冷却速率 /℃ · s^{-1}	带钢温度/℃	
						入口	出口
CQGI	1. 101	1500	180	140. 0	51. 8	720	450
CQGA	1. 086	1695	150	130. 0	43. 2	720	450
DQ-LCGI	1. 101	1500	180	140. 0	51. 8	720	450
DQ-LCGA	1. 086	1695	150	130. 0	43. 2	720	450
DQ-IFGI	0. 902	1500	180	114. 7	63. 3	780	450
DQ-IFGA	1. 082	1500	150	114. 7	52. 7	780	450
DDQGI	0. 839	1500	180	106. 7	63. 3	780	450
DDQGA	1. 007	1500	150	106. 7	52. 7	780	450
EDDQGI	0. 779	1500	180	99. 1	67. 1	800	450
EDDQGA	0. 935	1500	150	99. 1	54. 9	800	450
SEDDQGI	0. 691	1500	180	87. 9	67. 1	800	450
SEDDQGA	0. 829	1500	150	87. 9	54. 9	800	450
CQHSS340GI	0. 829	1500	180	104. 4	67. 1	800	450
CQHSS340GA	0. 878	1695	150	104. 1	54. 9	800	450
CQHSS590GI	0. 829	1500	180	104. 4	67. 1	800	450
CQHSS590GA	0. 878	1695	150	104. 1	54. 9	800	450
DQHSS340GI	0. 829	1500	180	104. 4	67. 1	800	450
DQHSS340GA	0. 878	1695	150	104. 1	54. 9	800	450
DQHSS440GI	0. 829	1500	180	104. 4	67. 1	800	450
DQHSS440GA	0. 878	1695	150	104. 1	54. 9	800	450
DDQHSS340GI	0. 839	1500	180	106. 7	67. 1	800	450

续表 4-5

钢种	厚度/mm	宽度/mm	速度/r · min^{-1}	产量/t · h^{-1}	冷却速率/℃ · s^{-1}	带钢温度/℃	
						入口	出口
DDQHSS340GA	1. 007	1500	150	106. 7	54. 9	800	450
DDQHSS440GI	0. 839	1500	180	106. 7	67. 1	800	450
DDQHSS440GA	1. 007	1500	150	106. 7	54. 9	800	450
BHHSS340GI	0. 738	1500	180	93. 9	67. 1	800	450
BHHSS340GA	0. 886	1500	150	93. 9	54. 9	800	450
DP440GI	0. 839	1500	180	106. 7	67. 1	800	450
DP440GA	0. 878	1695	150	104. 1	54. 9	800	450
DP590GI	0. 839	1500	180	106. 7	67. 1	800	450
DP590GA	0. 878	1695	150	104. 1	54. 9	800	450
DP780GI	0. 839	1500	180	106. 7	67. 1	800	450
DP780GA	0. 878	1695	150	104. 1	54. 9	800	450
TRIP590GI	0. 839	1500	180	106. 7	67. 1	800	450
TRIP590GA	0. 878	1695	150	104. 1	54. 9	800	450
TRIP780GI	0. 839	1500	180	106. 7	67. 1	800	450
TRIP780GA	0. 878	1695	150	104. 1	54. 9	800	450

2 号热镀锌机组采用 5%H_2 时冷却速率如图 4-20 所示。对于 2 号热镀锌机组的钢种，最大速度时的冷却速率见表 4-6。

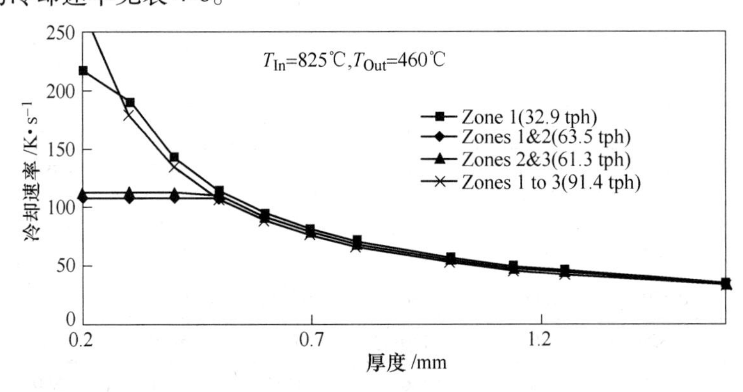

图 4-20　2 号热镀锌机组 5%(体积分数)H_2 的冷却速率

表 4-6　2 号热镀锌机组最大速度时的冷却速率

钢种	厚度/mm	宽度/mm	速度/r · min^{-1}	产量/t · h^{-1}	冷却速率/℃ · s^{-1}	带钢温度/℃	
						入口	出口
CQ	0. 976	1450	180	120. 0	57. 5	750	460
DQ-LC	0. 976	1450	180	120. 0	57. 5	750	460
DQ-IF	0. 800	1450	180	98. 4	67. 1	800	460
DDQ	0. 744	1450	180	91. 5	71. 0	820	460

续表 4-6

钢种	厚度/mm	宽度/mm	速度/r·min^{-1}	产量/t·h^{-1}	冷却速率/℃·s^{-1}	带钢温度/℃	
						入口	出口
EDDQ	0.691	1450	180	84.0	74.8	840	460
CQ-HSS340	0.735	1450	180	90.4	72.9	830	460
CQ-HSS590	0.735	1450	180	90.4	72.9	830	460
DQ-HSS340	0.735	1450	180	90.4	72.9	830	460
DQ-HSS440	0.735	1450	180	90.4	72.9	830	460
DP-HSS440	0.744	1450	180	91.5	71.9	825	460

4.4.5 均衡段、热张紧辊室及炉鼻子

带钢通过快冷段的时间很短，温度下降了300℃左右，因此带钢横截面的温度分布是不易均匀的。根据有关的资料介绍，带钢较厚时，经冷却段冷却后，其内心的温度高于表面温度，这种现象称为核心热。带钢存在核心热，直接影响快冷段末端辐射高温计对带钢温度测量的准确性，即实际测量的温度仅仅是带钢表面的温度。更为有害的是这个核心温度可一直延续到带钢出锌锅之后。其主要危害是：(1) 存在核心热的带钢，较长时间连续生产，锌锅容易产生超温现象。(2) 存在核心热的带钢，进行合金化产品生产，带钢横截面铁含量的分布将出现不均衡现象。因为合金化炉没有在线温度检测，温度是通过计算控制的，核心热是无法计算准确的。(3) 生产GI大锌花产品容易出现带钢横截面的锌花不均匀，即中间锌花大，两边锌花小。无锌花产品容易出现带钢横截面的色泽不均，中间与边部存在色差。(4) 核心热严重时，GI产品锌弯检验容易出现裂纹，这是镀层里合金层加厚导致镀层的韧性降低，脆性增高的缘故。

在快冷段之后设置了均衡段的作用有以下主要几点：(1) 提高带钢入锌锅温度的控制精度和准确性。在没有均衡段时，快冷后不设温度检测，仅在炉鼻子设一个温度检测，核心热无法检测出来，增加均衡段后快冷出口和炉鼻子各一个温度检测，当炉鼻子处检测的温度高于快冷出口时就说明存在核心热，需要增加冷却能力。控制系统就可以及时调控。提高了温度控制的精度和准确性。(2) 均衡段的结构与均热段相似，故此，具有促使带钢横断面的温度均匀的作用。(3) 均衡段的存在使快冷段与炉鼻子隔开，使锌蒸气不容易污染冷却段。(4) 均衡段位于快冷段之后，顶部的纠偏装置保证带钢进入锌锅时有良好的对中性，测张辊参与炉内带钢张力控制，可使带钢获得良好的运行状态，防止由于内应力产生的热瓢曲。此处还设有三辊式热张紧辊组，将炉内带钢张力与出锌锅后的带钢的张力重新分配，一方面可以减少炉内带钢在高温下的拉窄量；另一方面可以在进入锌锅后保证大的张力减少带钢振动，提高气刀对锌层的厚度控制均匀性和精度。同时带钢由于在热张紧辊上有极大的包角，带钢边部很容易被冷却，所以在热张紧辊室内配有电加热元件，用于补偿带钢的热损失和加热新注入的氮氢混合气体。

带钢从炉区出来后通过一个有30°倾角的炉鼻子进入锌锅。炉鼻子可伸缩和摆动。当沉没辊直径发生改变时，调整炉鼻子角度，起到角度补偿作用；同时炉鼻子伸缩便于炉鼻子内表渣的清理。两对出口密封挡板位于炉鼻子中间，全线停车时可把炉内气氛和外界气氛隔开。氮气是从挡板的上方注入，目的主要有三个方面，其一是阻止锌蒸气进入炉内；其二是降低均衡段保护气体中的氢气含量；其三是防止炉鼻子处发生泄漏后，空气进来之

后氧化带钢，进而会污染锌锅。

4.4.6　合金化和镀后冷却段

4.4.6.1　合金化段

在生产 GA 板时，带钢出锌锅之后为防止带钢边部过早地凝固，在带钢的两侧安装有天然气边部烧嘴加热带钢的边部。操作工依据带钢的宽度适当地调整边部烧嘴的位置。烧嘴通过装有火焰监控的引燃烧嘴来点火。炉子的控制系统远程控制燃气阀门的开关。停线时关闭燃气阀门防止带钢边部过热。

随后带钢通过高频感应线圈的合金化炉后被加热到 500～550℃，在均热段保温时间 12s 左右，带钢的镀层形成锌铁合金层。随后带钢进入合金化均热段，加热室 28m 高，电阻带加热。

合金化均热段和上行冷却段底部有一挡板，使下行的冷空气将均热段上行的热空气顶住，以防热空气上升形成烟囱效应，同时也相当于气垫作用，以起到稳定上行带钢的作用，挡板示意图如图 4-21 所示。

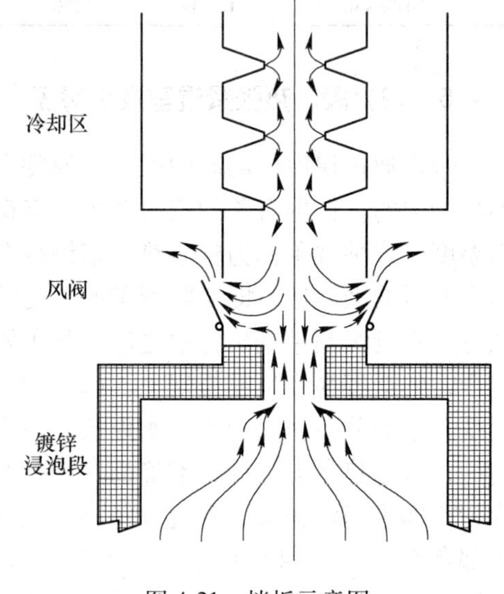

图 4-21　挡板示意图

4.4.6.2　镀后冷却段

带钢热浸镀锌时，锌液的温度一般在 460℃左右。浸锌后的带钢在离开锌液表面时的温度也在 460℃左右，表面的液态锌需经过冷却才能凝固。带钢表面锌液凝固之后，温度由 419℃至室温也需要一段时间，所以在镀锌生产线的工艺流程中采取强制降温和自然冷却相结合的方式对浸锌后的钢板进行冷却。

带钢出锌锅后要先冷却到 40℃左右才能进入到后部工序，这是因为：

（1）Fe-Zn 合金扩散只有降至 300℃以下才不会进行，否则 Fe-Zn 合金层增厚会影响锌层附着力。

（2）带钢表面锌液未凝固，接触到辊子之后会黏到辊子表面。

（3）带钢在超过 40℃时进入光整拉矫，对于 AK 钢容易产生高温时效，而且容易造成辊面黏锌，对于 AK 深冲钢来说，还会产生屈服平台。

图 4-22 为合金化和镀后冷却段示意图。

A　上行冷却段

带钢经锌锅镀锌、气刀修整镀层厚度后对于 GA 要先合金化（CGL2 号机组没有合金化炉），对于 GI 直接进入镀后冷却部分。镀后冷却分为空气冷却和水冷却两大部分。其中空气冷却在冷却塔上进行。带钢在上冷却塔的过程中由 3 对风箱、下冷却塔由 4 对风箱来进行冷却，另外某些 GI 产品在带钢到达上行冷却段前先通过移动冷却器使其温度冷却到 330～350℃，主要目的有两个：一是提高带钢的表面质量；二是加速 DP 钢的冷却。带钢两侧布置有喷吹空气的风箱，风箱朝向带钢的一面，具有特殊设计的喷孔，这些喷孔的尺

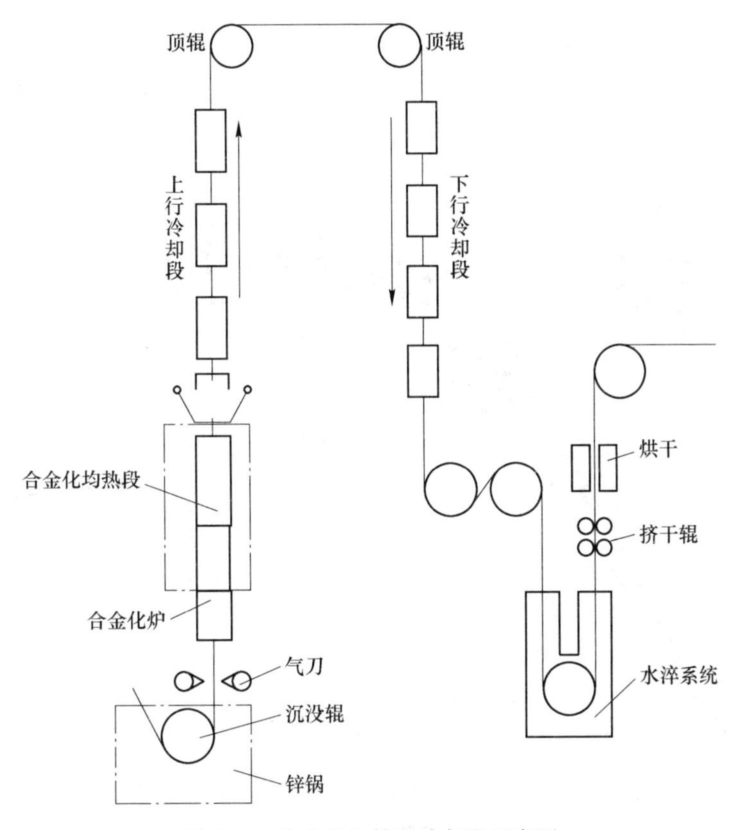

图 4-22 合金化和镀后冷却段示意图

寸和排列方式都能保证从风箱中出来的空气对带钢具有最佳的冷却效果。带钢在到达冷却塔的第一个顶辊前必须被冷却到330℃以下（对于GI，290℃以下），目的有两个方面：一是防止锌层未干而黏结在顶辊上；二是带钢在经过顶辊时，一面受压，另一面受拉，若温度太高，则容易在转向时影响锌层与钢板的黏附性。

B 下行冷却段

同样的道理，带钢在下冷却塔时也要被风冷器来冷却，冷却塔下行程的冷却能力主要是根据镀层的特性与其后的水冷能力相匹配来设计的。对于不同成分镀层品种而言，带钢出锌锅到达第一个转向辊时的板温在工艺上要求是有区别的，若从第二个顶辊到水冷前的冷却速率过大，则有增大镀层裂纹的倾向。带钢在到达水冷前要被冷却到170℃以下，而在水冷的出口带钢要被冷却到40℃以下。控制带钢在水冷出口的温度是为了防止AK钢在平整时产生时效。冷却塔下行程冷却能力小，则相应的水冷能力就要大些，否则，水冷的能力就可以小些，但要以水冷槽内不出现水蒸气为判据。

C 水淬系统

带钢在进入水冷前先经过喷嘴喷水进行冷却，然后带钢进入水冷槽，经转向辊转向后带钢经过挤干辊挤净表面水分，然后烘干。

4.4.7 炉子热工制度

某厂热镀锌机组的主要产品是CQ、DQ、DDQ、EDDQ、SEDDQ、CQ-DDQHSS、BH、

DP、TRIP。对于不同的产品品种，其原料组成的化学成分不同，要求达到的机械性能、组织结构都不同，因而在实际生产中，必须制定相应的退火工艺曲线，某厂热镀锌机组退火工艺曲线如图 4-23～图 4-26 所示。

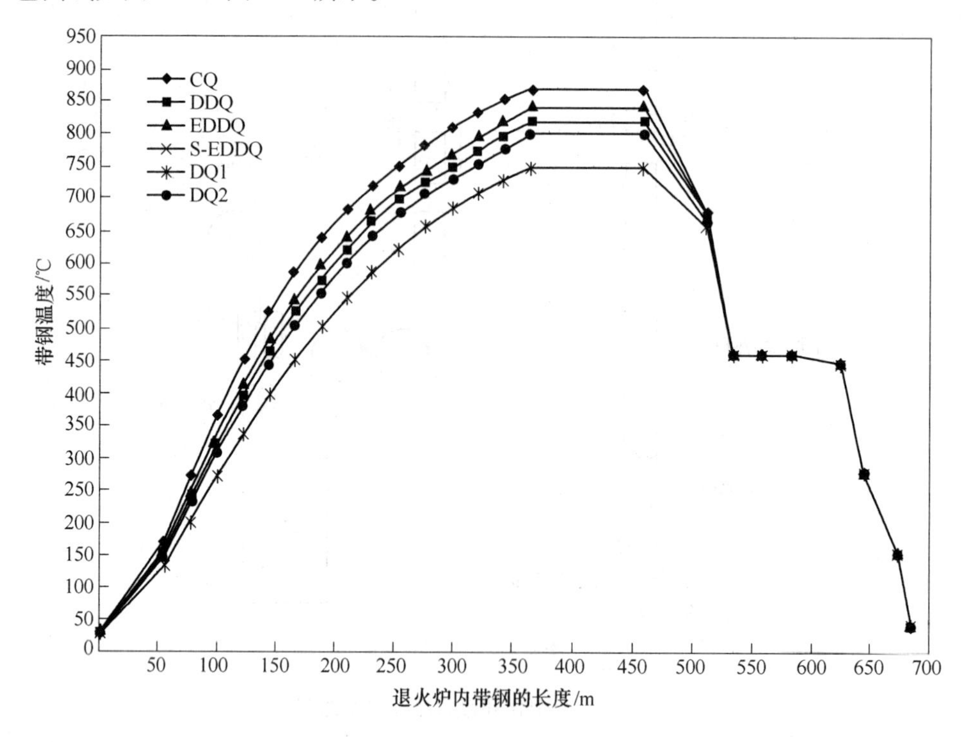

图 4-23　软钢 GI 退火工艺曲线示意图

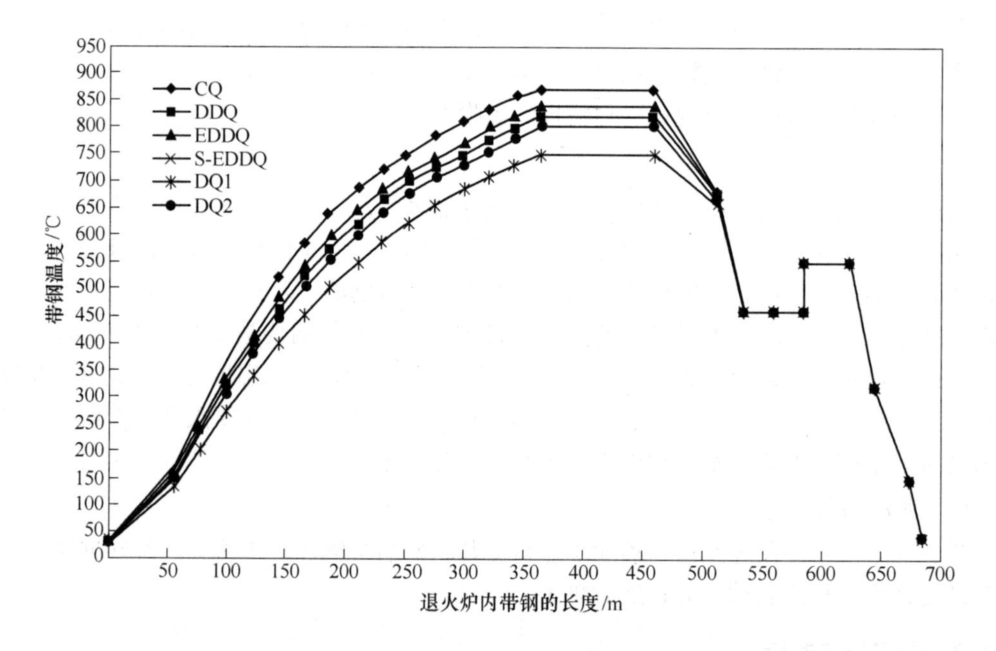

图 4-24　软钢 GA 退火工艺曲线示意图

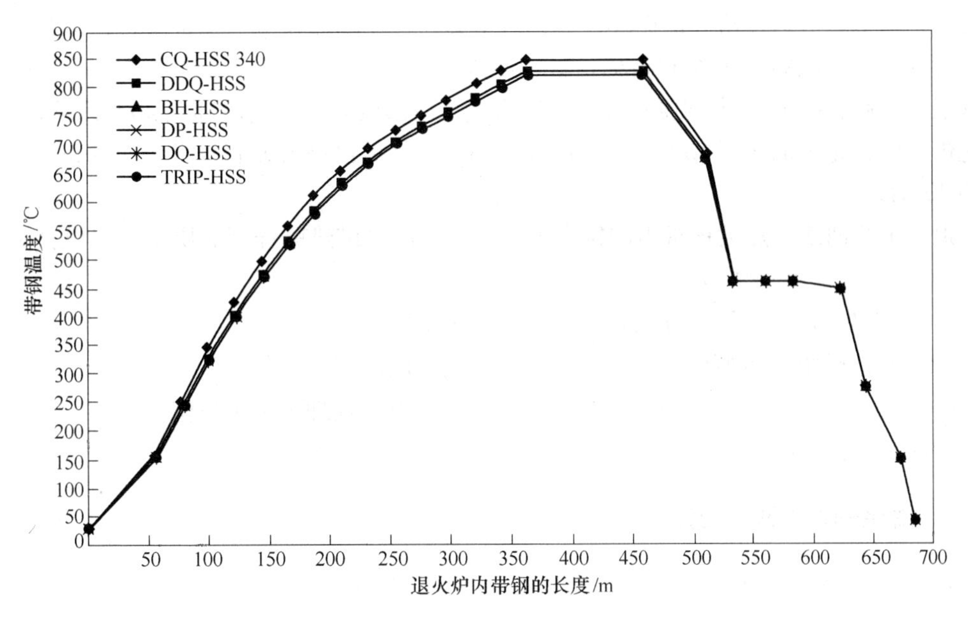

图 4-25 高强钢 GI 退火工艺曲线示意图

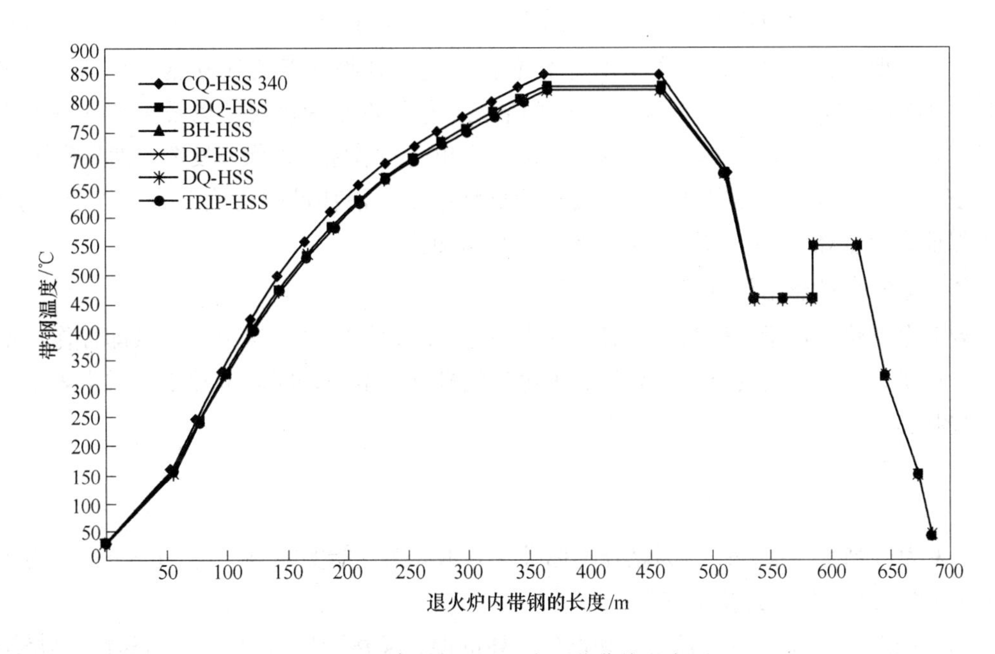

图 4-26 高强钢 GA 退火工艺曲线示意图

带钢经入口密封后，首先进入预热段，通过循环保护气体将带钢温度加热至 130~180℃，然后带钢进入退火炉加热段。在加热段通过辐射管将带钢的温度加热到要求的退火温度。然后带钢进入均热段，炉温和带温基本相同，辐射管加热主要补偿均热段炉墙散出的热量，带钢在此段处于保温状态，这也是控制带钢机械性能最关键的一段，实际上，再结晶温度不是个固定的温度，受到多种因素的影响，从实践经验看要在理论计算温度再加温 100~150℃，作为再结晶温度的参考值。出均热段后，带钢进入冷却段，这时炉温小于带温，带钢释放热量给冷却循环气体，对于某些要求冷却速率的钢种来说，冷却速率是能否达到力学性能的一个控制指标。带钢冷却到460℃后，保温几秒钟后进入锌锅镀锌。出锌锅气刀后，GI产品带钢要直接进入镀后空气冷却段和水淬槽冷却到40℃以下，GA产品先进入合金化炉加热到550℃左右保温10~12s，然后再进入镀后空气冷却段和水淬槽冷却到40℃以下。

退火工艺曲线是热镀锌机组的核心工艺之一，简单讲热镀锌产品质量可以概括为三个方面：

（1）钢基性能，主要由连续退火炉的工艺来决定。

（2）镀层性能，主要由退火工艺和镀锌工艺共同决定。

（3）表面状态，主要由退火工艺、气刀工艺及镀后处理工艺来决定。

由此可见，热镀锌产品的质量与退火曲线的关系是非常密切的。

4.4.8 燃烧的基本理论和计算

4.4.8.1 燃烧的概念

A 基本概念

低发热量 $Q_{低}$ 指的是燃料完全燃烧后燃烧产物中的水蒸气冷却到20℃时放出的热量。天然气：主要成分是甲烷，其次是乙烷等饱和碳氢化合物。天然气发热量很高，一般在33440~41800kJ/m^3 或更高。但天然 CH_4 含量大，气体燃烧速度慢，以及天然气密度小等原因，在燃烧时组织火焰和燃烧技术上必须采用相应的措施，以保证发挥天然气作用。

空气消耗系数：实际空气消耗量与理论燃烧的空气消耗量的比值称为空气消耗系数。为了保证完全燃烧，$\lambda \geqslant 1.0$，但是 λ 越大，$t_{理}$ 就越低。

B 理想的完全燃烧（简称理想燃烧）

要完全燃烧一定量的燃料，就必须提供一定量的燃耗空气。这个空气量即称作理论空气量。但是，实际供给的空气量总是和理论空气量有些偏差，因而常常用下式来表示实际的燃烧状态：

$$\lambda = \frac{V_i}{V_t} \tag{4-7}$$

式中，λ 为过剩空气系数；V_i 为燃烧1标准立方米天然气的实际空气量，m^3/h；V_t 为燃烧1标准立方米天然气的理论空气量，m^3/h。

当过剩空气系数 $\lambda=1$，且氧气和燃烧气体的混合又达到理想的均匀状态时，燃烧结果是氧气和燃烧都正好烧尽而没有剩余；燃烧废气中除了不参加反应的氮气之外，只有 CO_2 和 H_2O（蒸气状态）。这样的燃烧，称作为理想的完全燃烧。理想完全燃烧时，炉内的气氛为中性。

C 氧气过剩的完全燃烧（简称过氧燃烧）

当实际供给的空气量大于空气量，即过剩的空气系数 $\lambda>1$ 时，使燃料烧尽而氧气过剩。废气中含有 CO_2、H_2O、N_2、O_2 等组分。为氧化气氛，辐射管内的燃烧属于这种方式。

对于某厂 CGL 加热炉，辐射管正常工作时，管内的空气过剩系数在 1.1 左右，处于氧气过剩的完全燃烧状态，保持氧化气氛，以保证辐射管稳定的输出功率和使用寿命。

D 缺乏氧气的不完全燃烧（简称欠氧燃烧）

实际供给的空气量小于理论的空气量时，过剩的空气系数 $\lambda<1$ 时，燃烧的结果是燃料剩余而氧气烧尽，称作氧气烧尽的完全燃烧。废气中含有 CO_2、H_2O、N_2、CO、CH_4、C_mH_n 等组分，为还原性气氛。

E 氧气过剩的不完全燃烧

这种燃烧属于不正常燃烧。当任何燃烧设备出现故障，例如，烧嘴失调、燃烧工具本身不合理，都有可能造成这种现象。这种燃烧总的来说是氧气过剩，但是由于混合不均匀，很有可能在燃烧的局部形成了氧气供应不足的现象，这样便出现燃烧不充分。因此，在同一个燃烧环境中，就出现了氧气过剩部分的氧化气氛和氧气不足部分的还原性气氛。废气中同时含有 CO_2、H_2O、N_2、CO、CH_4、C_mH_n、O_2 等组分。

总而言之，任何状况下的燃烧，都不外乎以上四种燃烧方式，在燃烧过程中废气的各成分变化和温度变化，都直接取决于过剩空气系数（λ 值），如图 4-27 所示。

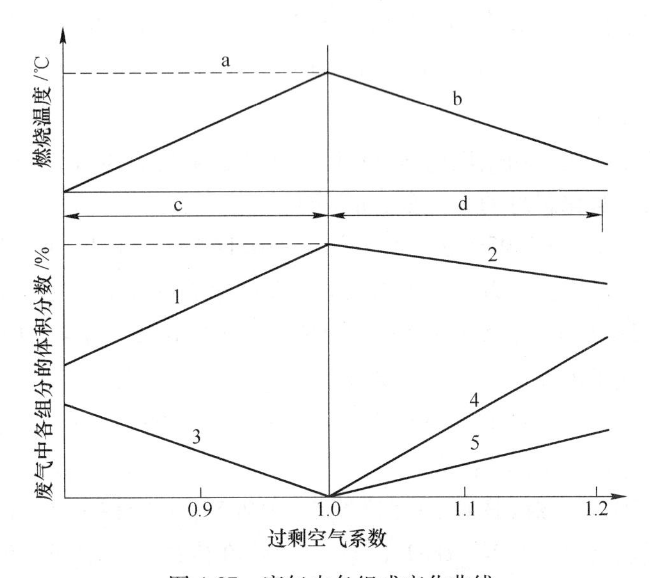

图 4-27 废气中各组成变化曲线

a—过剩空气系数 $\lambda=1$，然后温度达到最高值；b—废气量增大温度下降；c—还原气氛；d—氧化气氛
1，2—CO_2；3—CO；4—O_2；5—燃烧失调造成的 CO

图 4-27 表示出了天然气的燃烧情况，当 $\lambda<1$ 时，随着比值的不断增大，CO_2 的含量也在增加，而 CO 的含量在逐渐减少。当 $\lambda=1$ 时，CO_2 增加到最大值，CO 含量减少到零，$\lambda>1$ 时，废气总量的增大使 CO_2 的含量逐步下降，而废气中的 O_2 含量又在迅速上升。本来 $\lambda>1$ 时，废气中不应该含有 CO，图 4-27 中曲线 5 的变化，隶属于燃烧失调的第四种燃烧方式。

此外，还可以看出，废气的温度取决于 λ 的变化。当 $\lambda=1$ 时，温度上升到最大值，当 $\lambda>1$ 时，因废气量增大反而引起温度的下降。

4.4.8.2　燃耗气体的计算

A　燃烧空气量的计算（根据顺义冷轧的天然气成分）

当具备了燃烧条件时，燃烧气体中的可燃部分便开始燃烧，同时发生下列化学反应：

$$\begin{cases} CH_4 + 2O_2 \longrightarrow CO_2 + 2H_2O \\ C_2H_6 + 7/2O_2 \longrightarrow 2CO_2 + 3H_2O \\ C_3H_8 + 5O_2 \longrightarrow 3CO_2 + 4H_2O \end{cases} \tag{4-8}$$

由上述的三个反应式可知，燃烧一个标准体积的甲烷需要 2 个标准体积的氧气，燃烧一个标准体积的乙烷需要 3.5 个标准体积的氧气，燃烧一个标准体积的丙烷需要 5 个标准体积的氧气。

天然气组成：CO_2 3%（体积分数，下同），CH_4 94.95%，C_2H_6 0.91%，C_3H_8 0.14%。

故而燃烧 1 标准立方米天然气的理论空气量（m^3/h）为：

$$\begin{aligned} V(O_2) &= 2\varphi(CH_4) + 3.5\varphi(C_2H_6) + 5\varphi(C_3H_8) \\ &= 2 \times 94.95\% + 3.5 \times 0.91\% + 5 \times 0.14\% = 1.95785 \end{aligned}$$

因为空气中氧的体积分数为 21%，所以理论的空气量（m^3/h）为：

$$V_t = 1.95785/0.21 = 9.323$$

B　废气量的计算

由气体燃料的化学成分和燃烧化学反应时，可以计算废弃生成量。根据上述的化学反应式可以计算得出二氧化碳总的生成量（m^3/h）：

$$\Sigma V(CO_2) = 94.95\% + 0.91\% \times 2 + 0.14\% \times 3 + 3\% = 3.205$$

根据上述的化学反应式可以计算得出水蒸气总的生成量（m^3/h）：

$$\Sigma V(H_2O) = 94.95\% \times 2 + 0.91\% \times 3 + 0.14\% \times 4 = 1.9519$$

根据理论的空气量可以计算总氮气量（m^3/h）：

$$\Sigma V(N_2) = 79\% \times 9.323 = 7.365$$

则理论的废气总量（m^3/h）：

$$V_{理} = \Sigma V(CO_2) + \Sigma V(H_2O) + \Sigma V(N_2) = 3.205 + 1.9519 + 7.365 = 12.52$$

计算中的废气是指包括 CO_2、H_2O（蒸气）、N_2 在内的废气总量。但是，实际进行废气测量时，要求把废气冷却到 30℃，使水全部分离之后进入，因为水分的侵蚀作用。这样实际测得的废气量，都不包括 H_2O 水在内的干废气量。则干废气量：$V_{干} = V(CO_2) + V(H_2O) = 3.205+7.365 = 10.57Nm^3/h$。

当空气过剩系数大于 1 时，可按下式计算废气量：

$$V_{总} = V_{理} + (\lambda - 1)V_t \tag{4-9}$$

式中，$V_{总}$ 为燃烧 1 标准立方米天然气的实际废气总量，m^3/h；$V_{理}$ 为燃烧 1 标准立方米天然气的理论废气总量，m^3/h；λ 为空气过剩系数；V_t 为燃烧 1 标准立方米天然气的理论空气总量，m^3/h。

$$V_{干总} = V_{干} + (\lambda - 1)V_t \tag{4-10}$$

式中，$V_{干总}$为燃烧 1 标准立方米天然气的实际干废气总量，m^3/h；$V_{干}$ 为燃烧 1 标准立方米天然气的理论干废气总量，m^3/h；λ 为空气过剩系数；V_t 为燃烧 1 标准立方米天然气的理论空气量，m^3/h。

为了掌握辐射管内的燃烧情况，必须建立系统的废气分析制度，从废气中 CO_2、O_2、CO 等成分的含量，便可以判断出燃烧状态。

采用近似计算法，理论燃烧计算式可表示为：

$$t_{理} = \frac{Q_{低} + Q_{空} + Q_{燃} - Q_{分}}{V_0 C_{产} + (L_n - L_0) \cdot C_{空}} \tag{4-11}$$

式中，$Q_{低}$ 为燃料低发热值，kJ/m^3；$Q_{空}$ 为空气物理热，kJ/kg；$Q_{燃}$ 为燃气物理热，kJ/m^3；$Q_{分}$ 为热分解消耗热量，kJ/m^3；V_0 为当 $n=1$ 时理论燃烧产物生成量，m^3；$C_{产}$ 为燃烧产物平均比热，kJ/(kg·℃)；$C_{空}$ 为空气比热，kJ/(kg·℃)；L_n 为实际空气消耗量，m^3；L_0 为理论空气消耗量，m^3。

已知燃料成分，空气过剩系数，空气和燃料的预热温度，按完全燃烧，不难确定 $Q_{低}$、$Q_{空}$、$Q_{燃}$、L_0、V_0 及不估计热分解的燃烧产物成分。然后根据经验估计一个理论燃烧温度，在此温度下，查得 700~1000℃ 天然气比热是 1.51kJ/(m^3·℃)，空气比热为 1.38kJ/(m^3·℃)，而温度是 1000~1200℃ 天然气比热是 1.55kJ/(m^3·℃)，空气比热为 1.42kJ/(m^3·℃)。当温度低于 1800℃ 时，$Q_{分}$ 可以忽略不计。

另一种计算近似理论燃烧温度的方法是利用图 i-t，如图 4-28 所示，图中 $i_{总}$ 为燃烧产物的总热含量，可按下式求出：

$$i_{总} = \frac{Q_{低}}{V_n} + \frac{Q_{空}}{V_n} + \frac{Q_{燃}}{V_n} \tag{4-12}$$

式中，V_n 为实际燃烧产物生长量，m^3。

图 4-28 估计到空气过剩系数对燃烧产物比热的影响，画出了一组曲线，每条曲线表示不同的燃烧产物中空气量 V_L，该值按下式计算：

$$V_L = \frac{L_n - L_0}{V_n} \times 100\% \tag{4-13}$$

这样已知 $i_{总}$ 及 V_L 便可由图 4-28 中查处理论燃烧温度。这一方法十分简便，但只能粗略地近似估算理论燃烧温度。

4.4.9 炉内气氛控制和炉压控制

4.4.9.1 炉内氧气含量的测定

在还原炉中，理论上要求在通入的保护气体中氧体积分数不超过 0.0005%。在实际生产中炉内气氛的氧含量往往超过它的许多倍。氧含量的增加就增加了爆炸的危险性：其一，虽然加热炉在正压下运转，但是炉外空气中的氧气体积分数为 21%，而炉内氧的分压几乎为零，于是氧的浓差扩散就为氧进入炉内提供了可行性；其二，炉壁的漏洞往往是不规则的，向孔道弯曲、孔壁粗糙等。这样保护气体从炉内流出时就遭受到极大的阻力，使流速大大减慢。特别是在流体和炉壁接触的界面上，由于存在极大的摩擦力，使流速下降到很低的限度，则就造成氧气进入炉内的有利条件。具备上述的两个条件氧气就渗入炉内。为了将氧的体积分数控制在 0.0001%~0.0003% 之间，必须在一定的部位连续地测定氧的含量，根据测量结果及时地调整，发现异常及时解决。为了适应对不同程度氧气含量

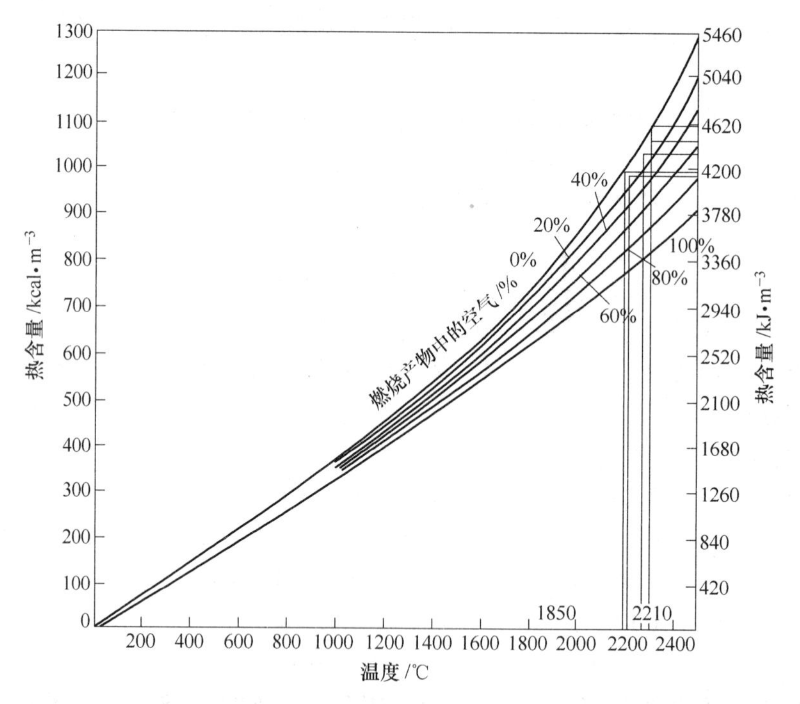

图 4-28　按已知的 $i_{总}$ 来决定 $t_{理}$ 的 $i-t$ 图

的测定，保护气体分析仪柜配置了三个不同量程范围的氧气分析仪 0~100ppm（0~0.01%）、0~1000ppm（0~0.1%）、0~10000ppm（0~1%）。

4.4.9.2　炉内氢气含量的测定

在退火炉中，依靠氢气在一定条件下把带钢表面的氧化铁皮还原，因此保护气体中氢气的含量从入口到辐射管加热段出口是逐渐降低的。炉内发生还原反应所消耗的氢气量，应由带钢表面氧化铁的总量来决定，而氧化铁皮的总量和机组的产量有关，所以在某一机组中，若采用的带钢规格和生产效率、保护气体的通入量及成分不变，那么在退火炉的某一固定位置所得的氢气含量应该基本上稳定在某一范围之内。

加热炉中的氢气对带钢表面的氧化铁起还原作用。由于氧化铁还原时要消耗一定量的氢气，所以氢气的含量，从炉子的入口到加热段出口处逐渐降低，若出现了波动，则说明炉内的氧化状态有了变化，需要加以调整。故而在设置了保护气体中的氧气含量、氢气含量以及各段的露点检测仪柜。

4.4.9.3　炉内露点的测量与控制

A　概念

（1）湿润空气。空气是氧、氮、氩等气体的混合气体，此外还有少量的水蒸气，水蒸气量因地点、时间、环境温度的不同而不同，这种混合有水蒸气的空气被称为湿润空气。

（2）湿度。湿润空气为干燥空气与水蒸气的混合体。由于水蒸气的分压较低，所以湿润空气可以看作是两种理想气体的混合体，湿润空气中的水蒸气量的比例被称为湿度。

绝对湿度：绝对湿度 X 是指 1kg 干燥空气中所含的水蒸气量比。即

$$X = G_w / G_a \tag{4-14}$$

式中，G_w 为水蒸气的质量，kg；G_a 为干燥空气的质量，kg。

（3）相对湿度。相对湿度是在某一温度下实际水蒸气压力与饱和水蒸气压力之比，即

$$\Phi = P_w / P_s \tag{4-15}$$

式中，P_w 为水蒸气压力；P_s 为饱和水蒸气压力。

（4）饱和空气。在一定温度 T 和压力 P 下，往空气中混入水蒸气时，可以一直加到 $\Phi=1$，当再继续加入水蒸气时，水蒸气将以雾或露的形式出现，这种状态的空气被称为饱和空气。

（5）露点。在一定的压力下，对空气进行冷却，水蒸气分压 P_w 不变，但由于 P_s 减小，所以相对湿度 Φ 变大，当 $\Phi=1$ 时，如继续冷却，湿润空气中的部分水蒸气就会凝结成雾或露，这种 $\Phi=1$ 开始结露时的温度称为露点。

B 露点的测量

炉内气氛的露点是炉内保护气体中含水量的标志，露点的高低可能影响带钢表面氧化铁的还原。正常生产时，炉内保护气体成分的变化情况和带钢表面被氢气还原的状态无法直接测得，而通过炉内露点的测量和分析就可以间接地推断炉内的这些变化情况。间接的显示炉内的气氛的还原能力。因为水是氢气还原所有铁的氧化物的反应产物，所以水的分压增高是由于被还原的氧化铁数量增加的缘故。

为了检查各测量点是否正常工作。应该经常用手提式露点测量仪逐点进行校验。特别是当某测量点测出的露点突然失常，就应及时进行这种校验。露点发生突变的原因：其一，可能是仪表本身的失常；其二是炉子漏气的缘故。当炉子漏气时，就有氧气渗入炉内，这时氢气和氧气便发生急剧的化学反应生成水，导致露点急剧升高。

露点的测量一般是使用红外线气体分析仪在还原炉和冷却段中的各区进行连续的自动测量的。

C 露点的控制

露点温度是说明保护气体中水分含量的技术参数。保护气体进入退火炉之前露点温度为-60℃左右，其中水分含量很低。在还原炉中带钢表面氧化铁皮被氢气还原，同时生成水，见式（4-16）。

$$\begin{cases} 3Fe_2O_3 + H_2 \rightleftharpoons 2Fe_3O_4 + H_2O \\ Fe_3O_4 + H_2 \rightleftharpoons 3FeO + H_2O \\ FeO + H_2 \rightleftharpoons Fe + H_2O \\ Fe_3O_4 + 4H_2 \rightleftharpoons 3Fe + 4H_2O \end{cases} \tag{4-16}$$

以上的化学反应是可逆反应。当氢气的分压大于水蒸气的分压时，反应向右进行，即为还原反应；当水蒸气的分压大于氢气的分压时，反应向左进行，即为氧化反应。图4-29所示为不同温度下的氢气-水蒸气的分压平衡曲线，还有人研究出另一种形式的平衡曲线，如图4-30所示。在生产时，已知炉中的带钢温度，可以从图4-30查出氢气与水蒸气的反应平衡常数。由测得的炉内气氛露点即可得知水蒸气分压，然后根据平衡常数可计算出达到平衡时的氢气分压。再由测得的保护气氛中的氢气含量计算出氢气的实际分压，若实际氢气分压大于平衡时的氢气分压，则反应向着右进行，即为还原反应，反之为氧化反应。

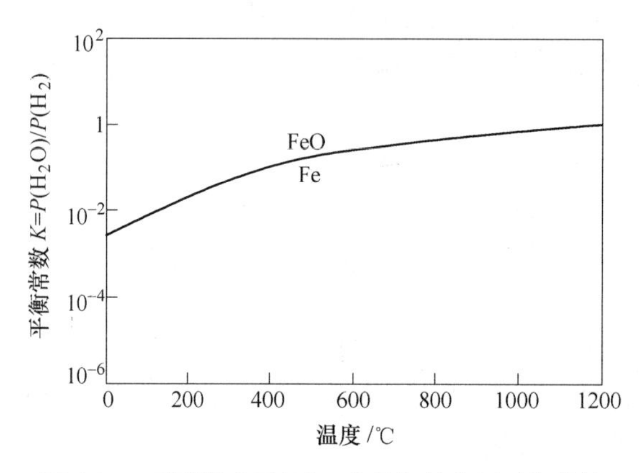

图 4-29　不同温度下氢气-水蒸气的分压平衡曲线

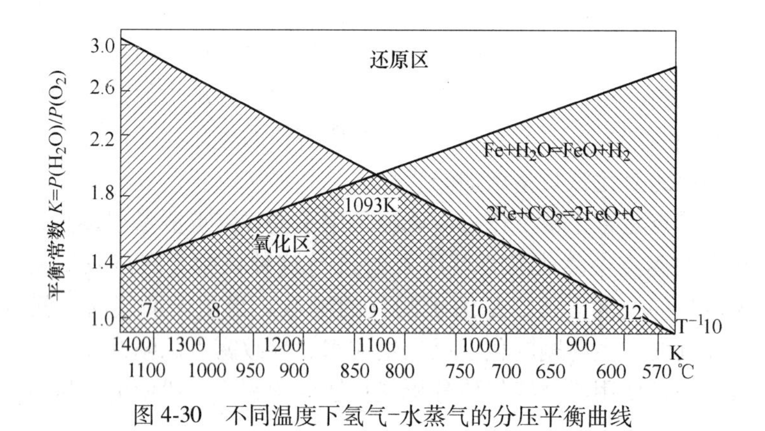

图 4-30　不同温度下氢气-水蒸气的分压平衡曲线

露点控制是汽车板热镀锌机组退火工艺中很重要的内容之一。它的控制效果好坏直接影响到热镀锌带钢的镀层性能和表面质量。这时因为带钢在清洗后进入退火炉内时，表面会有一层氧化膜，这层氧化膜会在退火过程中被还原成海绵铁。而带钢进入锌锅镀锌时，带钢表面的海绵铁会和锌液中的铝反应生成 Fe_2Al_5，这是决定镀层黏附力好坏的重要因素。因此，带钢表面氧化膜的好坏决定镀层的黏附力。如果带钢表面氧化膜不够厚或者不均匀，则镀层性能不好，甚至可能出现漏镀影响表面质量。因此，通过调节退火炉加热段的露点来调节炉内的气氛，这样就可以控制炉内加热段带钢表面的氧化还原反应，使带钢表面形成的海绵铁均匀一致、厚度合适。

因此在生产中要注意，露点并不是越低越好。在立式炉不同的区段应该根据产品质量要求、退火曲线、原料状况、清洗质量、炉子工况等对炉子各段露点进行控制。关键是掌握如何控制和怎样控制，在什么条件下采取什么控制方式。

再者，露点与温度有关。在保护气体稳定工况下与带钢表面氧化程度有关。同时炉子各段露点与带钢表面氧化还原的速率有关。炉内气体的流动是带钢运动和气体补充、排放构成的流动系统，该系统仅在生产工况稳定情况下才是稳定的。任何生产工况的变化该系统将出现扰动现象，这种扰动现象就是过渡过程，过渡状态是不可能连续生产出好的产品，故此，汽车板的生产一定要求稳定工况，需要说明的一点，机组速度的稳定并不等于工况的稳定。此外，露点与炉压有关。

D 炉压控制

某厂热镀锌机组的炉压控制设计要求为10~20mmWC。但在实际生产中，炉压的控制首先考虑安全问题，与炉子的密封情况有关，密封条件好可以按设计值，密封差需要高一些。个别情况可以根据工艺需求进行调整。

E 混气站

带钢的退火过程在适当的压力下（10~20mmWC）、完全气体密封条件下、且在还原性气体保护作用下的炉内进行。还原性保护气体由氢气和氮气组成。

氢气和氮气是由制氢厂和制氮厂生产的，然后送到TOP点。保护气体所用的氮气和氢气来自TOP点，以一定比例在混合站混合后吹进炉内。为了达到合适的成分设定值，氮气流量由炉压控制系统控制，氢气流量是通过气体管道中的H_2体积分数分析仪来调节。炉子也安装了必要的吹扫能力（氮气吹扫），以方便起炉或避免紧急情况。

通过调节阀使管道的压力设置在一定范围内（0.4~0.5MPa），然后氢气管路分为了两个分支，其中一路是通往快冷段（供快冷段高氢冷却时使用）。在这条管路上，设有压力的检测点，压力调节阀。调节阀控制管路中压力的范围为30~50kPa。再次对调节后的管道压力进行检测，以及上、下限位的检测。当管道中的压力出现波动并超出上限时，通过减压阀将压力释放，放散出的氢气送到炉内。设有检测氢气管路安全气密性的一套气动安全连锁控制阀（气缸的气源为氮气），用于检测管路是否有泄漏，并对这些阀上的气缸有位置的低限检测。安全连锁控制阀之后设有孔板用于检测氢气的流量，测温元件用于检测管道中氢气的温度。系统要对管路中的气缸位置低限，压力上、下限信号进行综合的判定；同时还要结合压力、温度信号校正这一管路中的氢气流量值。

另一氢气管路是去往混合站。同样在管路中设有一套气动安全连锁控制阀（气缸的气源为氮气），用于检测管路是否有泄漏，并对这些阀上的气缸有位置的低限检测。之后设有孔板用于检测氢气的流量、测温元件来检测管道中氢气的温度、测量管道的压力的元件。系统综合这些温度、压力信号来校正管道中的流量信号，从而得出一个实际的流量值。系统比较这个流量值和氢气流量设定值之后，给出通往混合站前的氢气流量控制阀的开度信号。

氮气管路氮气的主要分支管路为：进混合站的管路；供混合站和快冷段使用的气动阀的气源管路，以及炉子入、出口的密封管路。炉子入、出口的密封管路中氮气流量为$500m^3/h$。通过压力控制阀使管路中的压力为100kPa。

首先设有管道压力检测元件、流量孔板、压力低限报警开关和温度检测元件。并通过压力、温度信号对检测到的流量信号进行校正，从而得到实际的流量值。通过压力调节阀将氮气的压力设置为60~100kPa（气缸的气源为氮气）。在调节阀的后面有一个安全连锁阀（气缸的气源为氮气），当操作工在HMI上关闭氮气管路时，此阀将混合站的氮气关闭。安全连锁阀的后面管道压力检测元件、流量孔板，系统通过压力、温度信号对检测到的流量信号进行校正，从而得到进混合站的氮气的实际流量值。系统综合这个流量值、保护气体中的氢气含量（由分析仪测得）、保护气体中氢气含量的设定值（操作工给出）后给出氢气流量的设定值。

正常生产时氮气的流量为 1190m³/h；吹扫时流量为 2000m³/h。保护气体中氢气含量的设定值×1.25 之后得到数值 k_1，k_1 与实际的氢气含量比较，取较大的数值 k_2，k_2 与系统设计时的最大氢气含量值比较，取其最大值 k_3，然后送入气体泄漏检测模块，其他方面的连锁控制信号也送入。

操作工启动氮气吹扫/混合站关闭、泄漏检测的指令送入气体泄漏检测模块；将通往混合站的氢气分支管路上的安全连锁阀 1 和阀 3 上气缸的位置低限开关信号送入气体泄漏检测模块；氮气主管路和氢气主管道上，以及将通往混合站的氢气分支管路上的压力上限、下限的开关信号也送入气体泄漏检测模块。系统对进入气体泄漏检测模块的所有信号作综合判断是否气体的泄漏后，给出通往混合站的氢气分支管路上控制三个安全连锁气动阀的开关信号。

F 入口密封和炉鼻子处氮气吹扫

图 4-31 为入口密封和炉鼻子处氮气吹扫的 PID 图。入口密封和炉鼻子处氮气吹扫的 PID 图简介：

从图可见管道分为了四个分支管路，一路是通往入口密封处的氮气吹扫管路，流量为 250m³/h。在密封辊处于打开位置（DAMPER POSITION），且炉鼻子处的密封挡板关闭（SEAL-ROLL POSITIONS）后，炉鼻子出口处氮气吹扫管理模块（EXIT SNOUT NITROGEN INJECTION MANAGEMENT）发出指令将管路上的安全阀（SSV01）打开，氮气开始对入口密封处进行吹扫。在安全阀旁设有旁通管路，当出现某种故障使安全阀不能正常控制时，打开旁通回路上的手阀（HV03）从而实现进气。管路上设有流量指示仪表（FI01）和精确调整管道流量的手动控制阀。

一路是通往炉子出口处的氮气吹扫管路，其设置和入口密封相同。并且和入口密封处的氮气吹扫构成连锁控制（OTHER INTERLOCKS）。

一路是通往炉区各处的摄像头和高温计（TO CAMERS VC1/VC2/VC3/VC4 SNOUT PYRO & CAMERAS PURGING），以及快冷段循环风机轴头处的氮气吹扫（TO RAPID COOLING AXIS SEALS BOXES）管道。在去往快冷段循环风机轴头处的氮气吹扫管路上有压力调节阀（PCV02），设计压力为 1～5dapa。

一路是通往快冷段循环风机的入口处。此管路上设有压力调节阀（PCV01）和安全控制阀（SSV01 气源为氮气）和三通的电磁阀（EV01）。快冷段氢气冷却和氮气吹扫顺序控制模块（H2 RAPID COOLING N2 PURGE SEQUENCE）控制电磁阀的通/断，从而实现安全控制阀气源（SSV01 气源为氮气）的接通，使氮气对快冷段进行吹扫。

G 主气体管路吹扫图

图 4-32 所示为气体管路的氮气吹扫 PID。气体管路的氮气吹扫 PID 简介：

氮气吹扫管路上设有压力调节阀（PCV01）、压力上限报警开关（PSH01），管道流量指示表仪表（PI01）。管路压力为 20kPa。主气体和区连锁模块（TO MAIN GAS & ZONES INTERLOCK）接收氮气管路上压力上限报警开关信号（PSH01）。然后由主干道分为通往 7 个烧嘴控制区（MAIN GAS ZONE 1/2/3/4/5/6/7）的支管道。

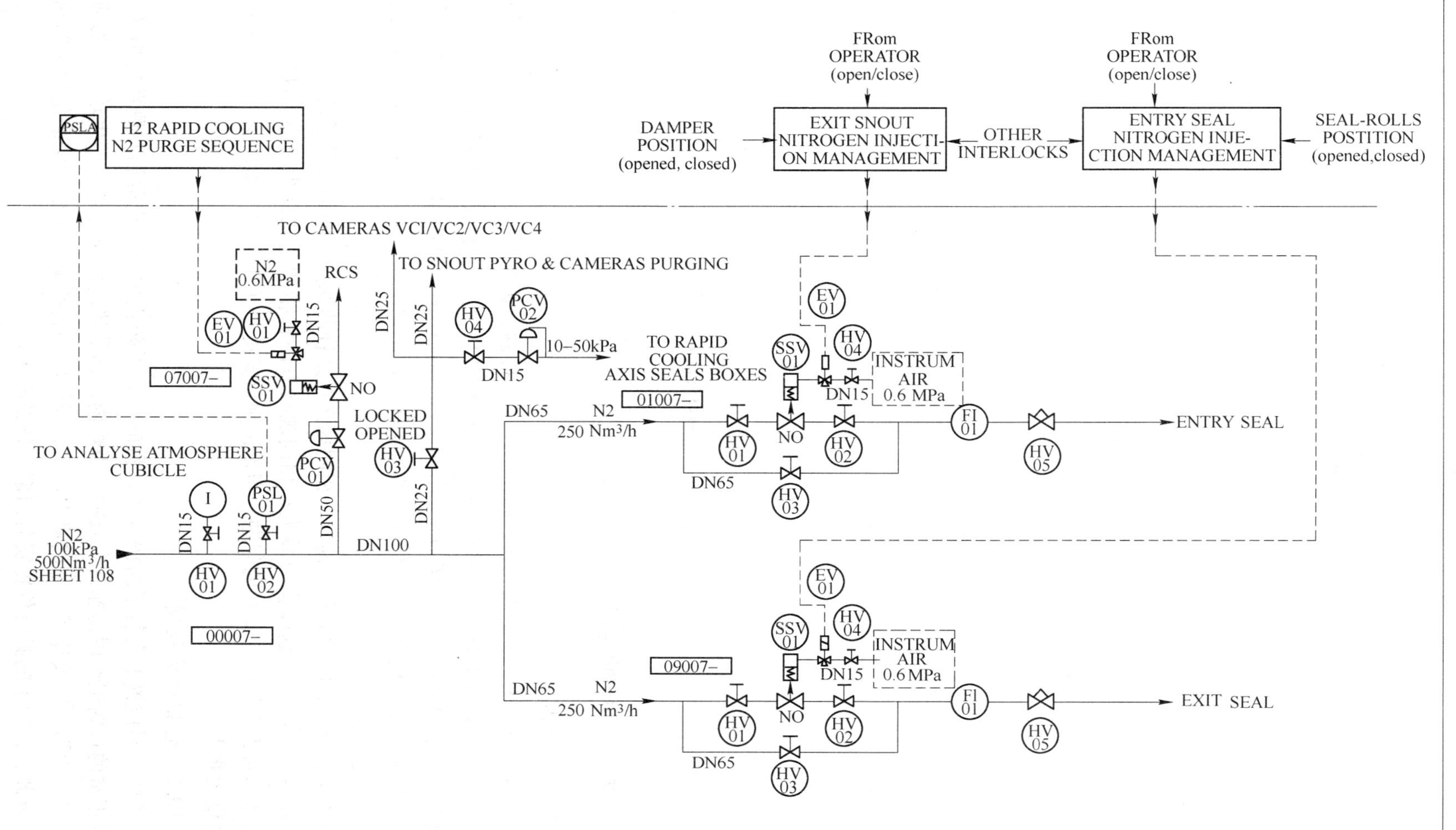

图 4-31 入口密封和炉鼻子氮气吹扫 PID

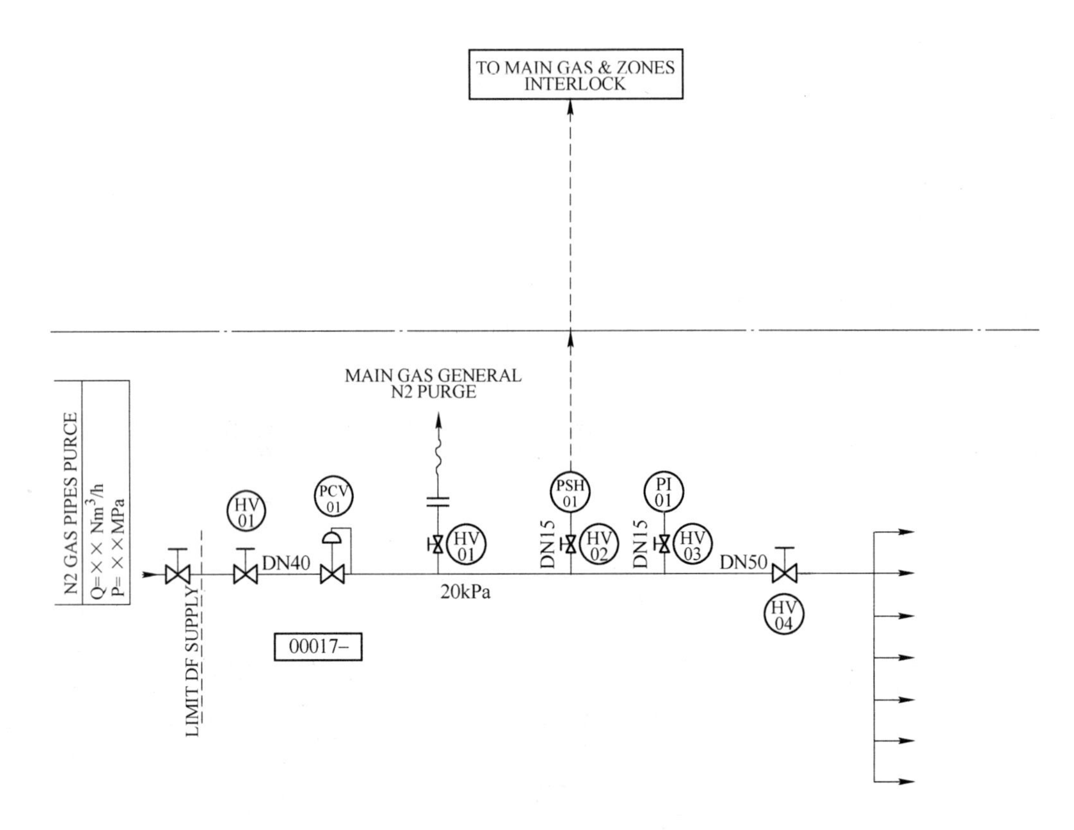

图 4-32　主气体管路的氮气吹扫 PID

4.4.10　炉内张力和纠偏控制

4.4.10.1　炉内张力控制

炉内张力控制是防止带钢瓢曲和炉内拉窄的重要控制指标之一。对于 1 号和 2 号热镀锌机组，炉内张力如图 4-33、图 4-34 所示。带钢刚入炉的时候比较硬，所以张力大一些；随着带温升高，带钢强度下降，张力也逐渐下降，直到在加热段高温区和均热段降到最低；在快冷段为了控制板形和带钢抖动，加大了张力；出炉之后，为了防止抖动获得均匀的镀层，张力也需要加大。

张力的控制应本着同类品种看薄厚、相同规格看品种的原则。同类品种看薄厚指的是相同品种越薄张力越小，越厚张力越大；相同规格看品种指的是软钢张力小，硬钢张力大。需要考虑带钢在炉内拉窄量的问题，当带钢预留宽度小于工艺要求值时，应当减小张力；反之增大张力。

4.4.10.2　带钢纠偏控制

在炉子的不同位置上安装了纠偏设备，目的是为了防止带钢的跑偏和对侧壁的损坏。炉辊辊身正常的自纠偏作用是非常有限的，当炉内带钢受热后内应力释放产生较大浪形或者原料就带有浪形，以及比较严重的镰刀弯等，靠炉辊的自纠偏作用已无法满足炉子的纠偏要求。故此，在炉子的必要位置安装纠偏设备见表 4-7。

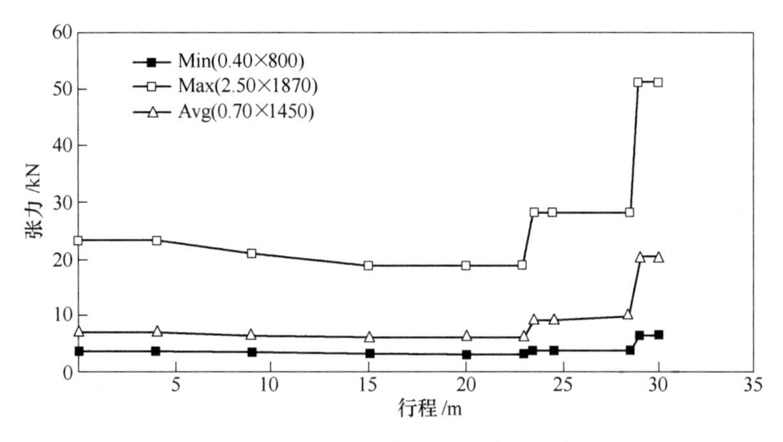

图 4-33 1 号热镀锌机组退火炉张力

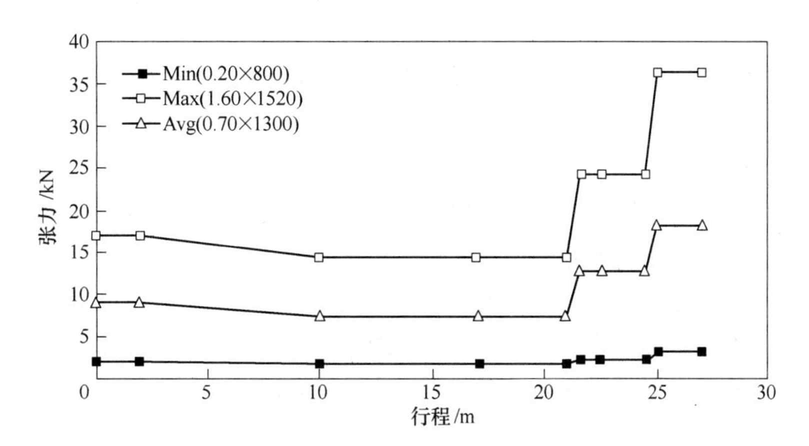

图 4-34 2 号热镀锌机组退火炉张力

表 4-7 纠偏位置和类型

项目	位置	类型	辊径/mm	纠偏范围/mm	精度/mm
CPC7	加热段中部	双	800	±3°/±174	±10
CPC8	保温段出口	双	800	±3°/±174	±10
CPC9	均衡段出口	单	1000	±3°/±75	±5

在加热段中部安装纠偏设备是因为带钢在前一段内应力已经开始释放，容易发生跑偏。在均热出口是因为带钢已经经过再结晶退火，即将进入冷却段。在均衡段出口是因为带钢要进入锌锅气刀，要求比较高的精度。

4.4.11 停炉、点炉和烘炉的要求

停炉与开炉是退火炉操作中非常关键的组成部分，尽管现代镀锌机组自动化水平较高。但是开炉和停炉需要一系列的手工操作。同时要求操作人员要熟练地掌握停炉、开炉的操作技术，否则极易发生事故。

4.4.11.1　停炉

接到停炉命令后，首先关闭 H_2，并确认 H_2 已关闭无误，将生产状态转为吹扫状态。关闭烧嘴，并保持炉压在正常值范围内。RTF、SF 炉温设定值在炉内 H_2 体积分数大于 1% 时，不允许低于 650℃，并通过逐步调节设定值降温。当炉内 H_2 体积分数小于 1%时炉温应逐步降至 570℃保温 24h，保温后炉温逐步降低至 200℃，确认炉内气分的安全性符合要求后停 N_2，并关闭全炉燃气灭火。在确认燃气关闭无误后，将带钢从炉内抽出。

4.4.11.2　点炉

接到点炉命令后，首先应对炉子及相关设备进行全面检查，并确认设备已处于完好状态，具备点炉条件。确认介质系统具备点炉条件。并通知相关部门及单位，确认易燃易爆气体管路及设备的安全性，此项工作应由专职人员检查。停炉期间 N_2 已停止吹扫，点炉前先用 N_2 吹扫约 10h，炉压设定大于 50Pa。点火前煤气管道必须用 N_2 气彻底吹扫。保证吹扫质量，吹扫次数不应小于 5 次。

点火前启动相关设备并检查运行状态是否正常。如炉辊、快冷风机、助燃风机、废气风机、冷却水系统、压缩空气等。

4.4.11.3　烘炉

烘炉和点炉是两种不同的概念。烘炉是指炉体已彻底冷却，炉内耐火材料已达到或低于环境温度。这往往适于长期停炉；炉内对耐火材料进行更新或部分更新，新建炉体采用烘炉方式；点炉是指停炉时间短，炉内耐火材料温度均远远大于环境温度。

烘炉前应与有关部门联系，确认砌炉所用耐火材料的性能，及耐火材料对烘炉的要求，如耐火材料特性可以满足烘炉曲线，应按曲线要求进行。若不能满足，应按耐火材料性能要求进行烘炉。

在逐项确认安全条件无误后方可通入 H_2，H_2 的体积分数实际值最大为 5%；安全用电点火器应始终正常工作，不准强制。优先选择带温控制方式。生产时，最高升温速度应小于 200℃/h。炉压设定值为大于 50Pa 全炉保持正压。

思考题

4-4-1　连续退火炉的目的和作用。

4-4-2　退火炉分几种？区别是什么？

4-4-3　简述美钢联法退火炉与改良森吉米尔法退火炉。

4-4-4　简述退火炉产生的缺陷和解决缺陷措施。

4-4-5　退火炉有哪几种烧嘴控制方式？DREVER 采用哪种控制方式，其特点如何？

4-4-6　辐射管有哪几种基本类型，各有什么特点？DREVER 采用什么辐射管？

4-4-7　什么叫耐火材料，什么叫保温材料？DREVER 炉子炉壳耐火材料由什么组成？

4-4-8　DREVER 连续退火炉对于节能和环保采取了什么措施？

4-4-9　简述合金化和镀后冷却段的工艺过程。

4-4-10　说明合金化均热段和上行冷却段之间的挡板的作用和工作原理。

4-4-11　带钢出锌锅后，为什么要冷却到 40℃才能进入后处理段？

4-4-12　联系 PID 图，简述水淬系统。

4-4-13 为什么需要合金化和移动冷却段？顶辊的温度要求是什么？

4-4-14 什么叫空气系数？什么叫低发热值？

4-4-15 辐射管有哪几种基本类型，各有什么特点？DREVER 采用什么辐射管？

4-4-16 简述辐射管内的燃烧、热平衡和管壁对带钢的对流和辐射。

4-4-17 简单冷却速率公式是什么？根据冷却段 PID 图，简述某厂热镀锌机组退火炉的冷却方式和工作机理。

4-4-18 通过软钢退火工艺曲线示意图说明 DDQ 钢的退火工艺过程。

4-4-19 什么是露点，露点测量的作用是什么，露点异常的主要原因有哪些？

4-4-20 简单说明入口密封和炉鼻子氮气吹扫的 PID 图。

4-4-21 简述退火炉气氛的作用和变化。

4-4-22 说明炉内张紧辊、张力测量辊、热电偶、高温计（包括扫描式）和纠偏辊的布置及其理由。

4.5 热镀锌工艺

带钢经过镀前处理后达到热镀锌工艺要求后就开始进行热镀锌。热镀锌从工艺顺序上讲要经过锌锅→沉没辊→调整辊→气刀→预冷段/合金化→第一冷却段→第二冷却段→水淬槽等几个过程，在整个镀锌过程中，最关键的就是锌锅、气刀和合金化炉，如图 4-35 所示。在这里重点进行分别介绍。

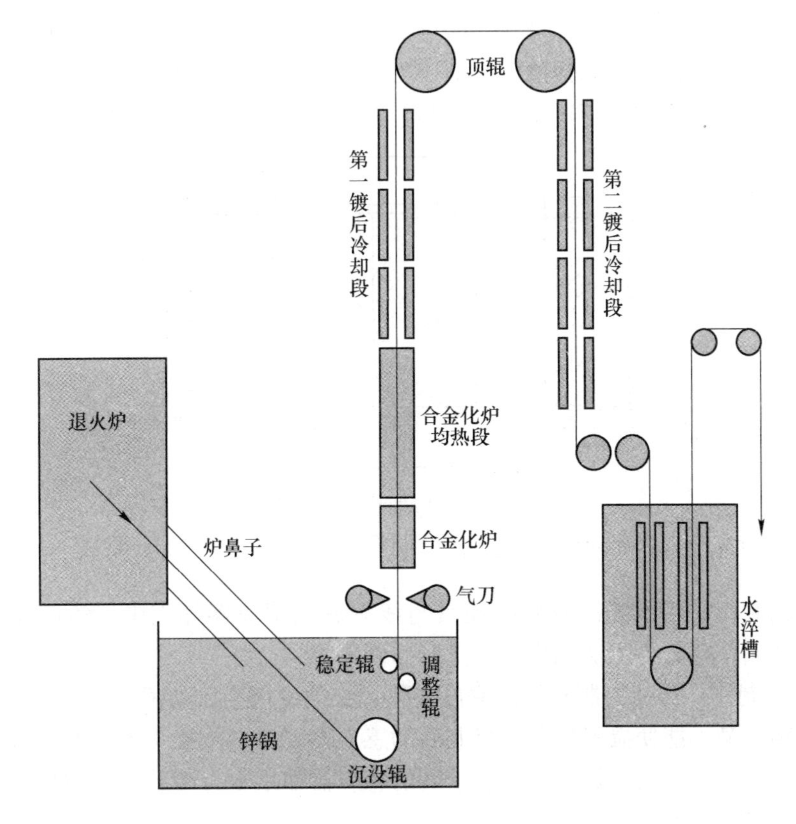

图 4-35 热镀锌工艺

4.5.1　锌锅

某厂冷轧1号热镀锌机组采用两个锌锅，分别生产GI和GA产品，两个锌锅都垂直于生产线方向移动，其中GA锅备用位在传动侧，GI锅在操作侧；2号热镀锌机组一个锌锅，生产GI产品，预留第二个GF锅的位置，一个锅移动方向与生产线平行，备用位在炉子出口下面，另外一个移动方向垂直于生产线，备用位在传动侧。

4.5.1.1　锌锅的结构

锌锅主要有铁锌锅和感应锌锅两种。铁锌锅一般是由板焊接而成。可以采用煤气加热，重油加热或电阻加热几种方式，由于铁锌锅散热大，锌渣多，对于现代化热镀锌生产已经不适应，所以已被逐渐淘汰，目前被应用最广泛的是感应加热锌锅。

采用感应加热的锌锅根据电流频率的不同，可分为工频感应加热、中频感应加热与高频感应加热三种。某厂冷轧热镀锌机组中采用的是工频感应加热锌锅。

锌锅内廓的尺寸：$L \times B \times H = 4500\text{mm} \times 4100\text{mm} \times 2500\text{mm}$。

锌锅的外壳是由厚钢板焊制而成，内部由耐火砖砌筑而成。在砌筑之前要用水玻璃贴一层隔热材料，它不但可以隔热，而且可以对耐火砖的膨胀力起到缓冲作用。由于锌液的渗透力很强，因此在砌筑时对砖缝的要求很严格，必须保证每块砖都挤得很紧，另外为使底部耐火砖不上浮，采用船底式的底部而形成倒拱形。

感应器是锌锅加热的主体，如图4-36所示，它是由铁芯、一次线圈、捣料、铁壳、熔沟、法兰等结构组成，其加热原理是对一次线圈进行通电，这样熔沟的锌液就成为二次线圈被加热，并在磁场作用下产生流动，与锌锅内的锌液循环，保持锌液温度的均匀性。

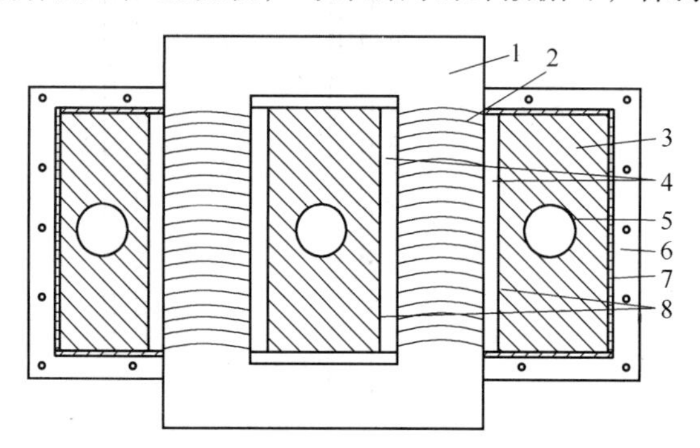

图4-36　感应加热器结构简图

1—铁芯；2—一次线圈；3—捣料；4—冷却风通管；5—熔沟；6—法兰；7—钢外壳；8—铜套

感应器的制作是用事先准备好的模具与线圈放入感应器外壳中，然后开始捣制或浇铸。感应器的制作可分为干法制作和湿法制作两种。

（1）湿法制作。为使捣制整体的密度一致，必须使用小风动锤，即不能影响模具与铁芯的松动偏离，又不能使捣料松散。捣制后的感应器要自然干燥7天。然后按照逐渐提高的加热功率在厂房内对其加热烘干，烘干后的感应器如果不直接装入锌锅使用，必须用白炽灯泡对熔沟进行干燥。

感应器的模具是用特制的木材制成。在模具的中间放有双环状的金属以便通电加热，在加热过程个模具被自然烧掉。

（2）干法制作。用干料进行捣制。为使捣制整体结实、耐用，必须分层进行捣制。捣制中要施以大的压力，保证干料不会松散，另外模具由钢管制成，捣制好的感应器在抽管时要非常小心，防止钢管碰伤熔沟表面。在底部与3个熔沟连通的熔沟内，需要在熔沟的两侧用耐火材料填满。

4.5.1.2 锌锅的热平衡

锌锅加热时一般都采用低功率加热，功率大小要根据实际需求进行计算。因此要了解锌液热平衡的计算方法。

锌锅热平衡计算，应该使感应器加热提供的热量等于散热量减去带钢带入锌锅的热量。即

$$\begin{cases} Q_{整} = Q_{散} - Q_{带入} + Q_{锭} \\ Q_{散} = Q_{锌} + Q_{锅} \\ Q_{锌液} = Q_1 + Q_2 \\ Q_{锅} = Q_{3+} Q_4 \end{cases} \tag{4-17}$$

式中，$Q_{散}$ 为锌锅本体及锌液散失热量，kJ；$Q_{带入}$ 为带钢带入锌锅热量，kJ；$Q_{锭}$ 为熔化锌锭所需热量，kJ；Q_1 为锌液对流散失热量，kJ；Q_2 为锌液辐射散失热量，kJ；Q_3 为锌锅外壳对流散失热量，kJ；Q_4 为锌锅外壳辐射散失热量，kJ。

根据实际测得的温差进行计算对流散热系数：

$$\alpha = 2.8\sqrt{T_1 - T_2} - \sqrt{\frac{B}{2.6T}} \tag{4-18}$$

式中，T_1-T_2 为散热体与环境温差，K；B 为大气压力，Pa；T 为环境的绝对温度。

$$Q_{辐射} = S \cdot \varphi[C_0(T_1/100)^4 - C_0(T_2/100)^4] \tag{4-19}$$

式中，ε 为散热体对环境空气的黑度系数；S 为散热面积，m^2；φ 为散热面对环境吸热面的角度系数；C_0=4.96kcal/m^2。

$$Q_{锭} = G_n C_2(T_1 - T_2) + G_n L \tag{4-20}$$

式中，C_2 为锌的热容量，K；G_n 为每小时加入锌锭量，t；T_1 为锌液工作温度，K；T_2 为锌锭冷态下温度，K；L 为锌锭熔化的潜热，kcal/t。

$$Q_{带入} = W \cdot C_s \cdot (T_1 - T_2) \times 1000 \tag{4-21}$$

式中，W 为机组平均小时产量，t；C_s 为钢的比热，kcal/(K·m^3)；T_1 为带钢入锌锅温度，K；T_2 为锌锅工作温度，K。

由式可以求出感应器所应提供的热量，再由焦耳-楞次定律：

$$Q = 0.24Nt \tag{4-22}$$

求出有功功率 N，这样就可以确定感应器所选用的加热功率大小。

4.5.2 沉没辊、稳定辊和调整辊

沉没辊、稳定辊和调整辊都是锌锅设备的主要组成部分，是调整带钢跑偏，纠正带钢中心线，稳定带钢平稳运行的关键设备。

沉没辊装置是由浸在锌液中的沉没辊和上面的跨架悬臂焊接结构组成，沉没辊悬挂在两个辊臂下端的轴瓦中，辊臂又通过螺栓与锌锅沉没辊支架相连，由于沉没辊是被动辊，

因此为减小锌渣缺陷增大单位摩擦力，在沉没辊表面加工成沟槽，沟槽的规格尺寸与辊子直径有关，沉没辊越大，则需要的启动惯量越大，加工的沟槽尺寸越大。沉没辊的沟槽有多种形式，通常采用直沟槽和双螺旋沟槽两种形式。对于直沟槽，是指在沉没辊表面加工成 5mm×5mm 的直沟槽，但沟槽尺寸过大就会造成在锌液中的悬浮的锌渣聚集在沟槽与带钢接触的边缘形成沉没辊辊印而影响锌板上表面外观质量，因此，有些厂家现在采用双螺旋沟槽代替直沟槽，这样，锌液在沟槽内形成紊流。同时，只需加工成很小的沟槽尺寸就可以起到增大摩擦的作用（沟槽形式，沟槽深度、宽度以及沟槽边部的形状与生产的品种、规格和机组的速度、锌液污染程度有关）。

沉没辊在锌液中腐蚀很快，一般要 15~30 天就要更换一次，因此更换新辊时为防止锌液遇水爆炸必须干燥，为了避免开裂在安装新辊时要事先在预热炉中加热到 400℃左右。沉没辊表面经过特殊的处理，其表面硬度和内部硬度是不一样的，因此，在使用和更换时要注意当辊子直径磨削到一定程度后就需要报废，否则，超期使用会发生意外使辊子断裂。经加工过的新辊上机前要在辊子装配间进行装配和校正，只有这样才能保证在安装过程中辊子的平行。同时，辊子浸入锌液前要经过事先的加热，加热的过程是通过电加热来完成的。其目的是防止冷态下的辊子突然进入锌锅中经不起热膨胀而产生爆裂。

稳定辊和调整辊从其表面意义上就可以看出是起到稳定带钢的作用，带钢从锌锅离开后，附着在带钢表面的锌液有一个从液态到固态的凝锌过程，同时也有一个从软态到硬态的过程，这就要求锌层在没有达到一定的硬度之前不能接触任何设备，否则将导致锌层遭到破坏。因此在长达数十米的冷却过程中，带钢都没有任何托扶设备，在气刀和风机强大的气流下会产生剧烈的抖动，这样就会严重影响锌层的均匀性，调整辊通过水平移动，配合稳定辊增大带钢张力，找正带钢运行中心线来保证镀层的均匀性。

稳定辊和调整辊一般有主动和被动两种传动形式。通常带钢厚度小于 0. 3mm 时稳定辊和调整辊采用主动传动方式，通过万向接轴和滑动轴与其相连；带钢厚度大于 0. 3mm 时多采用被动方式。另外在调整辊的两侧支撑臂上，安装有可以两个齿轮电机，可以进行单侧和双侧的水平调节，以保证带钢的中心线。某厂冷轧 2 号热镀锌机组就对稳定辊和调整辊传动系统进行了预留。

沉没辊、稳定辊和调整辊在锌液中与带钢接触并且转动，这样就会使悬浮的锌渣粘到辊面，造成带钢表面硌印，因此要经常对带钢出锌锅后的表面进行检查，一层发现硌印就必须用刮刀对沉没辊和稳定辊进行表面刮渣，刮法时要注意不要碰伤辊面，另外不要经常性地刮渣，以免搅动锌液使锌渣增多。

4. 5. 3　锌锅工艺控制

锌锅工艺主要包括带钢入锌液温度、锌锅温度、锌液中铝含量这三部分。这三部分既相互影响又相互制约。故此科学合理的控制这三部分参数才能获得较好的镀层性能。

4. 5. 3. 1　锌液温度

在锌锅中锌液温度通常作为一个常数进行控制，一般要维持在 460℃左右。如果温度超过 470℃，则带钢的铁损量将呈抛物线关系倍增，当达到 500℃左右时铁损量达最大值。铁损量的增大将造成底渣的大量生成，造成锌液的污染，其结果不但造成锌的损耗，锌渣粘在带钢表面就造成了表面锌粒缺陷，因此锌液温度的上限不允许超过 470℃就是这个原因。锌液温度的下限是由两方面因素决定的。锌液黏度即锌液的流动性能。锌液温度越低其流动性能越差，黏度越大。在相同条件下带钢的表面带锌量就越大，气刀刮锌变得困难。故生产薄镀层产品受到限制。另一方面带钢入锌锅温度一般要高于锌液温度，带钢入锌锅温度与锌液温度的差值越大 Fe_2Al_5 越有利于形成，但是，带钢入锌锅温度与锌液温度的差值的大小要根据生产的品种、规格、原料条件、机组速度、锌液温度和成分等因素综合确定。出于这两个因素，锌液温度确定在 460℃ 左右较为合理。出于这两个因素，锌液温度确定在 460℃ 左右较为合理。

4.5.3.2 带钢入锌锅温度

在生产实践中得到证明，带钢入锌锅温度和锌液温度的温差越大，则对提高镀锌层黏附性就越有利。这是因为高的带钢入锌锅温度有利于 Fe_2Al_5 中间黏附相层的形成。但带钢入锌锅温度不易过高。铁在锌锅中的熔解主要发生在带钢刚入锌锅，还没有形成 Fe_2Al_5 阻止层的时候，过高的带温会使入锌锅带钢周围的锌液温度升高加之阻止层没有形成就会造成铁损增大。

Fe_2Al_5 黏附层对镀层性能影响非常重要。该层的形成不但与带钢入锌锅温度有关，而且还与锌液成分和带钢浸锌时间有关。一般情况而言，锌液中 Al 含量较低时，应采用较高一些的带钢入锌锅温度，当 Al 质量分数达到 0.16%以上时，带钢入锌锅温度可以等于锌液温度。

带钢入锌锅温度的确定还要考虑节约能源的问题，利用带钢带入的温度使锌锅感应器处于低功率状态工作，可以省很多能源。

4.5.3.3 锌液中 Al 含量

锌液中的 Al 含量对 Fe_2Al_5 黏附层的形成起着决定性作用，故在热镀锌工艺中均要求锌液中含有一定量的 Al。通常锌液中 Al 质量分数为 0.12%~0.2%。然而，锌液中的 Al 含量过高会造成不必要的浪费，使成本增加；Al 质量分数大于 0.20%极易氧化形成 Al_2O_3 浮渣，大量的浮渣会给镀锌操作带来困难，难以控制镀层表面质量；另外铝质量分数过高（在 0.5%以下时）随着铝含量的增加锌液的流动性降低。这就会造成镀层过厚，给生产薄镀层带来困难。Al 质量分数低于 0.1%时，容易形成底渣，这时若获得好的镀层性能需提高带钢入锌锅温度，这样易造成锌液超温。所以，要适当控制 Al 含量，使之既能保证黏附层的充分形成，又避免不必要的浪费。通常生产 GI 要求 Al 质量分数为 0.18%~0.2%，生产 GA 要求 Al 质量分数为 0.14%~0.16%。如果只有 1 个锌锅，既生产 GI，又生产 GA 材，这样在更换产品时会产生大量的锌渣，并且过渡产品质量不能满足汽车板的要求。这就是汽车板热镀锌机组通常采用两个锌锅的原因。

在热镀锌的过程中，带钢不断地将锌液带走形成镀层，在这个过程中镀层中的 Al 含量要远远高于锌液中的 Al 含量，也就是说镀层会超比例地从锌液中获取铝。

另外，镀锌过程会产生锌渣，锌渣中的铝含量通常也高于锌液。这样随着产量的变化，锌液中的铝含量是一个变化值。为了保持锌液中的铝含量在一个合适的范围，在生产操作中通常按产量向锌锅中加入高铝的锌铝二元合金，并按时对锌液成分进行检验以保证铝含量的稳定。

铝含量的概念需要澄清，在镀锌中所说的铝含量是指有效铝含量。锌液中的铝含量严格讲包括锌液中所有的溶解在锌液中的铝和锌液中形成金属化合物中含有的铝。形成金属化合物中含有的铝。对镀锌是没有任何好处的，它不但占用大量的铝形成渣，而且还造成铝含量检测的误差。对镀锌真正有用的铝是溶解在锌液中的铝，这部分铝称为有效铝，它的含量称为有效铝含量。在镀锌过程中铝的消耗从不同角度有多种分法，从镀锌应用的角度分，在锌液中有用的铝也叫有效铝和无用铝。有效铝是指能够在带钢进入锌液时在钢基表面形成 Fe_2Al_5 中间层并被带钢带走，在带钢表面不会产生缺陷所对应溶解在锌液中的铝。无用铝是指在带钢进入锌液时不能促使钢基表面形成 Fe_2Al_5 中间层，仅能以锌粒形式留在带钢表面产生缺陷所并被带钢带走或者以渣的形式留在锌液中。归纳一下铝在镀锌过程中的消耗，加入锌液中的铝全部溶解在锌液中，其中一部分在带钢进入锌液时在钢基表面形成 Fe_2Al_5 中间层并被带钢带走，被带钢带走的铝确切讲仅与带钢的表面积和带钢的表面形态有关。一部分与带钢进入锌液时带钢表面扩散和脱落到锌液中的 Fe 以及其他成分形成金属化合物。剩余溶解在锌液中的铝所对应的含量才是有效铝含量。只有根据有效铝含量来添加铝才能保证镀锌的正常。

4.5.3.4　锌渣产生的原因和捞渣方法

在热镀锌过程中，带钢浸入锌液后，便开始铁锌之间的扩散过程。铁被侵蚀落入锌液中形成铁锌合金沉入锅底，即形成底渣。锌液表面由于 Zn 的氧化和 Fe、Zn、Al 形成金属化合物。而形成浮渣。故此热镀锌过程中形成的锌渣包括三部分即底渣、浮渣和自由渣。底渣的主要成分是 $FeZn_7$，而浮渣主要是氧化锌和 Fe_2Al_5。自由渣主要成分由 Fe、Al、Zn 形成金属化合物组成，它们通常体积很小，密度与锌相似，经常悬浮在锌液中，自由渣的特点主要有两个：一是它的形态大小是不确定的；二是形成金属化合物的成分随条件不同而变化。故此，它的密度是变化的。当密度大于锌时就下沉到锅底，形成底渣；密度小于锌时上浮形成浮渣。一般而言，底渣的生成量随锌液铝含量的增加而减少，浮渣的生成是随铝含量的增加的增加。这说明铝少时铁与锌结合形成 $FeZn_7$，铝多时铁与铝形成 Fe_2Al_5。每生产 1t 镀锌产品的产渣量通常在每吨钢 3.5kg 左右。

A　锌渣产生的原因

热镀锌过程是造成锌液污染即产生锌渣的主要工序，产生锌渣的主要因素有以下几个：

（1）锌液温度。通常镀锌的锌液温度是 460℃，但是该温度是否真实，需要经常对热电偶进行校准。实际生产时很少对热电偶进行校准，显示温度和实际温度存在较大误差，当出现负偏差时，容易被发现。出现正偏差时，很不容易发现，温度指示正常，实际的真实温度大大超过指示温度。长时间锌液超温生产，带钢的铁损增加，锌渣的产生是不可避免。另外，锌液温度越高，锌的氧化反应越快，锌越容易氧化，锌渣就越多。

（2）机组的速度。机组速度越高，锌液被搅动得越快，导致锌液被氧化得越快，锌渣量越大。

（3）镀层厚度。镀层厚度越薄，所需气刀压力应越大，距锌液面距离越近，锌液飞溅越容易被氧化，锌渣越多。

（4）Al 含量的影响。锌液中的有效铝含量变动大，经常处于不稳定状态。Al 含量越高，浮渣越多，而底渣越少。一方面是因为 Al 增加，加快 Fe_2Al_5 的形成，阻止了铁-锌的扩散，从而抑制了底渣的生成。另外铝大量的与溶入锌液的铁形成金属化合物 Fe_2Al_5 上浮。相反，Al 含量低，浮渣少，底渣多。

（5）机组的停机次数。停机次数太多，炉内带钢氧化，大量的氧化铁被带进锌锅内，锌渣的量就多。

（6）清洗效果差。带钢清洗的不干净，油被洗掉，铁粉留在带钢上，大量带到炉内和锌锅中，产生大量的锌渣。

目前热镀锌工艺的发展随着汽车板产品质量要求的提高，从无底渣操作工艺到清洁锌液工艺发展。生产操作技能和工艺水准的提高变得非常重要。

B　清除底渣和自由渣的方法

目前清除底渣和自由渣的方法有三种：工具捞渣方法，吹气除渣方法，高铝在线除渣方法。需要说明的一点，无论采用什么方法都是被动的。需要损失时间、质量、产量和锌。

（1）工具捞渣方法。采用工具进行捞渣的方法，在目前通常生产 GF、GA 产品采用。全国大的镀锌机组生产 GI 产品除武钢以前采用，在没有采用的。这种方法专门的捞渣工具，当 GA 锅到备用位置时，用锌锅天车吊起捞渣工具进行捞底渣作业。

（2）吹气除渣方法。该方法是通过向锌液中吹 N_2 气进行除渣。采用吹 N_2 法除渣需要较长的停机时间，约 10 天左右，通常利用年修进行。时间少会对产品质量产生极大影响。

1）准备三根 4 分不锈钢管，长度能够插到锌锅底部，人能够方便抓牢钢管，并可以移动钢管。钢管一端接一个球阀，一端加一块配重，如图 4-37 所示。

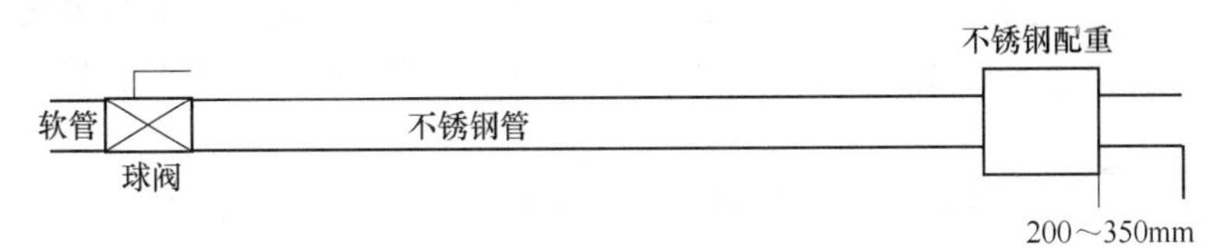

图 4-37　不锈钢管示意图

2）将沉没辊、稳定辊、气刀等设备移出锌锅，彻底捞干净浮渣。

3）锌液温度控制周期如图 4-38 所示。

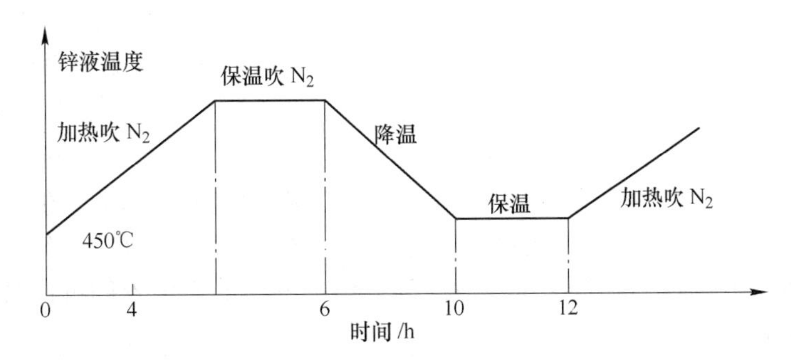

图 4-38　锌液温度控制周期

4）操作：

①将浮渣彻底捞干净；取样化验锌液成分；向锌液中加入高铝锭，使铝含量达到

3.0%~3.2%。

②通过改变锌液温度设定值对锌液加温、保温和降温。锌液温度从450℃加热到锌液温度允许的最大值，要求注意感应器的工作情况。

③将软管与不锈钢管连接，通入 N_2，在插入锌液前，必须少打开阀门，使 N_2 从钢管出来，再慢慢插入锌液中，并随钢管插入深度增加加大 N_2 量，直到钢管插入到锅底，要求 N_2 气泡不断冒出来，气量的大小，以不产生飞溅为宜。

④1个周期大约12h，在加热和最高温度保温过程，需不停地吹 N_2，锅底面积要求反复吹。

⑤在这个过程中，出现浮渣要及时清除。

5）要求：

①前4个周期每个周期在450℃保温取锌液化验。根据化验结果调整锌液成分，使铝质量分数保持在0.3%左右（2天）。

②5~8个周期，锌液中的铝质量分数保持在0.26%左右（2天）。

③9~12个周期，锌液中的铝质量分数保持在0.23%左右（2天）。

④13~22个周期，锌液中的铝质量分数保持在0.21%左右，停止吹 N_2（4天）。

经过操作后可以清除大部分底渣，但是锌液中的自由渣在10天内不可能清除，开始生产时最好不要生产质量要求高的产品，生产中开始的1~2天板表面会出现锌粒缺陷。最好投入光整，可以减少缺陷。

（3）高铝在线除渣。该方法是在底渣不多，不停生产的情况下，在稳定的控制锌液中铝含量的基础上，通过改变带钢入锌锅温度来改变锌液温度。该方法对操作要求严格，同时控制不好会造成大量的锌粒缺陷。一般在没有经验和必须在不停生产，锌粒缺陷十分严重的前提下才使用该方法。

1）要求机组生产稳定，锌液铝质量分数控制在0.2%~0.22%范围。

2）锌液温度设定在460℃，通过改变带钢入锌锅温度来提高锌液温度，从460℃—470℃—460℃—470℃反复；要求根据带钢的品种规格来确定周期。该方法原理简单实际很复杂，要在现场随时观察锌液和带钢表面情况来调整锌液温度，同时需要20~30天才能清除部分底渣。需要说明的是，该方法在除渣过程中会造成锌粒缺陷的产品。

C　浮渣缺陷

目前在带钢连续热镀锌中镀层控制均使用气刀，喷吹介质通常采用空气和氮气，锌锅的液面总是暴露在大气中，气刀喷吹的气体气流通过液面，空气中的氧与锌液反应生成氧化物浮在液面上。在生产实践中仔细观察液面，会发现浮渣在锌锅中不同位置渣的构成形式是不同的。在靠近运行的带钢周围气流作用大的区域液面是没有浮渣的，在气流作用小的区域就会看到在液面上出现很薄的一层膜，越靠近锌锅边部膜堆积很厚，这就是浮渣。如果捞浮渣的方法不正确，就会产生浮渣缺陷。由于产生的原因不同可以分为浮膜缺陷、叠膜缺陷和锌渣缺陷。

（1）浮膜缺陷。浮膜是在气刀气流作用小的区域液面上出现很薄的一层膜，它的成分主要是氧化锌和 Fe_2Al_5 等，浮膜很脆，在外力作用下极易破碎成小块，捞渣的方法不正确，浮膜被破碎成小块很容易卷入锌液中，这些小块并不能在锌液中立即溶化或浮出，而是随液流运动，当黏在带钢上被带出液面，气刀气流不能将其吹掉时，在带钢镀层表面就会留一块很浅的痕迹。像在镀层表面黏一块薄膜，不仔细看不易发现。

（2）叠膜缺陷。浮膜经过折皱式聚集就变成叠膜，叠膜没有明确的厚度定义，叠膜较厚时在正常捞渣的外力下是不易破碎成小块。叠膜较薄时一般有2~3个浮膜的厚度，也很脆，在外力作用下容易破碎成小块，破碎成的小块通常比浮膜的大一些。这些小块容易卷入锌液中，它们不能在锌液中立即溶化或浮出，而是随液流运动，当黏在带钢上被带出液面，气刀气流不能将其吹掉时，在带钢镀层表面就会留一块痕迹。像在镀层里面夹一小块东西，有手感。

（3）锌渣缺陷。不正确的捞渣或者动作过大，往往会使小块锌渣卷入锌液中，它们不能在锌液中立即溶化或浮出，而是随液流运动，当黏在带钢上被带出液面，气刀气流不能将其吹掉时，在带钢镀层表面就会留一块痕迹。有明显的手感。

浮渣使用专用工具即可以从锌液面清除，捞出后放在专用锌模内冷却。

4.5.3.5 锌液温度的自动控制

锌液的温度由安装在锌锅内的热电偶进行连续检测，检测信号送给控制器，控制器根据操作人员设定的温度值与检测值进行比较，并输出控制信号给感应加热器的电源控制柜来调节加热器的输出功率。其闭环控制系统如图4-39所示。

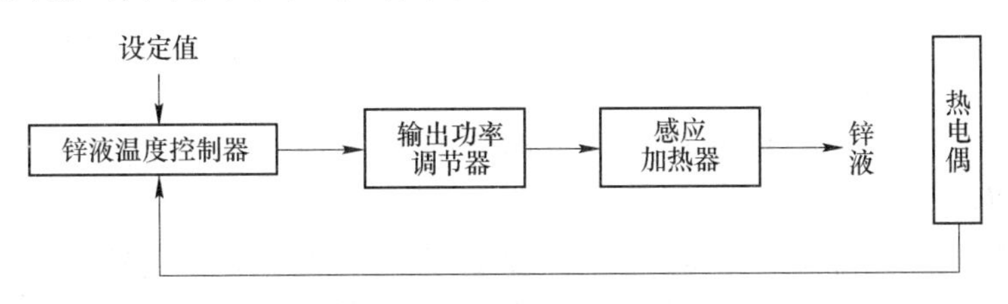

图4-39 锌液温度闭环控制系统

4.5.4 锌锅启动及日常维护

4.5.4.1 锌锅的启动

安装好的锌锅启动可以有三种途径：

（1）直接法。直接加入锌液并达到液位要求。

（2）液态启动。用10~20kg的小锌锭铺在锌锅底部，一直到感应器下50mm左右。然后用煤气加热使之熔化，并在熔化后继续投入小锭，使液面超过感应器300mm左右，并加大锌锭。

（3）固态启动。将锌锅加入锌锭后直接用燃气加热，使之全部熔化。

锌锅底部用10~20kg的小锌锭装满，使锌锭上表面处于炉喉之下50mm左右。然后用钢板把锌锅盖起来，用4个烧嘴直接加热12天使炉温升到400℃。再增加2个烧嘴加热感应器熔沟，6个烧嘴再加热2天使熔沟温度到460℃，这时通过一个300mm宽的槽钢把事先已熔化好的锌液注入感应器熔沟中（两个感应器共注入2t锌液）。感应器熔沟和炉喉注满锌液之后，通电启动感应器，并通过槽钢不断地向感应器炉喉送入小锌锭，使小锌锭头尾相连的向感应器滑动，因小锌锭不断熔化，多余的锌液便从感应器溢入锌锅。第一天送电为总容量的1/6，第二天为总容量的1/3，第三天为总容量的2/3。加热速度必须按此准确控制，否则易损坏感应器。第三天之后锌液面即可超过炉喉，这时可待锌液面距炉鼻

6mm 时，把锌锅表面的表渣清除干净，快速加入大锌锭，使锌液面猛增 12mm，淹没炉鼻，这样可避免脏物进入炉鼻。然后继续加入大锌锭使锌液面超过炉鼻底部 150~300mm，即可使镀锌线投产。通常采用这种方法。

4.5.4.2　锌锅的日常维护

锌锅感应器日常要对其进行壁温与风温的测量，由此可以判断感应器是否损坏。感应器的损坏一般为捣料断裂，发生漏锌，捣料脱落变薄。通过测量壁温、风温可以监控捣科状态，从而判断感应器的工作状态，当测出的温度值大于规定值时，说明捣料层变薄，应该及时更换，一般正常条件下锌锅外壁温度应小于 70℃，感应器外壁温度小于 100℃。风温不能大于 40℃。对锌锅和感应器壁温测量一般采用非接触式测温仪。此外，锌锅感应器铜套内还装有 PT100，也要定期检测以监视感应器的工作状态。

感应器的电源柜应 2 个月进行一次清灰，以保持其清洁。对接点螺丝要进行紧固，吹灰与紧固时应对两个感应器分别断电清理，不能影响锌锅的正常工作。断电时间不能超过 10min，10min 后如果没有清理完毕，应将感应器恢复供电，待感应器工作一段时间后再停电继续进行清理工作。

判断感应器工作状态的另一个主要参数是感应器的功率因数 ϕ。功率因数正常应为 0.47~0.55，这需要根据调试电压及锌锅的容积而定。例如功率因数正常值为 0.47，当 $\phi>0.47$ 时，说明熔沟被堵塞，这时应用铁棒插入熔沟，并将感应器供电柜转换到高功率加热，轻轻搅动铁棒，防止捣料被损坏。当 $\phi<0.47$ 时，说明捣料变薄应及时更换感应器（功率因数数值仅供参考）。

感应器一般的使用寿命是 5 年，但也有达到 10 年才更换的。感应器的更换需要用锌泵将锌液抽入到一个保温锅内，直到锌液面低于感应器 30mm 才可以停止抽锌，然后打开连接法兰，更换新的感应器。感应器的更换必须成对更换。

4.5.5　锌液化学成分和锌花控制

热镀锌产品锌花的形成受锌液中含合金元素的影响，原料板厚度及表面粗糙度的影响，冷却速度和结晶点的影响等众多因素。有锌花产品对普通用途的建筑板是足够的，而对要求较高表面外观的汽车板、家电板就不能满足要求。因此，现在高级热镀锌产品多为无锌花产品。

一般生产 GI 产品有如下方式：

$$\begin{matrix}\text{锌花无} \\ \text{锌花}\end{matrix}\left\{\begin{matrix}\text{大锌花} \\ \text{小锌花}\end{matrix}\right. + \left.\begin{matrix}\text{光整无} \\ \text{光整}\end{matrix}\right\}$$

产生锌花的办法是在锌锅内加入微量 Pb、Sb 元素，加入 Sn 可改变表面光泽，另外 Sn 和 Pb 还会改变 Zn 液的流动性。因此现在控制锌花大小的方法之一是调节锌液中 Pb、Sb 元素的含量，从图 4-40 可知 Pb、Sb 质量分数在 0.03%~0.08% 范围内变化时，锌花大小变化很大。另外可以采用小锌花装置向带钢表面喷射水-蒸汽或水-空气的混合

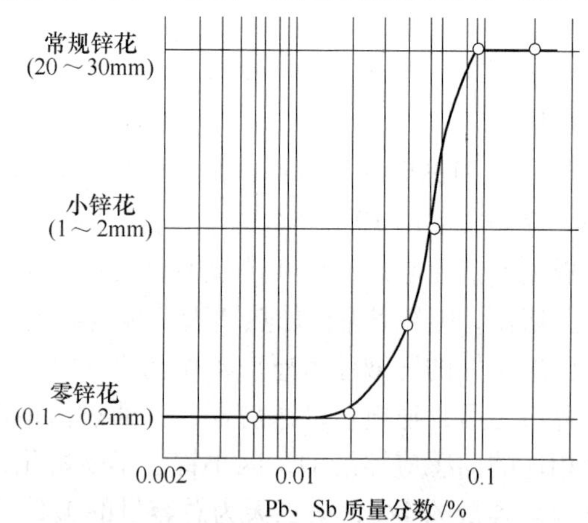

图 4-40　锌花大小与 Pb、Sb 元素的含量的关系

物来控制锌花的大小。这也是当使用 1 个锌锅生产大、小锌花产品时，应当用小锌花生成装置的原因所在，因为锌液中 Pb、Sb 含量增大生产大锌花较容易，但要减少 Pb、Sb 含量来生产小锌花产品则很困难。

但是锌层中含 Pb、Sb 可导致晶间腐蚀从而降低防腐性能，为增强防腐性能，最好的办法就是不含 Pb、Sb，因此也不产生锌花。实践证明，当锌中（含铝）的铅质量分数小于 0.005%时，含铝锌液在凝固时热镀锌表面便不会形成锌花。对于有锌花产品，无论是经过光整还是无光整，其耐蚀性能都不如无锌花产品，而且在后续涂漆过程中对外观还有影响。

4.5.6 气刀工艺

目前国内外带钢连续热镀锌机组通常采用吹气法来控制镀层的厚度。它是利用射流原理，采用一个横贯整个带钢宽度的矩形喷嘴在控制下连续向镀层表面喷吹扁平气流，将带钢表面多余的锌刮掉，如图 4-41 所示。因此，人们将采用吹气法来控制镀层厚度的设备称为“气刀”，把控制镀层厚度的原理和方法称为“气刀理论”。下面从生产实践出发对气刀理论及其设备的发展和应用进行探讨。

4.5.6.1 气刀理论基础

在热镀锌的生产过程中，可以看到，沾满锌液的带钢离开液面后带钢表面的锌液在重力和气刀射流的反作用力共同作用下，使其黏附在带钢表面的一部分锌液流回锌锅。由于重力为一个常数，通过改变气刀射流的反作用力，即可实现对镀层厚度的控制，如图 4-41 所示。

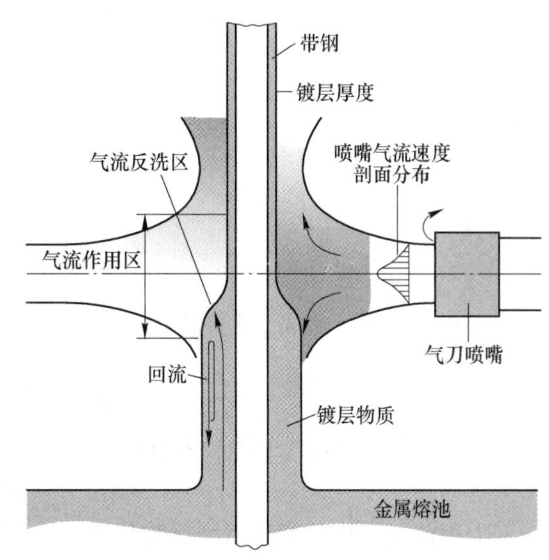

图 4-41 吹气法控制镀层厚度

从气刀喷嘴向带钢表面喷吹的射流通常称为气刀空气射流（简称气刀射流），而气刀唇形可以视为矩形，这又可以看作二维射流。在假定射流各断面的动量相等条件下，空气射流的动力学特性完全遵守动量守恒定律。动量守恒定律的表达式为：

$$m_x = m_0 \tag{4-23}$$

$$m_x = \int \rho V^2 \mathrm{d}A \tag{4-24}$$

$$m_0 = V_0^2 A_0 \tag{4-25}$$

式中，m_x 为射流任意断面上的动量，kg · m/s；m_0 为射流初始断面上的动量，kg · m/s；A 为断面截面积，m^2；A_0 为喷嘴断面截面积，m^2；V 为射流任意点速度，m/min；V_0 为射流出口速度，m/min；ρ 为流体密度，kg/m^3。

气刀喷出的射流可以看作射流对平板的碰撞，为了简化，不考虑周围流体的任何影响，射流不紊乱且具有流线的边界面。如图 4-42 所示，射流碰撞平板而改变方向，并沿平板表面流出，而不会弹回。由于动量是与速度具有同一方向的矢量，假设射流方向与平板垂直且轴对称，用 β 表示流体动量关系的角度，用 m_{01} 表示上游动量，用 m_{x1} 表示下游动量，则：

$$m_{01} - \int m_{x1} \mathrm{d}\beta = F \tag{4-26}$$

式中，F 为流体施加在平板上的力。

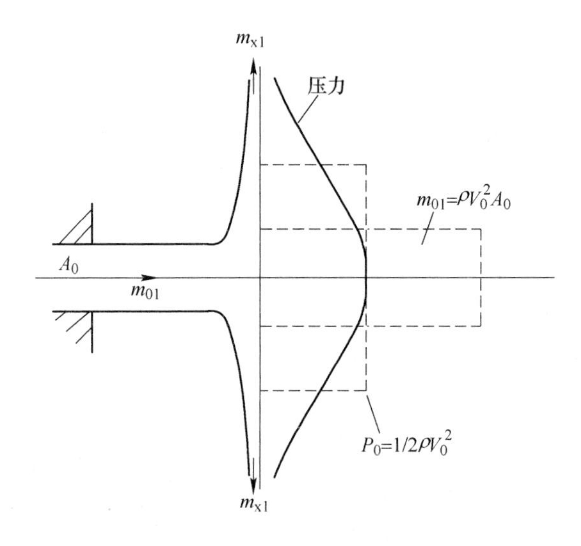

图 4-42　气刀喷出射流示意图

若平板充分大，则 m_{x1} 成为沿平板的放射流，则

$$\int m_{x1} \mathrm{d}\beta = 0 \tag{4-27}$$

由式（4-24）~式（4-26）可得：

$$m_{01} = F = \rho V_0^2 A_0 \tag{4-28}$$

气刀射流通常用喷嘴压力来反映其大小。不考虑重力及流体周围的影响，由伯努力公式可得射流出口的总压 P_0 为：

$$P_0 = 1/2\rho V_0^2 \tag{4-29}$$

由式（4-28）、式（4-29）可得：

$$F = 2P_0 A_0 \tag{4-30}$$

在图 4-42 和上述假定的条件下，气刀射流加于平板上的反力等于射流总压乘以两倍射流截面积。

从以上的论述可知，气刀控制镀层厚度的原理是通过改变气刀喷嘴的射流出口压力来改变射流对镀层表面的压力。附在带钢表面的液态锌，在气流压力的作用下被“刮掉”。随着压力的增加（大多数情况下或在不考虑冷射流对锌液运动黏性系数影响的情况下），刮锌量也相应增加；压力减少，刮锌量也相应减少。

4.5.6.2 射流与镀层

在全世界绝大多数带钢连续热镀锌机组中，气刀喷吹介质均采用常温空气，这种射流属空气射流范畴。从气刀的工作空间看，射流受带钢、液面的限制属半受限射流。按照射流温度与周围介质有无差异来考虑，因液面温度一般在450~470℃之间，气刀喷吹的气体在常温时，周围气体温度要高于射流气体温度，可将此射流称为冷射流。对空气射流这些大致的分类从各个角度反映了在不同条件下有其不同的特征。因此，对射流的研究均采用试验和经验公式来对射流的实际情况进行近似的表述，此种方法能够反映射流的普遍规律，满足生产实际的需求。

A 空气射流的特性

假设气刀射流在等温条件下向无限空间喷射，其结构如图4-43所示。由于空气是黏性流体，射流所形成的速度场中任意一点的速度向量均为随机变量，造成射流中心与边界静压不等，便产生射流的卷吸现象，形成扇形边界。

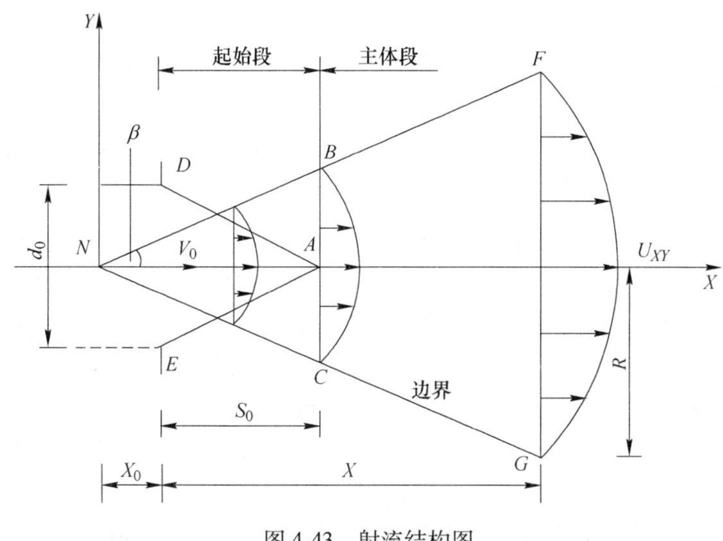

图4-43 射流结构图

射流出口速度从边界开始逐渐减少，直到轴心。射流轴心速度保持原有速度 V_0 不变的那一段称为起始段或称迁移区。*ADE* 称为射流核心，S_0 为起始段长度；射流核心消失的断面 *BAC* 称为过渡断面，过渡断面之后称主体段或发展区。由于射流的卷吸作用，周围静止空气不断被卷入射流，射流速度 U_{XY}不断减少，射流范围和流量不断地随射程的增加而加大。*N* 点为极点，$\angle CNB$ 的一半 β 称为极角。

B 气刀射流的特点

气刀射流由于镀锌工艺对其的特殊要求而具有以下一些特点：

（1）工作环境。气刀布置在锌锅的上面，锌液的温度在460℃左右。气刀距液面的高度是可调的，通常工作在70~400mm范围内。气刀喷嘴距带钢的距离也是可调的，通常工作镀在8~25mm范围内。喷嘴的角度调节范围在-10°~+20°，通常工作在0°左右。由于气刀射流的温度低于环境温度且温差较大，射流会受到一些影响。仅在特定的生产条件下，这种影响有所表现，在大部分情况下这种影响可以忽略。

（2）镀层。对于一条热镀锌机组，一般可以生产一种或多种镀层产品。这些产品以镀层的化学成分分类，有镀锌、镀锌铝、镀铝锌或锌铁合金等。下面以镀锌和镀铝锌产品为例。

1）镀锌产品。镀层的生产过程主要有两个环节。如图 4-41 所示，带钢按生产工艺要求通过锌液时其表面黏附上液态锌。当锌液温度、锌液化学成分及带钢入锌锅温度确定时，带钢表面的带锌量 G_L 是速度的函数，可表示为：

$$G_L = f(v) \tag{4-31}$$

式中，v 为带钢运行速度，m/min；G_L 为带锌量（双面），g/m^2。

G_L 仅表示单位面积带钢表面黏附的液态锌量。从带钢横向看，每一个小的局部带锌量并不是均匀的，通常是边部多，中间少。其次是“刮锌”环节，受控的气刀射流，按镀层厚度要求将多余的锌液刮掉。为了保证镀层厚度在横向保持均匀，带钢边部的射流速度要大于中心，使边部镀层厚度减小。

2）镀铝锌产品。由于该产品镀层的化学成分是 Al 质量分数为 55%，其他为锌、硅等元素，液态温度高于 600℃。该镀层易出现横向边部减薄的现象，这就需要受控的气刀射流在带钢边部流速要小，中心要大，以保证镀层的均匀性。

上面两个较典型的产品在镀锌时，由于基板温度的均匀性、表面状态、锌液温度的均匀性、锌液密度、锌液流动方向及锌液的运动黏性系数等因素造成镀层在横向分布是不均匀的。从目前镀锌技术发展方向看，主要通过改善气刀的功能，完善其控制，减少或消除其他方面给镀层带来的危害。

镀锌产品镀层厚度及其均匀性是产品质量检验的重要指标。随着家电及汽车工业的发展，对镀层厚度及其均匀性要求越来越高，这仅是质量方面，而对生产者而言。由于标准限定了最低镀层厚度值，对上限没有控制。为了保证产品的合格率，往往采取正公差操作。随着锌价格的上涨，每一个生产者均从节锌方面采取措施，以降低生产成本，这使气刀精度控制要求越来越高。影响镀层厚度的一些因素，如机组速度、锌液温度、锌液密度、锌液的运动黏度、带钢振幅、带钢张力等受生产工艺及相互间影响的限制，调节范围很小。而气刀系统与镀层的“联系”是通过射流实现的，这样就不会对机组的运行带来影响。因此，人们将改善镀层的均匀性及提高镀层控制精度的重点放到开发气刀新技术上，以最大可能地减少其他因素对镀层的影响。

C　实践中的气刀射流理论

在多年的生产实践中为了方便分析和调整气刀的工作状态，解释生产中镀层存在的问题，较方便地指导生产操作，将空气射流原理与生产实际中气刀射流相结合，用一种较为通俗、便于理解且较为形象的方式进行描述——“刮板”分析法。

气刀喷射出的射流可以被理解为一个可控的“刮板”，用刮板将附在带刚表面的多余锌刮掉，并保证刮后的镀层满足厚度要求且均匀。刮板具有三大特点或称三要素。

a　刮板速度

镀锌生产中，气刀是固定的，带钢在运动。可以相对地看作带钢是静止的，刮板在运动，即带钢运行速度=刮板速度。当其他条件不变的情况下，刮板速度越大，刮锌量越大。

b　刮板刃强

该要素是由两个相互关联的部分构成，其一是板刃的形状，其二是板刃的强度。

（1）刮板刃的形状。刃形刃的形状与气刀唇形和气刀唇边到带钢的距离有关。气刀的唇形可分两类：一类为固定式唇形，这类唇形在生产过程中是不可调的；另一类为可变唇形，这种新发展的技术在生产中可根据需要对唇形进行在线调节。固定式唇形目前采用较广的是下唇近似平直而上唇呈抛物线形状如图 4-44 所示，这种唇形对于生产镀锌产品较为合适。当气刀压力不变时，喷射到锌液表面的射流形状即刮板的刃形随距离 x 的变化而改变。从图 4-43 可见射流喷出后多为两部分即起始段和主体段。起始段长度为 S_0，这段的特点是射流的流速在此段内可以近似看作是不变的，即为 U_0 出口流速。

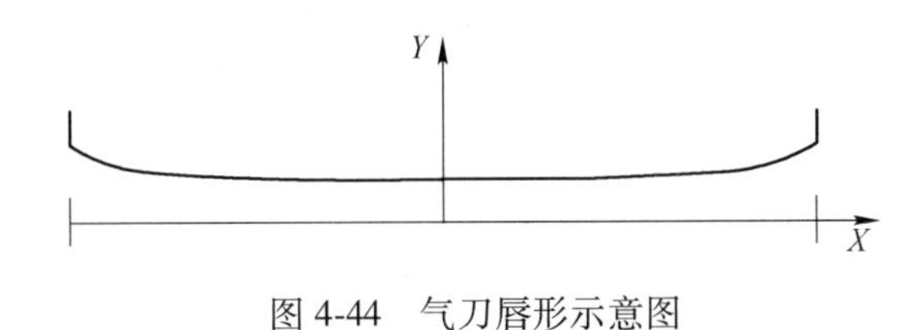

图 4-44　气刀唇形示意图

前面已介绍气刀射流为冷射流，由于卷吸现象和气刀喷嘴周围涡流的存在，射流喷出后有一个边界减小区域可近似地看作 $\angle DPB$ 和 $\angle EQC$。射流到达 BAC 界面时，边界又开始扩散，但相比主体段的扩散要小得多。故此在生产中当气刀边缘与带钢的距离 $M \leqslant S_0$ 时，刮板刃形称为锋刃；当 $S_0 < M \leqslant 1.5S_0$ 时称为纯刃；$M > 1.5S_0$ 称为圆刃。根据阿勃拉莫维奇提出的计算方法可以计算出 S_0、β、U_{XY}等数值。

$$S_0 = 1.03d_0/2a \tag{4-32}$$

式中，a 为喷嘴的紊流系数，为实验数据。

a 的大小取决于喷嘴的结构和空气流经喷嘴时所受扰动的大小。通常 $a = 0.11 \sim 0.12$。例如：气刀最小缝隙为 $d_{01} = 1.4\text{mm}$；最大缝隙为 $d_{02} = 2.0\text{mm}$。选 $a = 0.11$，$S_{01} = 1.03 \times 1.4 \div 2 \div 0.11 = 6.6\text{mm}$，$S_{02} = 1.03 \times 1 \div 0.11 = 9.4\text{mm}$。若气刀角度为 0°且压力恒定，当气刀工作距离 $M \leqslant 6.6\text{mm}$ 时刮板的刃形为锋刃，此时射流均处于起始段内。当 $6.6\text{mm} < M \leqslant 9.4\text{mm}$ 时，刮板的刃形为锋刃加钝刃。带钢边部对应气刀喷嘴的开口度较大，射流处于起始段；带钢中部对应的气刀喷嘴开口度较小，射流已进入主体段，如图 4-45 所示。随 M 的增加将出现刃形为钝刃加圆刃和圆刃的情况。在镀锌生产时，气刀工作距离 M 经常处在 b、c 状态。刮板刃形如图 4-46 所示。

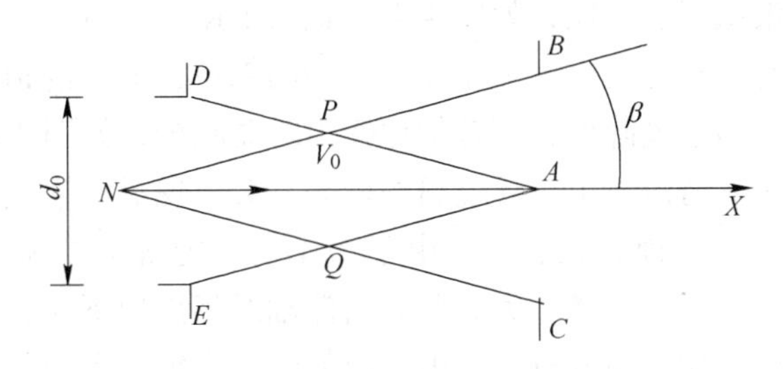

图 4-45　射流起始段示意图

（2）刮板强度。刮板强度是反映射流对镀层的作用力，根据式（4-29）、式（4-30）可知：

$$F = PA_0V^2 \tag{4-33}$$

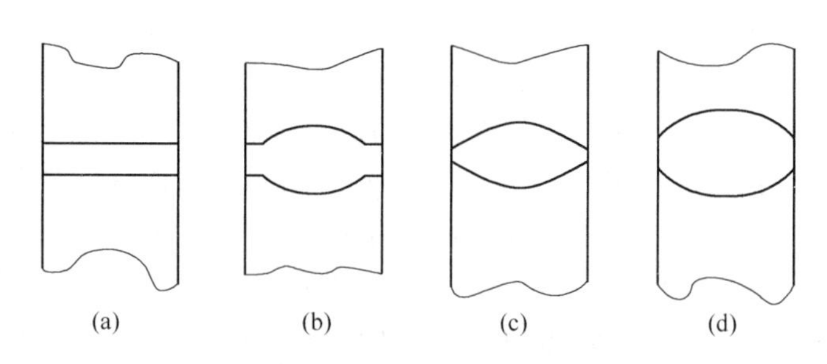

图 4-46 刮板刃形示意图

(a) 锋刃；(b) 锋刃加钝刃；(c) 钝刃加圆刃；(d) 圆刃

这说明当气刀压力恒定时，在锋刃状态刮板对镀层的压强或作用力与气刀的缝隙（或开口度）有关，开口度越大，作用力越大。在钝刃和圆刃状态下随 M 增加，U_{XY}减少，作用力减少。由于开口度不同，U_{XY}减少的程度不同，但仍保持边部压力大于中心压力。刮板的刃性和强度是相互关联的量值。由于气刀距带钢距离 M 通常工作在 7~20mm 范围内，属于锋刃加钝刃或钝刃加圆刃，可认为刃形窄的区域强度大，刃形宽的区域强度小。

c 刮板方位

该要素也是由两部分组成，一个是气刀喷出射流的角度，另一个是射流距液面的高度。

（1）射流距液面的高度对镀层厚度的影响很小，这在生产实践中已得到证实，但在特殊情况下，当生产较薄镀层时，该高度越大，锌液的冷却速度越快，其流动性变差，会对镀层厚度产生影响。射流距液面的高度需要在实际生产中进行合理调整，刮板高度也就是该值。

（2）射流角度：反映了刮板的角度。在生产中气刀射流与带钢垂直方向为零角度，气刀向上转为正角度，气刀向下转为负角度。刮板角度对镀层的影响较为复杂，从以下几个方面进行讨论。

1）刮板为零角度。当气刀压力和带钢速度等因素为常数时，仅考虑 M 不同的情况。当刮板刃为锋刃时，M 处于射流的起始段，射流流速等于 V_0，相当于刮板的刃强最大，刮板插入锌液层中较深。表层锌液在刮板和重力的作用下，使锌液的惯性减少并变成负值，此时表层锌液形成波浪状回流锌锅，如图 4-47（a）所示。

当刮板刃为钝刃时，M 已处于射流主体段开始的部位，射流的边界已开始扩散，刮板的刃强减小，插入锌液的深度降低，刮锌量比锋刃时要减少，如图 4-47（b）所示。

气刀射流通常采用冷射流。由于环境温差较大，会出现射流轴线下屈现象，如图 4-48 所示。当刮板刃处于锋刃或钝刃状态时，由于 M 较小，通常可忽略轴线下屈；当要求生产较厚镀层或原料板形不好时，M 较大，此时射流轴线将出现下屈，但对镀层的影响不是很明显。目前，在生产实际中还没有发现由于冷射流产生轴线下屈而对镀层厚度产生影响的直接证据。

采用图 4-44 唇形的气刀时，在生产中发现当刮板处于锋刃+钝刃状态时，镀层厚度控制较好，边部增厚（气刀设置边部挡板）不明显，但在横向镀层的均匀性不如钝刃+圆刃状态。影响镀层均匀性的因素很多，我们通过对经射流喷吹后表层锌液回流锌锅在横向形成的波浪分析发现，当刮板处于锋刃+钝刃状态时，横向波浪间距不均匀，大小不一致；当刮板处于钝刃+圆刃状态时，横向波浪较为均匀。这说明在刮板零角度状态下，锋刃+钝刃状态射流散射量很小，气流冲击到锌液后以一定角度被反射，并没有像图 4-41 那样沿带钢方向流去；而钝刃+圆刃状态时，随着散射量的增大，散射气流刮锌作用使回流锌液较均匀，即通过射流区域横断面的锌量也相对较均匀。

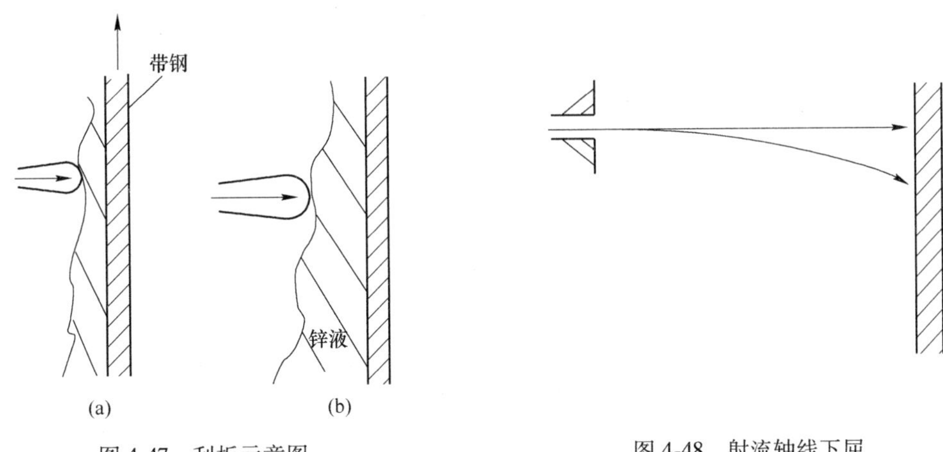

图 4-47　刮板示意图

图 4-48　射流轴线下屈

2）刮板为正角度。刮板在正角度的工作范围较小，一般在 0°～3°范围内。以前认为刮板在正角度工作意义不大，但实践证明刮板为正角度有很多好处。首先，气刀可以在距液面较小的距离上工作，溅锌小。其次，在很多情况下镀层厚度的均匀性相对较好，这可能是由于气刀距液面较近，锌液流动性好，刮板的刮锌方式较合适。生产中刮板在正角度时习惯上称为“刮锌”，而在负角度时称为“铲锌”。刮锌方式优于铲锌方式的原因有待于进一步研究。另外，刮板的角度变化，同时改变了射流的距离 M，但由于角度很小，改变量通常不大于 1%，一般可以忽略。

3）刮板为负角度。生产中刮板负角度工作的范围在 0°～5°之间，通常为−1°～−3°。采用负角度时气刀距液面的高度较大，以防止气流冲击造成溅锌阻塞气刀而产生次品。刮板负角度工作的最大好处是可以清除带钢周围的浮渣。

D　影响气刀射流的因素

影响气刀射流反作用力的因素或称变量有很多。通过对这些变量进行调节和优化使镀后产品表面的镀层均匀，厚度精度好，则是气刀工艺所做的工作。

为了控制好镀层的均匀性，对从气刀喷嘴中喷出的气流要做到气刀气流的形状要合理，应该是宽度很窄的矩形气流，不发生散射，角度越小越好；作用于带钢表面的冲量要连续可调。

最初设计的气刀唇形是扁平的矩形，但由于被刮掉的锌量和气流的冲量成正比，而冲量又和气刀压力及气刀的缝隙宽度有关即 $I=Pb^2$，气刀在带钢宽度方向上刮锌厚度是一条抛物线，如图 4-49 所示。

这样就造成镀层沿带钢宽度上形成两边厚，中间薄的状态，在卷取的过程中产生较大的拉力造成边浪缺陷。因此，人们开始从唇形上对气刀加以改进，出现了不同的喷嘴形状，如图 4-50 所示。

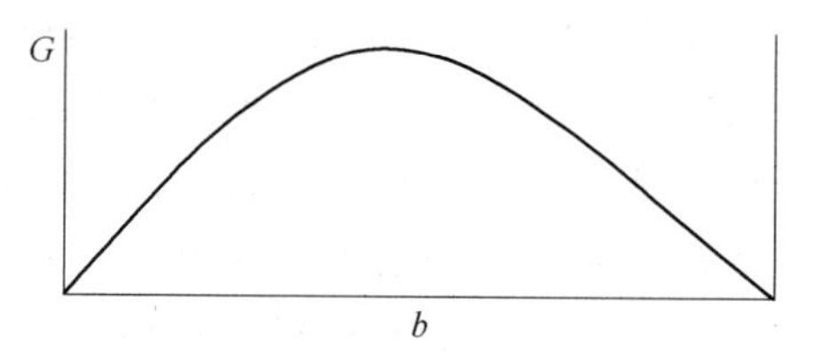

图 4-49　气刀刮锌重沿气刀宽度上的分布

气刀的喷吹介质一般有压缩空气、CO_2、N_2 等，最常用的是压缩空气，它具有生产成本不高、噪音小、工作环境较好，有利于维护设备的特点。但它对带钢有很强的冷却作用，容易产生边厚。另外容易使锌液产生表渣，因而有的厂家采用 CO_2 和 N_2 作为喷吹介质，改善了锌液的氧化，但造成工作环境的恶化，图 4-51 是喷吹介质对锌液氧化的影响图。

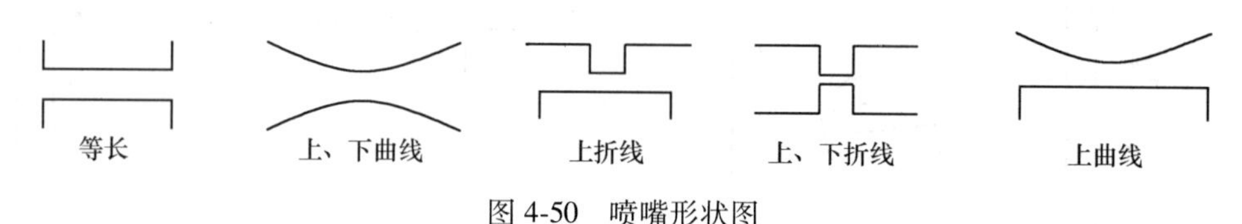

图 4-50　喷嘴形状图

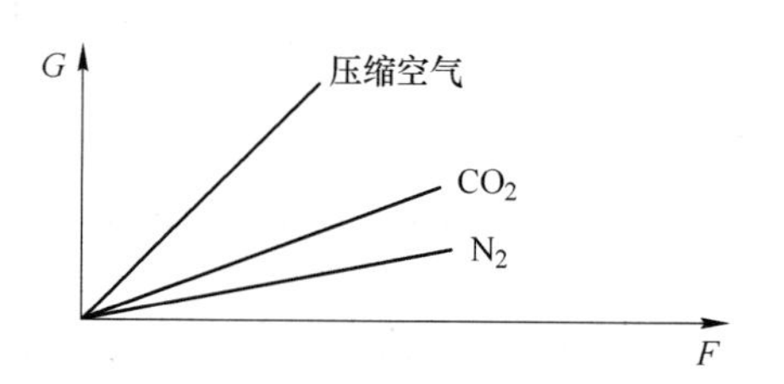

图 4-51　锌渣量与气刀介质流量关系

对于汽车板的生产来说，要求有很高的表面质量，所以锌层的氧化要很小，所以在我们的机组上设立了空气和氮气两种喷吹介质。在生产汽车板时采用氮气吹扫，而对于普通产品就可以用空气进行吹扫。这样就大大地节约了能源。

影响镀层厚度的变量很多，大致可以分为三类，见表 4-8。

表 4-8　影响镀层厚度的变量

固有变量	间断调节变量	连续调节变量
原料表面清洁度 J，原料板形 Sb	气刀与带钢距离 M，气刀角度 α，气刀喷嘴形状系数 h，气刀距液面高度 S_m，带钢在气刀处振幅 S_f，锌液运动黏度系数 e，锌液密度 ρ，带钢张力 F	机组速度 V，气刀压力 P，锌液温度 T

（1）固有变量。固有变量定义为：对镀层产生影响或间接产生影响，并在气刀系统前几乎无法改变的变量，本书特指 J 和 Sb。

在热镀锌生产中原料是有技术要求的，但在很多生产机组中由于前道工序的众多因素造成原料的超标或部分超标。这些原料给镀锌生产带来相当大的困难，但经对机组参数的合理调整也可生产出满足普通用户所要求的产品，对生产厂家是极为有利的。通常 J 和 Sb 是产品超标的主要原因。将那些可满足生产普通用户要求的产品的那部分原料列入讨论范围。

（2）间断调节变量。间断调节变量可定义为：由于技术原因还不能实现连续检测与调节或因镀锌工艺并不完全需要进行连续调节，采用非连续调节方法也可满足生产实际要求的变量。而这些变量有一共同的特点，在不同的生产环境或状态下，有不同的最佳匹配方式。其中 M、α、S_m 的匹配最为重要。

1）带钢在气刀处振幅 S_f。S_f 直接影响气刀与带钢的距离，由于该距离的变化使气流作用于带钢镀层表面的力随之而改变，造成锌层厚度周期性变化，S_f 越大厚差越大。一般情况当带钢张力 F 和板形 Sb 确定不变时，S_f 仅与机械安装精度和外作用力有关，而安装精度更为重要，故此要求沉没辊和稳定辊的装配应具较高精度。

2）锌液运动黏度系数 e 和锌液密度 ρ。e 和 ρ 主要受锌液化学成分和锌液温度的影响。锌液化学成分变化量较大的是 Fe 和 Al。通常采用取样化验方法分析锌液化学成分，并用增减投入锌锅中的高铝锌锭来解决锌液化学成分问题，一般按镀锌工艺要求操作，基本不会对镀层产生影响。所以，在实际生产中 e、ρ 往往确定为一个常数。

3）气刀喷嘴形状系数 h。该系数一般由气刀生产厂家给出，当气刀经检修后唇形产生变化时可通过调节 h 来解决。

如果喷嘴缝隙较小，在高速吹气下生产薄镀层产品，锌液的喷溅小。如果带钢的板形好允许气刀靠近带钢，可以获得更薄的镀层，但是喷嘴容易堵塞。如果喷嘴缝隙较大，气刀与带钢之间的距离对镀层厚度影响不大；高速吹气下生产薄镀层产品，锌液的喷溅大；如果带钢的板形差，可在带钢与气刀的距离较大的情况下生产薄镀层产品；镀层材料不易堵塞喷嘴。

4）带钢张力 F。该张力是带钢于冷却塔处带钢张力，F 对退火后的带钢板形及带钢振幅有一定的校直和制约作用，F 越大作用越强，需在生产实践中根据不同厚度规格及不同板形情况在张力 F 作用下的校直情况进行统计找出规律。

5）气刀角度 α。喷吹角度的概念是当喷吹气流垂直于带钢时规定为零度，气刀向上转动角度为正，气刀向下转动规定为负。通常喷吹角度在 0°～-10°之间，角度越负，则镀层越薄。

在调节喷嘴时应使带钢两侧的喷嘴角度相差 1°～2°。如果喷吹角度相等，两股气流平面的交线正好位于带钢上，超出带钢宽度的气流会产生漩涡，使带钢边部刮锌受到干扰，从而产生不均匀的厚边缺陷。但是在实际操作中为了得到两面厚度一样的镀层，应在不产生厚边的情况下尽量缩小两侧喷射角的差别。

6）气刀与液面距离 S_m。在镀锌生产中，当带钢出液面温度 $T_{出}$ 大于等于锌液测量温度时，S_m 对镀层厚度的影响可以忽略。为了获得表面光洁的镀层，防止镀层表面结渣。通过采取调节 S_m，获得气刀喷吹后的散射气流，将带钢出液面区域的浮渣吹向锌锅四边以便捞出。同时要避免散射气流过大造成锌液飞溅，堵塞嘴口间隙。S_m 调节范围对于机组速度不超过 160m/min 的应为 45～450mm。

7）气刀与带钢间距离 M。气刀喷吹属二维自由射流，在喷射过程中随 M 的增加气流速度 u_x 和散射宽度 y_x 是变化的，由于 u_x 和 y_x 的变化，使气刀的刮锌作用力随之改变，一般在迁移区内 $u_{x0}=u_0$，迁移区的距离 x_0 与气刀喷嘴的间隙 h_x 有关。

喷嘴距带钢的距离越远，则气流压力越低，所以冲量减小，由此便引起镀层的加厚。为了节约能量希望喷嘴与带钢保持最近的距离。但是距离的调节取决于带钢张力和板形，总的趋势是带钢张力越小，板形越坏，则距离越远。

（3）连续调节变量。连续调节变量定义为：采用气刀系统为生产较高质量热镀锌产品所必须进行连续控制的变量和在技术上完全可以实现检测与调节并对提高镀锌精度有益的变量。

1）机组速度 V。该变量直接反映自然带锌量的多少。对镀层厚度的影响很大，是必须进行控制的变量。

2）锌液温度 t。对自然带锌量产生一定影响。由于镀锌工艺要求锌液温度必须控制在460℃左右，否则将对镀锌生产带来较严重的影响。故此，锌锅均带有温控系统，液温波动较小。

3）气刀压力 P。该变量直接反映了刮锌量的多少，是影响镀层厚的重要因素，是必须进行控制的变量。当喷嘴角度、喷嘴高度、喷嘴距离都不变时，基本上压力越大则镀层越薄。然而喷吹压力过大时，其镀层反而增厚。这是因为喷吹采用的是冷的压缩空气，气流一方面能把液态锌吹掉，另一方面气流也对液态锌进行冷却。低压力时气体量少，吹掉锌液占主导地位；当压力增到大于一定值（0.3kg/cm^2）时，喷吹空气的冷却作用就超过了增长的喷吹压力的刮锌作用，这时锌就不再被吹掉，而是在喷嘴前就已凝固，所以压力越大，冷却越严重，镀层就越厚。

锌液的平衡关系：锌层设定量 $G_{设}$ = 自然带锌量 G_1 - 气刀刮锌量 $G_{刮}$ - 误差量 ΔG。从平衡关系中就可以看出：$G_{设}$ 是由产品用户所决定的，是不可选择和改变的。这就决定了生产该品种规格的属性，对该品种规格的 G_1 受其机组的技术性能的限制，其只能做到在极限范围内的选择。$G_{刮}$ 也是如此。故此，当确定了生产品种规格后，如何保证产品获得较佳的镀层质量，则需对变量参数进行综合匹配。

（4）气刀变量的综合匹配。机组速度设定的原则：以确保产品具有合格的锌层附着力和平直度为主、产量为辅的原则；对于合格的原料应按设计速度来确定；对于 J 和 Sb 超标原料在对机组有关参数调整后不能满足要求，只有采取降速方式才能解决的前提下采用判别法来确定最佳速度设定值 $V_{设}$，首先需对 J 和 Sb 分成等级。

清洁度 J 等级划分：按每平方米带钢表面油和杂质含量来确定。同时要结合生产实际确定降速比。一般可依据表面油和杂质含量多少划分四个等级，并对应四个速度。将符合标准的原料确定 J_1，对应该产品厚度规格设计的额定速度 $V_{额}$。

J_1-$V_{额}$，原料厚度规格设计额定速度，m/min；

J_2-0.9$V_{额}$，原料厚度规格设计额定速度的90%，m/min；

J_3-0.8$V_{额}$，原料厚度规格设计额定速度的80%，m/min；

J_4-0.7$V_{额}$，原料厚度规格设计额定速度的70%，m/min。

原料板形 Sb 的等级划分：按浪形最大两峰值间距划分，单位为mm。板形对锌层附着力几乎无影响，但对平整和拉伸弯曲矫直设备的速度将产生影响，由于连线生产，故该速度也将对全线速度产生影响。一般定为三级较为合适：Sb_1-$V_{额}$，原料厚度规格设计额定速度，m/min；Sb_2-0.95$V_{额}$，原料厚度规格设计额定速度的95%，m/min；Sb_3-0.9$V_{额}$，原料厚度规格设计额定速度的90%，m/min。

需说明上述方式应根据本机组及原料情况来划分等级，对应各等级的速度应保证生产出合格产品，J 和 Sb 同时存在时应按最低的速度为速度的预设定值。

根据锌层厚度设定值 $G_{设}$ 和气刀工作范围判定速度预设定值 $V_{预}$。

按用户要求 $G_{设}$ 和 $V_{预}$ 是否在有效范围内，在范围内 $V_{预}$ 需进行下面判定，否则需对 $V_{预}$ 做调整。（只有降速）若 $V_{预}$ 不能调整需改生产合适的 $G_{设}$ 规格。

气刀压力 P 极限判别：气刀压力需有一定的调节余量，否则镀层厚度公差将得不到保证。一般情况气刀的压力理论计算值最小不能低于（0.1～0.15）P_{max}；最大不能超过（0.85～0.9）P_{max}。

变量 M、α、S_m 的确定：镀锌机组气刀数模对 M、α、S_m 三个变量没有实现数模化。因此，这三个变量仍需操作人员根据经验进行人工设定。其设定的一般规律和原则为：

气刀与带钢距离 M：$M=7\times h_x+Sb_x$。

气刀角度 α 和气刀距液面高度 S_m：气刀角度 α 的设定主要考虑产品镀层厚度和机组生产速度一般在-3°～0°范围内；气刀距液面距离 S_m 主要考虑气刀喷吹时防止出现溅锌现象及气刀气流对带钢周围锌渣的清理情况，通常大于60mm。

以上这些因素都影响气刀的工作条件，并且气刀在工作时，都有调节极限，气刀操作极限（见图4-52）描述了气刀所能达到的能力与锌层质量的关系。

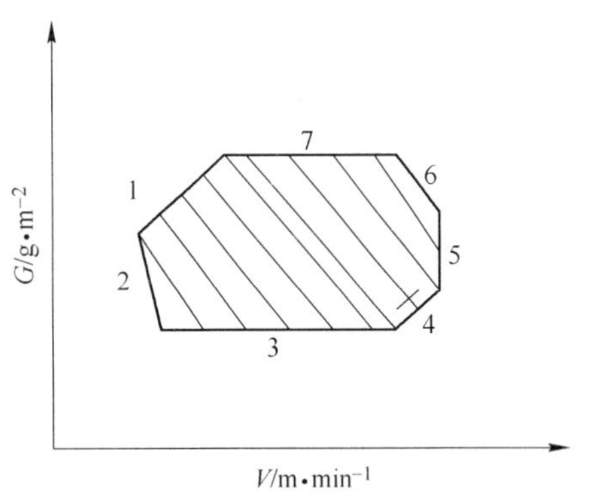

图4-52　气刀操作极限图

1—最小带锌量；2—最小合适的机组速度；3—最小锌层厚度；4—风机能提供的压力极限；5—最大机组速度；6—带钢带锌量极限；7—最大锌层厚度

E　气刀的发展

随着市场对镀层质量要求的不断提高，促进了气刀设备的飞速发展，主要有以下几个方面。

（1）准确的气刀定位系统。气刀唇到带钢的距离 M 决定了刮板的刃强。准确的 M 值对镀层厚度非常重要。应保证两个气刀唇与带钢平行且能获得每个气刀唇到带钢的准确距离。目前一种采用激光测距、气刀框架可以浮动进行自动定位的气刀系统较好地解决了这个问题。

普通的气刀均采用固定式框架。为了保证气刀与带钢平行和确定初始 M 值，通常通过目测调整沉没辊和稳定辊来实现。这种调整的精度不高，误差较大，在生产中（更换规格品种）带钢张力不同，如不重新调整会增大误差。活动框架气刀系统可以较好地解决这个问题，在完成目测调整后，通过激光测距，自动准确的完成平行度及初始 M 值的确定。并可对生产过程中 M 值进行监测。

（2）可变唇形及气刀腔内稳压系统。普通气刀唇形是固定的，在生产中仅能根据对 M 的调整来实现刃形的改变，这种改变也只能在图4-46中所示的四种状态范围。而可变唇形气刀可以实现在线对唇形的调整，从理论上讲这种调整与计算机形成闭环系统可以实现对镀层均匀性及厚度更为精确的控制，但实际中是否能达到较高的控制精度，还有待得到较多使用厂商的证实。

气刀腔内的稳压系统也较为关键，应保证气刀在长度方向上任何一点喷出射流的初速度 V_0 一致（无论唇形的开口度大小），并最大限度地减少唇部空气流的扰动。为此许多气刀厂商均在气刀内部结构及气刀唇部进行许多改进。改进后的气刀会获得较好的刃强性能。

（3）更加完善的气刀镀层控制系统的数模。新型的气刀数模不但应有镀层厚度控制，还应具有镀层均匀性控制及自适应功能，同时能对气刀角度、带钢与气刀唇的距离及气刀高度等参数进行匹配，保证产品镀层的质量要求。

4.5.7　合金化退火

4.5.7.1　概述

合金化热镀锌钢板是带钢通过铝质量分数为 0.11%～0.14%的锌液进行热镀锌，再经过合金化炉重新加热到 550～560℃、镀层保温 10～12s，这时纯锌层全部转换为铁锌合金层后，如图 4-53 所示。加热的时间和温度取决于镀层厚度、锌液中铝含量、锌液温度、带钢温度等因素。合金化热镀锌钢板具有以下优点：

（1）表面平整无光，利于涂漆使用，具有良好的表面涂装性能。

（2）焊接性较好，因为表面是 Zn-Fe 合金层，可以减少电极污染，提高电极使用寿命和增加焊接强度。

（3）与 Zn-Fe 或 Zn-Ni 合金电镀钢板相比，合金化热镀锌钢板成本更为低廉。

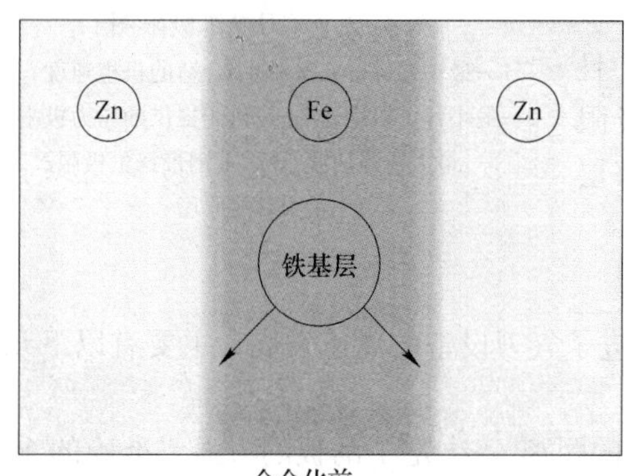

合金化前

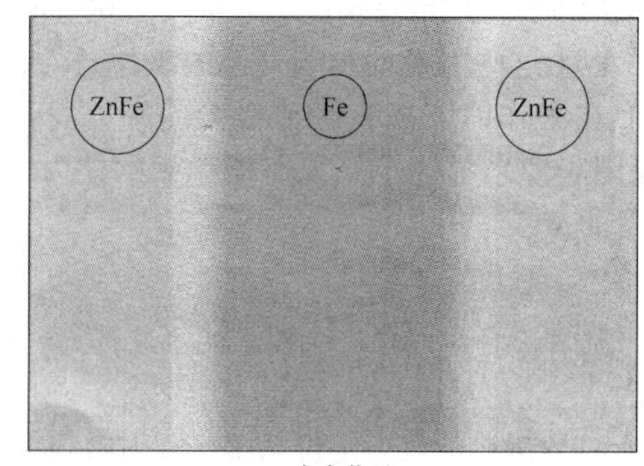

合金化后

图 4-53　合金化前后的镀层

但合金化热镀锌钢板也有其不足之处。根据 Zn-Fe 合金层内部相组织结构的不同，在冲压成型过程中容易引起 Zn-Fe 合金镀层不同程度的损坏和粉化，导致成型件的损伤。

4.5.7.2　加热方式

合金化退火加热方式通常采用高频感应加热，因为从锌层退火工艺上看，加热时间越短对合金化过程越有利，感应加热方式可以在 1s 甚至更短时间完成加热过程，不仅对锌层退火工艺有利，同时也可降低整体设备乃至车间厂房的高度，而且感应加热控制方便，反应快速。

加热时间是由感应加热工艺决定的，感应加热频率对合金化过程的影响，目前比较普遍的观点是感应加热频率越高，越有利于锌与铁之间的扩散，也就是越有利于合金化过程。感应加热器频率一般在 50～125kHz 左右。

感应加热功率由机组 GA 产品最大小时产量及镀层质量决定，感应加热的效率与板厚有关。实践证明，锌层越厚、铝含量越高、锌液和带钢的温度越低，则锌层合金化处理时，要求的温度越高、时间越长，则带钢的速度越低。

保温段是将加热后镀锌带钢保温一段时间，通常约 10～12s，生成锌铁合金层。保温段加热方式通常是电阻加热，这种加热方式由于保温段炉内无热气氛，外面冷空气很容易被吸入该段炉内，与带钢接触破坏带钢表面温度分布，影响镀层表面质量，因此电阻加热时必须采取措施防止冷空气吸入，防止冷空气吸入措施有很多种，如利用热风发生器产生热风送入该段炉内，保持该段炉内正压等。镀锌后的带钢出加热段进保温段的过程中也应尽量避免与外部冷空气接触。

4.5.7.3　镀层组织结构变化及相变规律

相变过程是：$\eta+\zeta+\delta_1\rightarrow\eta+\delta_{1p}\rightarrow\eta+\delta_{1p}+\delta_{1k}+\Gamma\rightarrow\delta_{1k}+\Gamma$，如图 4-54 所示。合金化初期，镀层中的 Fe_2Al_5 阻挡层首先要破坏，然后 ζ 相迅速转变成 δ_1 相，同时沿界面生成新的 δ_1 相；δ_1 相先横向生长，覆盖界面后迅速垂直生长，成为布满镀层的栅柱状 δ_{1p} 相，其中有少量残留的 η 相，形成（$\eta+\delta_{1p}$）组织；随着 Fe 进一步扩散，靠近基体的 δ_{1p} 相首先转化成 δ_{1k} 相，并有 Γ 相出现，最后 δ_{1p} 全部转变成 δ_{1k} 相，镀层由（$\delta_{1k}+\Gamma$）组成。

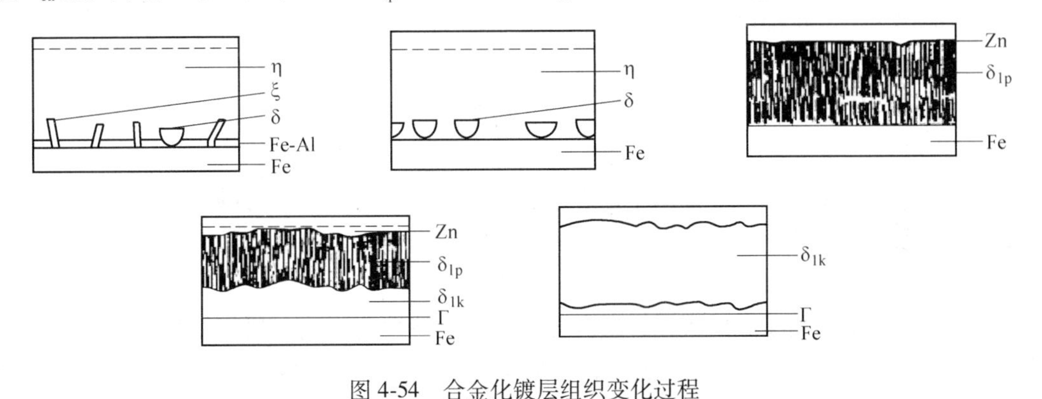

图 4-54　合金化镀层组织变化过程

（a）初始组织；（b）$\eta+\xi+\delta_1$；（c）$\eta+\delta_{1p}+\delta_{1k}$；（d）$\eta+\delta_{1p}+\delta_{1k}+\Gamma$；（e）$\delta_{1k}+\Gamma$（终态组织）

4.5.7.4　合金化工艺的影响因素

基板的成分、合金化工艺条件影响镀层的成分和组织结构，从而对合金化热镀锌板的最终性能影响很大，下面分别对它们进行较详细的讨论。

A　基体钢板化学成分对合金化的影响

钢中的碳会促进 Fe-Zn 间的反应，这种影响与碳在钢中的存在形式有关，但当钢中的碳含量较低时，这种促进作用很小。镀锌钢板中的“外爆”结构与钢中固溶碳的含量有很大关系。钢中的固溶态碳原子，容易偏聚在晶界处，从而因降低晶界的活性而抑制“外爆”结构的形成。当钢中碳含量增加时，单位长度界面处“外爆”结构数量减少，从而使 Fe-Zn 合金化速度降低。

氮有阻碍 Fe-Zn 反应的作用。脱氮后试样中的 Fe-Zn 反应比在正常沸腾钢试样中要迅速得多。同时还发现，含氮高的沸腾钢热镀锌钢板的临界合金化时间（使表面纯锌相刚消失的时间）比含氮低的铝镇静钢的长。这是由于氮在 Fe-Al 阻隔层中与铝形成了某种结合，稳定了 Fe-Al 阻隔层，使 Fe-Zn 反应难于进行。氮抑制“外爆”结构形成的作用与碳相似，它偏聚在晶界处，降低晶界的活性，从而抑制“外爆”结构的形成。

在含磷和硅的钢中发现，合金化热镀锌钢板镀层中的含铁量随钢中含磷量或含磷、硅量总和的增加而下降，说明基板中的磷和硅的作用就像锌液中的铝一样，有抑制 Fe-Zn 反应的作用，这是由于在含磷或含磷和硅的钢表面形成的 Fe-Al 或 Fe-Al-Zn 阻挡层，在基体晶界处有更高的稳定性的缘故。磷在钢中，特别是在有碳化物形成元素，例如钛和铌存在时，还易偏聚在晶界处。磷的偏聚限制了锌的晶界扩散，抑制了“外爆”结构的形成，从而减慢了 Fe-Zn 合金层的长大。

钛和铌可以提高低碳钢的强度，同时不降低其延展性能，但会影响带钢表面锌层合金化。试验证明，在相同的时间内，含钛的带钢试样可以在比不含钛带钢试样低 50~70℃下完成锌层合金化。在含钛的带钢试样中，甚至在锌层合金化前就可看到明显的 ζ 相和 δ 相层；而在不含钛的低碳钢样品中，只能看到较薄的 Fe-Al-Zn 和 Fe-Zn 相混合层。在含钛或铌的带钢中，钛或铌与间隙原子碳和氮反应生成碳化物和氮化物，从而净化了钢板基体的铁素体。这种净化了的晶界加速了 Fe-Al 在晶界处的反应，引起晶界附近锌液中铝含量的降低从而加速了 Fe-Zn 化合物的形成。在合金化温度为 550℃时，抗粉化性能随着合金化时间延长而减弱，与基板类型无关；在合金化温度为 450℃时，且在相同的合金化时间内，铝镇静钢热镀锌钢板合金层抗粉化性能比用含钛钢要好。

B　热镀锌和合金化条件对性能的影响

热镀锌和合金化条件，如锌液中铝含量、锌液温度、进入锌液时的带钢温度、带钢表面镀锌层厚度和均匀性、锌层合金化温度等，对锌层合金化后镀层中铁含量及镀层结构产生影响，从而影响镀层产品的最终性能。

锌液中铝含量对铝镇静低碳钢锌层合金化板粉化特性的影响，研究结果表明，锌液中铝质量分数在 0.05%~0.16%的范围内，增加锌液中的铝含量，降低合金化温度，以及降低锌液温度，都会改善抗粉化性能，前两种方法更为有效，而调节带钢进入锌液时的温度对抗粉化性能影响不大。通过比较锌液中铝质量分数分别为 0.12%和 0.15%的铝镇静低碳钢的抗粉化性能，发现含铝量低时，可以在 440~500℃的温度范围内经 9~13s 合金化而得到较好的合金化镀层，而在铝含量高时只有在较长的时间（460~500℃经 45~60s，或在较高的温度 510~540℃经 17s，520~560℃经 13s）才能获得相似的性能。但过长的均热时间连续生产线很难满足，即使能满足，经济上也不合算。过高的温度时，需控制其他相关参数，且易形成脆性镀层。经验表明，锌液中铝质量分数控制在 0.15%以下较好，通常将锌液中铝质量分数控制在 0.13%~14%左右。

当带钢入锌锅温度升高时，镀层与带钢界面的反应加快，合金层增厚。但带钢温度的升高会使锌液温度升高，从而对锌锅设备不利，此外还会使锌液表面浮渣增多。对带钢温度的操作应根据品种和规格做相应调整。对锌锅内锌液温度现已不被认为是一种重要的工艺参数。总之，带钢入锌锅温度过高和提高锌液温度将增加锌渣的生成量，并增加镀层表面的缺陷。

C　带钢镀锌层厚度和均匀性的影响

带钢镀层厚度和均匀性直接影响锌层合金相分布，从而影响镀层的成型性和镀层的抗粉化性能。含钛钢在合金化温度 450~500℃下，带钢抗粉化性能随着镀锌层厚度和合金层中铁含量的增加而降低。

对锌层合金化而言，锌层越均匀，越有利于锌层合金化。但锌层均匀性取决于气刀的控制水平、带钢的板形以及镀锌设备等因素。一般认为，带钢锌层均匀偏差不大于 10%，对汽车外板锌层合金化的镀层表面均匀偏差则要求更高。

D 锌层合金化温度的影响

要获得优质合金化热镀锌钢板，除控制均匀的镀层外，精确控制锌层合金化温度是最为关键的因素之一。

对于一定的合金化时间，粉化量随着合金化温度下降而降低。但对一定的粉化量，选择低的合金化温度将要延长合金化时间，这将受到生产条件和合金化炉效率的限制。带钢抗粉化性能主要是由合金化最后阶段的温度控制的，世界各国合金化工艺均采用先高温后低温的合金化处理工艺，这样既可以缩短合金化处理时间，同时又可以保证合金化板的抗粉化性能。

E 镀层中铁含量和镀层结构对性能的影响

随着镀层中铁含量增加，镀层抗粉化性能不断下降，这是因为随着铁含量的增加，镀层中韧性较好的 δ 相将减少而脆性较大的 Γ 相将增加。界面 Γ 相的形成和长大过程分为三个阶段：第一是形成阶段，在合金化开始的瞬间，Γ 相在界面处形核并迅速长大至约 1μm 的厚度，同时镀层中的铁质量分数也迅速上升至约 6%；第二阶段，Γ 相的形成不断影响锌铁元素的相互扩散，镀层中的铁含量稳步上升，η 相不断转变为 ζ 相，同时 δ 相又不断消耗 ζ 相而长大，直至 ζ 相被全部消耗干净，这时镀层中的铁含量接近铁在 δ 相中的最大质量分数 12%，在整个阶段，界面 Γ 相的厚度基本不变；第三是长大阶段，在 δ 相中铁饱和后，Γ 相开始消耗 δ 相而增加，但由于增加 Γ 相的体积与 δ 相的体积相比要小得多，所以镀层中含铁量的增加比较缓慢。随着合金化温度的提高和时间的延长，镀层中的含铁量增加，粉化量随含铁量的增加而增加。为了提高热镀锌板的抗粉化能力，镀层中铁质量分数应控制在一个最佳范围内，通常为 8%~12%。

思考题

4-5-1 简述锌锅的作用和工作原理。
4-5-2 沉没辊、稳定辊和调整辊的作用及换辊注意事项有哪些？
4-5-3 简述锌锅工艺控制的三大部分。
4-5-4 锌渣的产生及清除方法。
4-5-5 锌锅的启动和日常维护事项。
4-5-6 锌花产生的原因和控制方法。
4-5-7 气刀的作用及镀层厚度控制。
4-5-8 气刀的原理及影响气刀射流的因素。
4-5-9 合金化的作用及原理。
4-5-10 合金化工艺的影响因素。

4.6 光整拉矫

带钢热镀锌后就进入光整机和拉矫机，具体的布置如图 4-55 所示。

4.6.1 光整

经过热镀锌的带钢需要进行光整，以获得交货状态需要的各种性能。从压下变形看，光整实质是一种小压下率（0.4%~2%）的冷轧变形。由于光整压下率很小，其厚度变化

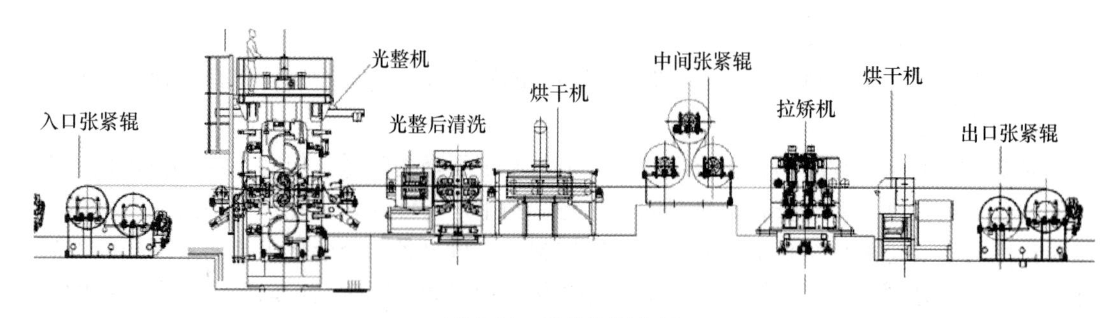

图 4-55　光整拉矫布置

难以测准，因此采用与压下率成比例的延伸率来表示，光整过程的工艺质量控制主要就是通过延伸率来进行管理的。

延伸率是带钢长度变化率，其表达式为：

$$\mu = \frac{L_1 - L_0}{L_0} \times 100\% \tag{4-34}$$

式中，μ 为光整带钢延伸率；L_0、L_1 为分别为光整前、后带钢长度。

在忽略宽展时，延伸率与压下率（ε）有如下关系：

$$\mu = \frac{\varepsilon}{1 - \varepsilon} \tag{4-35}$$

4.6.1.1　光整的作用

（1）通过轻微的压下变形减轻和消除板形缺陷，提高薄板的平直度。

（2）通过工作辊磨辊加工和喷丸、电火花打毛等处理，使带钢表面呈现不同的粗糙度，有利于深冲加工和涂漆处理。

（3）消除带钢的屈服平台，防止深冲加工时出现滑移线，调制好带钢的力学性能。

此外，光整工序改善了带钢厚度精度，并能消除轻微的表面缺陷。因此，光整对热镀锌产品质量的保证有重要的作用。

4.6.1.2　光整机

在热镀锌生产上，随着对产品性能质量要求的越来越高，光整机被普遍采用。

最初的光整机都采用二辊光整机，二辊光整机由于工作方式简单，轧制力小，辊型不容易控制，所以对消除屈服平台和改善带钢深冲性能的作用不大。

现代化的热镀锌机组均采用四辊光整机，因为其控制手段先进，控制精度高，采用了液压弯辊控制或乳液润滑清洗系统，降低了轧制力减少了换辊频率，提高了轧辊的使用寿命和产品质量。

四辊光整机主要由牌坊工作棍和支撑辊及其轴承、压下装置、弯辊装置、传动装置、高压辊面清洗装置、换辊装置、防皱装置、湿光整系统、光整后清洗和烘干装置等几部分组成。

光整机牌坊一般采用闭口式整体铸钢制造，两个牌坊用四根横梁螺栓连接成刚性机架，牌坊窗口经机械加工，其立面上安装有刚质耐磨衬板而使轧辊轴承移动顺利。为防止轧辊侧向移动，由液压锁紧装置把轴承座固定在立柱上。牌坊顶部装有电动蜗轮蜗杆装置，可使轧制线高度保持恒定；下部装有调节辊缝的液压压上缸，响应速度快 50ms。

工作辊有450mm和600mm两种辊径，大直径工作辊用于软钢，小直径工作辊用于高强钢。工作辊是直接承受带钢变形的工具，对强度、硬度、韧性、耐磨性和表面粗糙度都有很高的要求，因此要求锻钢材质，表面镀铬。工作辊轴承普遍采用四列圆锥滚柱轴承，轴承润滑采用干油润滑。

支撑辊为工作辊提供刚性支撑，直径较大1000mm，材质为合金锻钢，轴承也采用四列圆锥滚柱轴承，干油润滑。

工作辊换辊装置由传动侧的移动车和操作侧的接受车组成。移动车上可以放两对新辊，平行于生产线移动，换辊时由液压缸将新辊从传动侧推入光整机牌坊内，同时将旧辊顶到操作侧的接受车上。换完工作辊后，接收车沿着轨道开走，旧辊被吊走。工作辊换辊时无须剪断带钢，如果有中间活套光整段可以停车换辊，没有中间活套就无须停机，换辊时间90s（同辊径）/120s（不同辊径）。

支撑辊换辊采用C形架。换辊时需要先将工作辊移出，然后拉出下支撑辊，放上C形架，将下支撑辊重新推入牌坊内，将上支撑辊放在C形架上，重新拉出支撑辊，吊走支撑辊和C形架。装新辊的顺序拉出的顺序相反。换辊时间需要1h，一般在停机检修时换支撑辊。

液压弯辊调整辊形装置是靠液压缸的推力，使工作辊产生附加弯曲，以改变辊缝的形状。弯辊装置主要有增加轧辊凸度的正弯辊装置和减小轧辊负弯辊装置，如图4-56所示。正弯辊主要用于调整边部浪形，负弯辊主要用于调整中部浪形。弯辊装置的突出优点是能迅速调整凸度，控制无滞后，与其他辊型控制手段相配合能进一步扩大板形调节能力和效果。

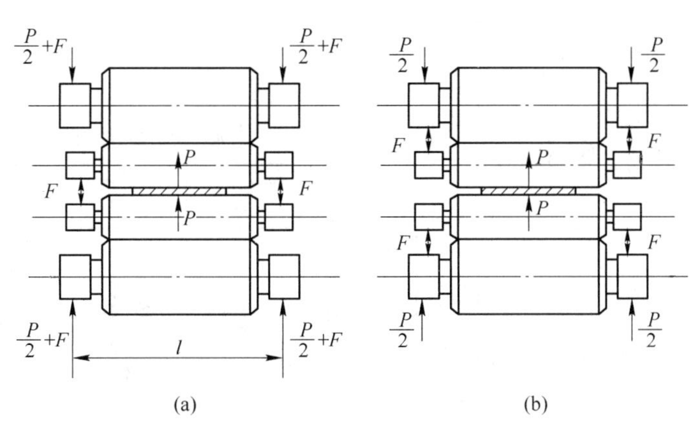

图4-56 弯辊受力图

（a）正弯工作辊；（b）负弯工作辊

光整机的传动可以采用单支撑辊或上下支撑辊传动。采用单支撑辊传动时，两个工作辊之间没有速度差，对于辊径差的要求不严，但是在起车时或在线换辊后光整机投入时工作辊和带钢之间有打滑现象，影响带钢质量；采用双支撑辊传动时，在起车时或在线换辊后光整机投入时工作辊和带钢速度同步无打滑现象，但对于磨辊时辊径差要求严格（支撑辊最大2mm，工作辊最大5mm），否则上下辊之间速度差过大影响带钢质量。在热镀锌机组中通常采用上下支撑辊传动。

以往光整不是工艺润滑的，即为干光整。在镀锌板光整时，轧辊和带钢之间的速度差会使带钢镀层表面上的小锌粒沿着初始锌层移动，有些锌粒会黏附在辊缝内轧辊表面上，吸引其他锌粒并且使其形成大块锌，最后在镀层带钢表面上形成明显的斑痕。因此近年来为了提高带钢表面质量，广泛采用水溶性或油溶性光整液喷洒辊缝，即为湿光整。在生产汽车板时，生产 GI 产品喷洒光整液，生产 GA 产品时喷洒脱盐水。同时湿拉矫也常常和湿光整共用一个系统。

湿光整系统由光整液储存槽、混合槽、光整液收集槽和循环槽（GI 用）、脱盐水收集槽和循环槽（GA 用）、废水坑、流量和液位控制装置以及各种阀、泵和管道所组成，如图 4-57 所示。

现在的光整机上多带有高压辊面清洗装置，用于清洗工作辊和支撑辊表面黏附的锌粒，工作压力 150bar（1bar=100kPa）。

光整后清洗装置只要是用于清洗带钢表面残余的光整液，分为两段式清洗，第一段采用高压热脱盐水（70~80℃，30~50bar），第二段采用常温脱盐水（1.5~4bar）直接漂洗，在每段后面都有挤干辊挤干水分。

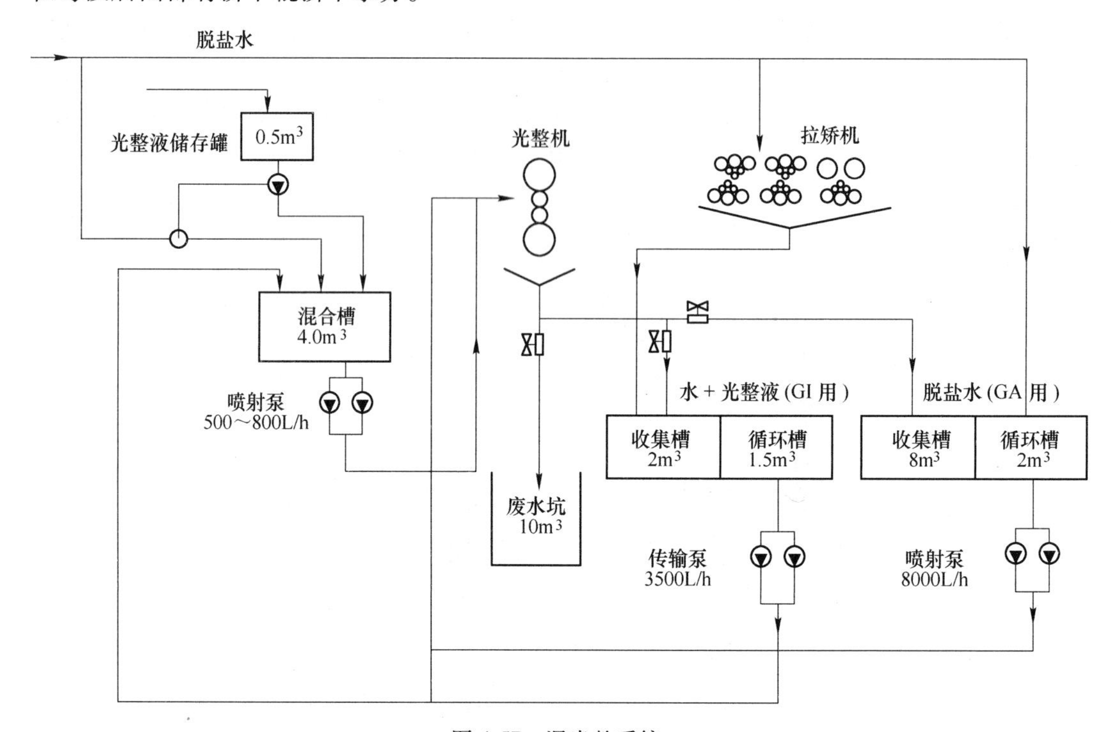

图 4-57　湿光整系统

4.6.1.3　光整延伸率控制

轧制力控制模式下的延伸率控制系统如图 4-58 所示。为了确保带钢在长度方向上性能均匀一致，必须采用光整延伸率自动控制系统对延伸率进行恒定控制。这时延伸率时用光整机前后与带钢接触并同步转动的辊子转速差来测量的，即延伸率为：

$$\mu = \frac{v_h - v_H}{v_H} \times 100\% \tag{4-36}$$

式中，v_h、v_H 分别为光整机前后辊子转速。

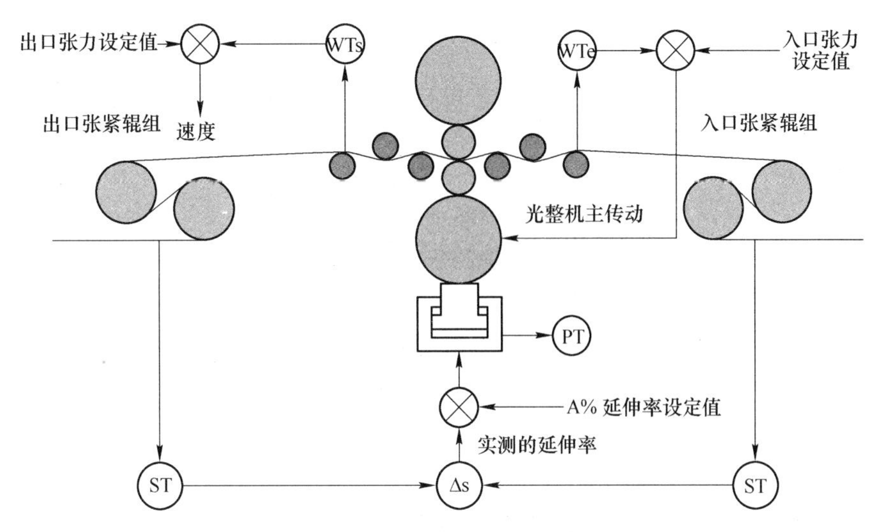

图 4-58 轧制力控制模式下的延伸率控制系统

本机组是通过测量系统周期测量入口和出口张紧辊的转动脉冲数来测得实际延伸率的，并通过轧制力控制或张力和轧制力联合控制或秒流量控制模式来自动进行延伸率的调节。图 4-58 是轧制力控制模式下的延伸率控制系统示意图。

4.6.1.4 光整工艺

A 生产计划

光整产品的生产安排应本着先宽后窄、粗糙度由大到小的原则进行。

B 延伸率

这是光整生产中控制力学性能的唯一指标，因此延伸率调节是工艺质量控制的一项重要内容。通常热镀锌光整延伸率的范围是 0.4%~2.0%，延伸率偏差精度±0.05%。在实际生产中，要根据钢种和带钢厚度来选择延伸率，对于 IF 钢延伸率要尽量小（1.2%~1.3%）；对于冲压成型的钢种，延伸率也要小（1.1%~1.2%）；对于建筑用钢，延伸率要尽量大（依赖于设备能力）；对于后续要涂漆的钢板，延伸率要尽量小以减小时效，但是要保证表面粗糙度（0.6%~1.2%，轧制力大于 200kg/mm）。不同钢种光整拉矫延伸率的范围见表 4-9。

表 4-9 不同钢种的光整和拉矫延伸率

钢种	欧标	光整机延伸率/%	拉矫机延伸率（最大)/%
CQ	DX51D	0.9~1.6	2
DQ1	DX52D	0.9~1.6	1.5
DQ2	DX53D	1.7~2	1.2
DDQ	DX53D	1.2~1.4	1.3
EDDQ	DX54D	1	1.3
SEDDQ	DX56D	0.7	0.8

续表 4-9

钢种	欧标	光整机延伸率/%	拉矫机延伸率（最大）/%
SEDDQ	DX57D	0.5	0.5
CQstruct.	S280GD	1.2~2	1.2~2
CQ-HSS	H340LAD	1.2~1.5	0.8
DQ-HSS	H340LAD	1.2~1.5	0.8
DQ-HSS	H260YD	0.6~2	2
DDQ-HSS	H220PD	1.4~1.9	0.7~1.3
DDQ-HSS	H260PD	1.4~1.9	1~1.6
BH-HSS	H180BD	1.2~1.4	1.2~1.6
BH-HSS	H220BD	1.6	1.2~1.6
DP-HSS	DP500	0.4~0.5	1.2
DP-HSS	DP600	0.4	1.2
DP-HSS	DP700	0.4	0.4
TRIP-HSS	TRIP600	0.4	0.4
TRIP-HSS	TRIP780	0.3	0.4

C　带钢板形

（1）板形缺陷介绍板形是表征带钢质量的一项重要指标。板形不良直观地表现为带钢外观的浪形、瓢曲、上凸、下凹等缺陷，使其失去平直性，如图 4-59 所示。

只要带钢中存在着残余内应力，就可造成板形不良。带钢中内应力分布的规律不同，它所引起的带钢翘曲形式也不同。所以，可根据内应力的分布规律和带钢翘曲情况，将板形缺陷分为不同的类型，如图 4-60 所示。

（2）影响板形的因素原料沿宽度方向的厚度差称为同板差，沿轧制方向的厚度差称为同带差。无论同板差还是同带差，当带钢在平行辊缝中轧制时，就会产生不均匀变形。

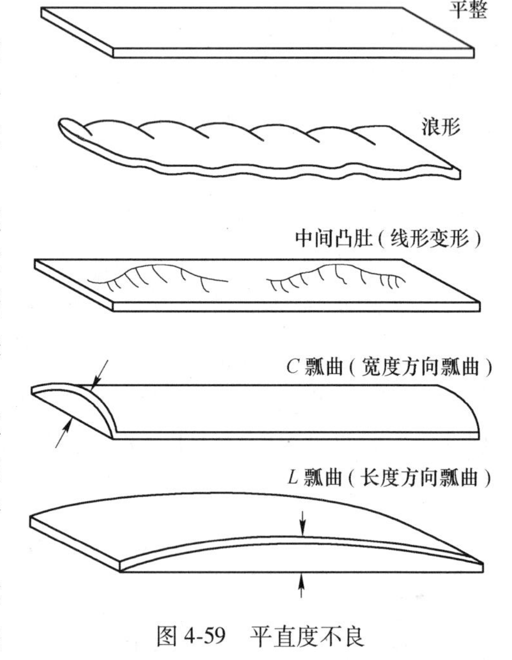

图 4-59　平直度不良

轧辊的弹性弯曲变形，轧辊温度分布不均，轧辊的磨损，轧辊的弹性压扁，轧辊偏心，轧辊的原始凸度不合适等都会造成辊缝断面形状与带钢截面形状不符，从而造成带钢的板形不良。

速度的变化影响摩擦系数、变形抗力和轴承油膜厚度，因而影响轧制力和压下量，引起带钢沿长度方向的厚度变化，造成板形不良。所以，在光整过程中，应尽可能减少速度的变化。

（3）改善板形的方法改善板形的基本思想是在轧制过程中，根据实际情况，适时改变

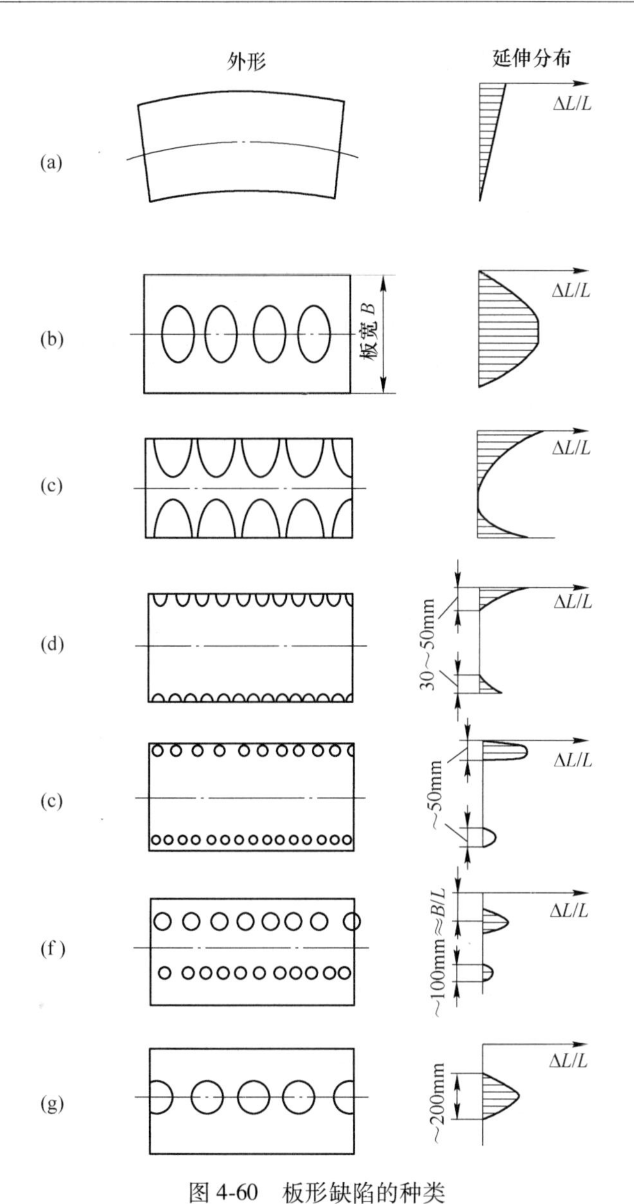

图 4-60 板形缺陷的种类

(a) 侧弯；(b) 中浪；(c) 边浪；(d) 侧边浪；(e) 近边浪；(f) 复合浪；(g) 中心浪

辊缝形状，使带钢板形控制在质量标准范围内。光整辊型调节手段是轧辊原始凸度配置、弯辊调节装置和轧辊倾斜度调节。

由于影响带钢板形的因素是十分复杂的，在实际生产中板形控制更多的是依赖于生产操作，即要根据带钢板形进行弯辊力、张力和轧制力等的综合调节。弯辊力对轧辊凸度的补偿量是很大的（0.10mm 左右），是一种无滞后并且反应及时的调节方法，能有效地消除对称性地板形缺陷。

对于单边浪，可抬起出现浪形的上工作辊，或压下另一侧的上工作辊。对于双边浪，增大工作辊凸度，减小负弯辊力，增大正弯辊力。对于中间浪，减小工作辊凸度，减小正弯辊力，增大负弯辊力。对于单边 1/4 浪，若浪离边部较近，则将工作辊倾斜，抬起有浪形的一侧辊缝，同时适当增大正弯辊力；若浪离带钢中心较近，则将带钢中心适当调整，使浪部分尽量靠近中间，倾斜工作辊，抬起浪形一侧的辊缝，同时适当增大负弯辊力。但这类板形缺陷应该通过调整辊缝曲线来实现。

D　张力

张力操作对板形调节也是十分重要的，特别是对薄带，因此必须进行张力管理。对于不同钢种和规格的带钢，光整和拉矫各段的张力见表 4-10。

表 4-10　光整和拉矫张力

厚度×宽度/mm×mm	屈服强度/N·mm^{-2}	光整机工作辊直径/mm	张力/N			
			光整前	光整机	拉矫机	拉矫后
0.6×1250	260	600	8250	46650	59200	17250
	420	450			78650	
	500	450		54000	85050	
	650	450			117750	
0.8×1250	260	600	11000	49000	72300	23000
	420	450			96800	
	500	450		57000	104650	
	650	450			144100	
1.6×1680	260	600	29570	80640	165900	61820
	420	450			224650	
	500	450		94080	242350	
	650	450			330600	
2.1×1870	260	600	43200	117810	230700	90320
	420	450			312550	
	500	450			322550	
2.1×1380	650	450	31880	140000	340000	66650
2.5×1530	550	450	42080	105600	340000	87980
0.7×1850	180	600	14250	53100	64450	29790

E　表面粗糙度

通常用于深冲和涂漆加工的热镀锌带钢表面都要有一定的粗糙度，这不仅是一种特有的表面结构，重要的是改善了冲压加工的润滑性能、降低了冲废率和提高了涂漆质量。

带钢表面粗糙度使直接由工作辊辊面的粗糙度来传递的，但传递效率受到光整过程中各种工艺因素的影响，如干光整、湿光整、弯辊力、轧制力和延伸率等。相对于干光整来说，湿光整降低了粗糙度复制率，但轧辊使用时间延长。复制率是随着轧辊的磨损而逐渐下降的。轧辊原始凸度和弯辊力影响带钢宽度方向上复制粗糙度的均一性。轧制力越大，粗糙度复制率越高，例如轧制力为 150~200kg/mm 时，粗糙度复制率为 40%~50%，轧制力为 200~350kg/mm 时，粗糙度复制率为 60%~70%。因此，光整生产要对表面粗糙度进行严格的管理。

光整产品的粗糙度一般在 0.5~2.0μm。故此光整工作辊的粗糙度在 2~2.5μm 左右的范围。生产汽车用钢板，钢种和粗糙度要求不同，应有不同直径和粗糙度的工作辊备用。对于汽车板，粗糙度需要 1~2μm，对于彩涂用板粗糙度 0.4~0.8μm；并且粗糙度在不同金属上的传递值是不同的，对于热镀锌板一般传递值为 50%~60%，而在钢板上的传递值为 30%~40%，所以轧辊粗糙度应根据不同的用途而加工，加工粗糙度的方法现有喷丸处理、电火花打毛和激光打毛处理。

F 表面质量

带钢表面质量直接取决于轧辊表面状态。湿光整的显著特点是辊面不易黏附杂质，清洁的工作辊面有效防止了带钢辊压印缺陷的产生，能较长时间保持辊面的粗糙度，这样比干光整就能得到更好的表面质量。但湿光整也会引起斑迹缺陷，要对光整液的浓度进行管理，由于光整液循环使用，要定期检查光整液质量，定期排出旧光整液补充新鲜的光整液。浓度是通过测定溶液的电导率或折射率来控制的。在操作上要按带钢宽度调节喷射宽度，并要检查喷射角度。另外还要检查光整后清洗的效果和挤干情况，不然带钢表面带水容易导致在中间张紧辊组上打滑。

严格执行计划换辊规定使带钢表面质量处于最佳状态，而定期开启高压辊面清洗装置清洗工作辊和支撑辊、定期检查带钢表面是避免大批量缺陷产生的最好办法，一旦发现粘辊应及时开启高压辊面清洗装置或换辊。焊缝通过时，应根据焊缝好坏降低轧制压力或打开辊缝避免轧辊损伤。

在正常情况下，轧辊要按以下规定进行计划换辊，同时考虑规格品种的影响。

(1) 工作辊：生产汽车外板量约为 200~300t，汽车内板量约为 600~800t，建材量约为 2000t。

(2) 支撑辊：生产量约为 50000~80000t。

此外，要定期用压缩空气清理光整段张紧辊刮刀刮下的锌皮和锌渣，特别是在刚起车的时候，并定期检查和调节刮刀与辊面的松紧度。

G 光整钢卷的温度管理

对于某些有深冲要求的钢种如铝镇静钢经光整时有特殊的要求，其主要目的是消除屈服平台，即消除尖点，这些尖点在拉矫机上消除不了。如果屈服平台不消除，在经过深冲加工后就会出线滑移线，又称吕德斯带，影响产品的外观或导致产品变形，而经过光整会消除这些屈服平台。但这种变形的特性，只有在带钢温度小于 50℃以下才能实现，当带钢温度超过 50℃时，屈服平台的尖点会向上分布，导致更多的滑移线出现，如图 4-61 所示。因此在光整时要求带钢入口温度小于 40℃，否则容易出现板形缺陷，并会加速带钢时效。

4.6.2 拉矫

现代化企业中，对带钢板形要求越来越高，继而出现了拉伸弯曲矫直机，其矫正过程是使处于张力状态下的带材，经过弯曲棍剧烈弯曲时，产生弹塑性延伸变形，从而使三元

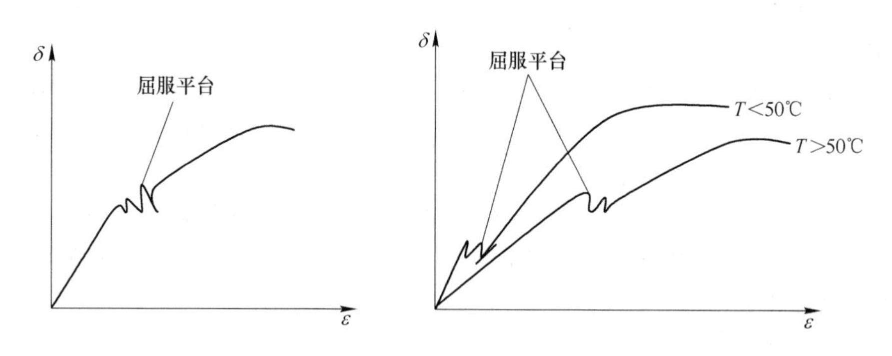

图 4-61　温度对硬化曲线的影响图

形状缺陷得以消除，然后经矫直辊将残余曲率矫平。

4.6.2.1　拉矫的作用

清除板面存在的浪形、瓢曲及轻度的镰刀弯，改善板面的平直度；消除屈服平台，改善材料的各向异性。

4.6.2.2　拉矫的原理

拉伸弯曲矫直是通过叠加的拉应力和弯曲应力而产生变形的矫直方法。带钢至少要通过两个弯曲辊和一矫直辊在拉力作用下来完成矫直工作，如图 4-62 所示。

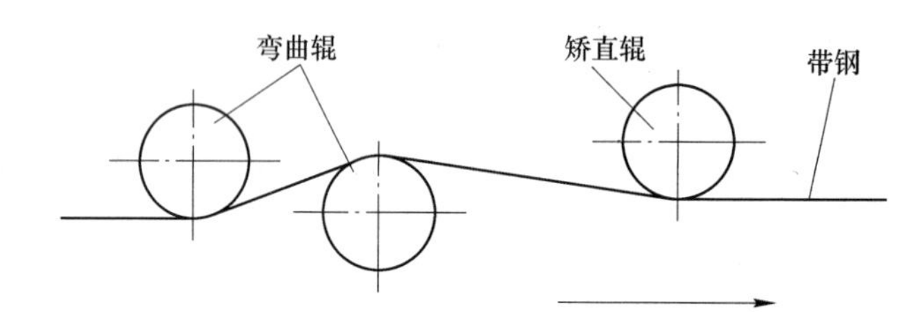

图 4-62　弯曲辊和矫直辊的配置示意图

从图 4-62 中可以看出，无拉伸时，带钢的中性层不会发生偏移，因而不产生拉伸变形，只产生弯曲变形，经矫平后与压缩变形抵消；而在拉伸力作用下的弯曲会使带钢产生永久的拉伸变形，从而消除三元形状缺陷，最终在断面上得到一个均匀的塑性延伸。

在弯曲辊压下运转时，钢板形成一种双曲线形弯曲。一般来说，带钢弯曲段的曲率半径远远大于弯曲辊半径；只有在极个别的情况下带钢的曲率半径与弯曲辊半径相同。对塑性变形起决定作用的钢板的实际曲率半径是由板厚与弯曲辊之比、拉力、理论包角、材料强度和弹性模数确定的。此外速度也是一个影响因素。

对于拉伸率起决定性作用的是带钢的最大曲率半径。在已知板厚、辊径和理论包角的情况下，对于每种带钢张力 T 可以达到一个一定的最小曲率半径，这曲率半径在极限情况时与弯曲辊半径相同，其中理论包角是由拉伸辊的间距、直径和压下深度来确定的。图 4-63 和图 4-64 表示出了在边缘范围内的弯曲应力分布。从 0 到 2 点范围内只有弹性弯曲，而从 2 点开始则为塑性变形，这在应力图 4-64 中 1、2、3、4 中便能清楚地看到。随着曲率半径的逐渐变小，带钢中性层也逐渐地移向曲率中心。

在拉伸的情况下带钢交替弯曲所产生的塑性延伸是由在两个弯曲辊处的塑性压缩与塑性伸长相加而得到的，如图 4-65 所示，然后调节矫直辊以使带钢在交互弯曲运行之后又成为平直的运行。带钢张力与拉伸率两者几乎成直线关系，利用这种关系就可以调整所要求的拉矫延伸率。

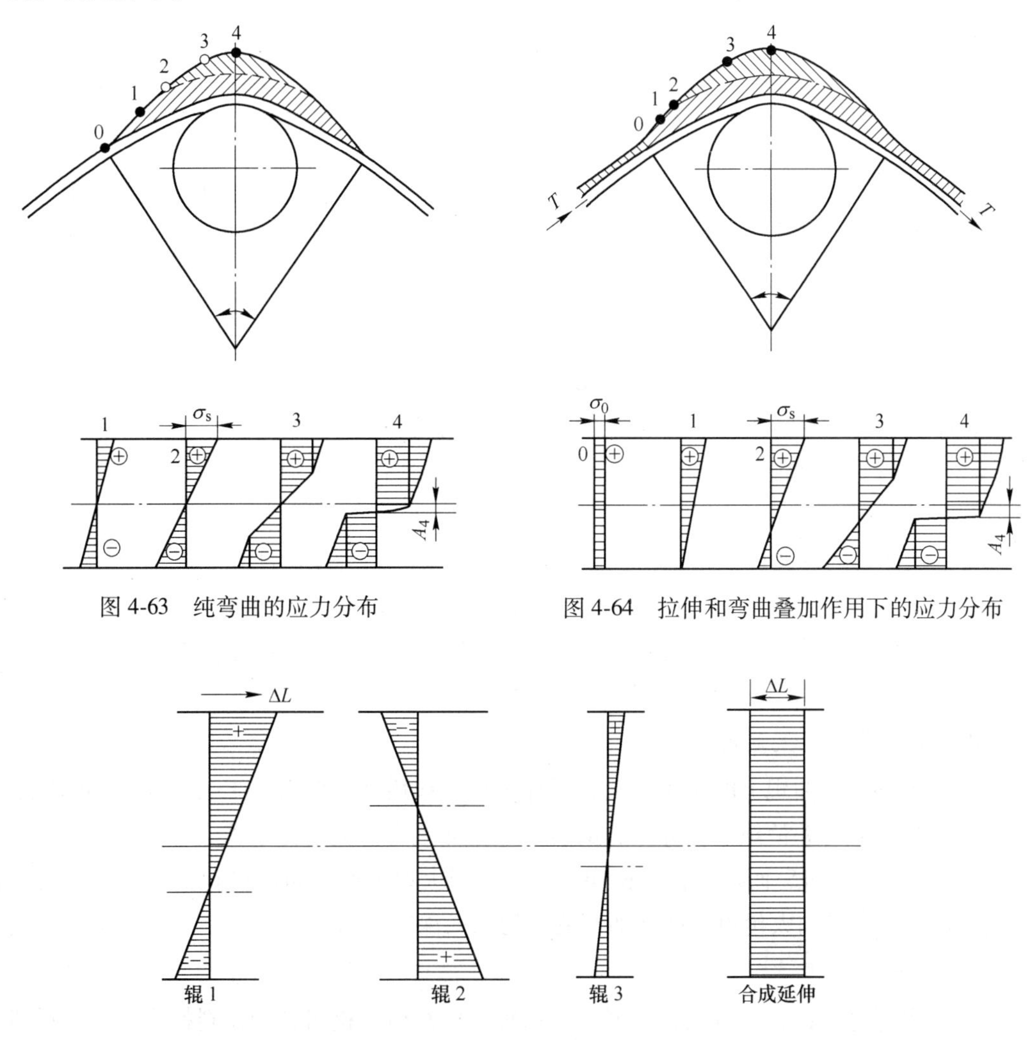

图 4-63 纯弯曲的应力分布

图 4-64 拉伸和弯曲叠加作用下的应力分布

图 4-65 用两个弯曲辊和一个矫直辊拉伸时的塑性变形

4.6.2.3 拉矫机

拉伸弯曲矫直机是由前后张力辊组、拉矫机机架、两套弯曲辊组、一套矫直辊组组成。弯曲辊组的上下辊组都采用六辊式，上辊组可在焊缝经过及边裂时通过液压缸快速打开以防止断带，下辊组通过交流齿轮电机驱动蜗轮蜗杆升降，来调节和上辊组之间的辊缝。矫直辊组包括一个固定的上转向辊和一个可以升降的六辊式下矫直辊组，升降调节方式与弯曲辊组相同。

拉矫机张力辊组的传动通常有机械差动调速和全电动调速两种。机械差动调速是一个辊子通过齿轮装置与主传动联结，而其他的辊子则通过行星形齿轮机构与主传动分开，由辅助传动装置同步传动运行，这种方法延伸率控制精度高，但是机械设备复杂、维护量大；全电动调速是张力辊组的辊子全部由单个电机驱动，靠调节前后张力辊电机的速度差来控制拉矫延伸率，这种方法机械设备简单，目前在热镀锌机组上得到了广泛的应用。

此外，在拉矫机上还有喷水雾装置，用于生产 GA 产品时进行湿拉矫。

4.6.2.4　拉矫工艺

A　延伸率

延伸率调节也是拉矫工艺质量控制的一项重要内容。拉伸弯曲矫直机的张力很大，所以容易造成断带，因此，在调整延伸率时，首先要调整弯曲辊组和矫直辊组之间的辊缝，从而可以用较小的张力得到较大的延伸率。

拉矫机与光整机同时应用时，带钢会产生两次塑性延伸。即

$$\sum \varepsilon = \varepsilon_d + \varepsilon_r$$

式中，ε_d 为光整的延伸变形；ε_r 为拉伸弯曲矫直的延伸变形。

ε_d 对改善力学性能作用要大于 ε_r，而 ε_r 改善带钢平直度的作用要大些，所以在 ε_r 设定值较大时，要求使用光整机。

带钢延伸率的选择应根据带钢浪形高度和长度及产品对深冲性能要求确定，带钢斜率=浪形高度/浪形长度。带钢浪形越大延伸率应增大，以获得最佳板形，而延伸率越大，带钢的深冲性能变差，故此在生产实际中应综合各种因素，来确定延伸率的大小。一般延伸率在 0.4%~2.0%，不同钢种的拉矫延伸率参见表 4-9。

B　弯曲辊组压入深度

（1）带钢在弯曲辊上的包角增大，延伸率呈直线增大，但大于 15°后几乎不再增大；

（2）延伸率的差值纯属拉伸张力的贡献，拉伸张力越大延伸率越大；

（3）包角小于 15°而拉伸张力相同时，板厚越大拉伸张力贡献的比例越小，欲得到同样大的延伸率只有加大包角，即增加弯曲辊的压入深度。

C　生产注意事项

（1）当焊缝通过，应自动抬辊或手动抬辊。停车后，机组处于拉料操作时，拉矫机不得投入使用。

（2）当发现带钢通过拉矫出现较多锌层脱落时，应使拉矫机退出生产并进行清理。每班必须清理弯曲辊和矫直辊周围锌皮、锌粒。

思考题

4-6-1　为什么要对板形和表面质量进行控制？

4-6-2　简述带钢板形缺陷及其改善方法。

4-6-3　简述光整的原理及延伸率控制原理。

4-6-4　简述光整的表面粗糙度和表面质量控制。

4-6-5　简述拉矫的作用和原理。

4.7 化学后处理

为了防止锌层产生白锈和后续加工工序的方便，通常的要对镀锌板进行化学后处理，现在主要有无铬/有铬钝化、无铬/有铬耐指纹、自润滑和磷化等多种处理工艺。

4.7.1 钝化

4.7.1.1 钝化简介

热镀锌板的钝化处理通常是采用6价铬酸溶液对表面进行处理，形成含铬的氧化物、水合氧化物的钝化膜，这层膜通常是氧化剂和基体金属的化合物，能够抑制锌层的阳极反应，从而保护了锌层。这种方式称之为有铬钝化工艺。无铬钝化就是采用不含6价铬的化学溶液对镀锌板表面进行处理形成耐腐蚀的钝化膜。但是无铬钝化的效果要比有铬钝化差一些。钝化处理方法一般有：

（1）辊涂型。这种方法是直接使铬酸盐溶液附于镀锌板上，用辊挤压调整其附着量，然后使其干燥，附着时的铬主要以6价为主，有时也会混合有3价酪酸盐。

（2）喷淋反应型。直接将钝化液喷淋到镀锌板上，溶液通过与锌的置换反应，使铬附着，水洗后干燥。附着量主要由处理时间来调整，可以附着大量的铬，附着的铬主要以3价为主。

以上方法的处理结果，最终都是随着附着量越多，锌板的耐蚀性越好，铬酸盐皮膜的耐蚀性在薄膜刚形成时很弱，随时间变长而增强，但如以60℃以上的温度加热干燥，在较短的时间内就能增强耐蚀性。

4.7.1.2 钝化处理设备

根据钝化方法的不同，钝化处理设备也分为辊涂型和喷淋反应型两类。

辊涂型钝化处理设备由化学涂机、钝化液循环系统、烘干和冷却设备等组成。钝化原液通过储存罐打到混合罐中，加入一定量的脱盐水稀释，然后打入工作罐中，由工作罐打化学涂机的入料盘中，通过一个拾料辊将钝化液送到涂辊，涂辊再以一定的压力和速度将钝化液涂在带钢表面。出涂机后，带钢烘干到50~80℃，然后冷却到室温即完成整个后处理过程，如图4-66所示。

而喷淋反应型钝化设备，只是用喷淋反应槽代替了化学涂机，设备布置采用水平喷淋槽和水平烘干设备，循环系统是相同的。

4.7.1.3 钝化工艺

因而附着的铬主要以6价铬为主，经实验研究表明，铬化膜中的6价铬易溶于水，能在钝化膜划伤时起到再钝化作用，但由于其易溶于水，所以以6价铬为主的钝化层容易生成白锈，而3价铬难溶于水，化学性质不活泼，能够提高钝化膜的耐蚀性、涂着性和抗时效性，所以在工业生产中，人为地向钝化液中添加硝酸钠、硫酸亚铁、磷酸等物质，从而使其中一部分6价格转变成3价格，提高了钝化膜的耐蚀性。

热镀锌产品经钝化处理之后，可获得无色透明钝化膜，这层膜非常薄，所以是无色的，当出现铬酸液聚集的部位就会出现黄色。

钝化生产必须在拉矫机投入使用后，方可投入钝化装置；每天应将钝化液取样进行检

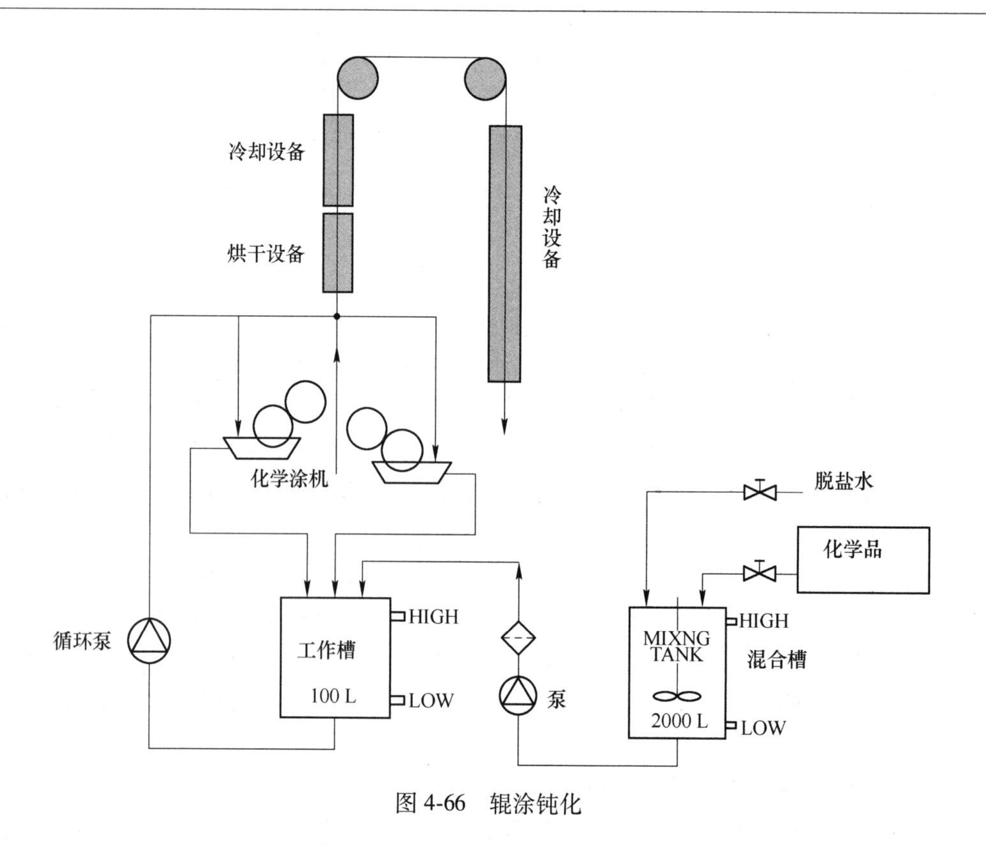

图 4-66　辊涂钝化

验；钝化液温度应控制在 35～40℃，烘干温度 70～80℃；停车或穿带时，必须将涂辊打开，并定期更换涂辊。

4.7.2　耐指纹

镀锌钢板在家电行业中得到广泛应用，但在家电产品制造过程中，操作者的手不可避免地会与镀锌钢板接触，这时镀锌钢板即会极容易地留下明显的指纹印掌印，光的反射和吸收状态就会发生变化；较之无指纹部分，有指纹部分扩散反射光就减少，产生“发黑”的光学现象，影响镀锌钢板的美观，同时留有指纹或掌印的镀锌钢板还容易引发锈蚀，最终影响产品质量，降低产品的市场竞争力。

人们为了消除指纹印迹，希望对镀锌钢板表面进行处理，使其不能转印或附着指纹，即形成指纹成分在钢表面“不沾”，而且难以保持状态，然而目前技术尚难达到。到 20 世纪 80 年代后期，转而致力于研发耐指纹钢板，即将具有与指纹成分相似光学特性的物质事先涂覆于镀锌钢板表面，使其即使附着了指纹成分，与没有附着指纹部分的扩散反射光差别（即色调变化）也很小，从而解决了因附着指纹、掌印而导致产品价值下降的问题。

日本神户钢铁公司最先开发了“K 处理”耐指纹钢板，它是一种经铬酸盐处理的电镀锌钢板，其表面涂覆形成硅酸盐无机系薄膜，可使指纹印迹不显眼。

近年随着产品多样化，对产品耐蚀性有了更高的要求，神户钢铁公司继而研发了提高 K 处理镀锌钢板的耐蚀性和涂装性能的钢板，即以树脂为基础，添加胶态氧化硅的有机和无机复合膜涂敷于经铬酸盐处理过的电镀锌钢板表面，称之为 K2 处理有机耐指纹钢板。

这种钢板既保留了它的耐指纹性，同时还具有耐蚀性、涂装性、润滑性及色调均匀性，它被广泛用于家电产品领域。我国上海宝钢在 20 世纪 90 年代中期也研发了耐指纹钢板，并已于 1996 年申请了国家专利。耐指纹钢板主要特征如下：

（1）镀锌钢板由于经铬酸盐处理并涂敷有机薄膜层，从而改善了防腐蚀性能。

（2）有机涂层有效地降低了钢板表面的摩擦系数，极大地改善了成型性能。

（3）耐指纹钢板冲击成型时，无须再进行添加润滑剂。

（4）具有很好的耐指纹特性，加工成品有美的外观。

（5）成品无须进一步预处理，可直接进行再涂敷，为液体涂料涂装和粉末喷涂提供良好基础。

（6）具有较好的导电性能。

耐指纹板的工艺在涂敷过程中与钝化、磷化处理都基本相同，只是化学品不经混合槽直接打入工作槽，如图 4-67 所示。采用辊涂机进行涂层，但在烘干温度上并不相同，这主要是由于耐指纹板与其他两种涂层在烘干过程中的目的不同。

钝化与磷化处理后进行烘干是为了去除溶液中的水分，所以只要采用蒸气或热风进行干燥，其温度保证风温达到 100℃即可，此时镀锌板的板温也只有 45℃左右；而对于耐指纹钢板，由于采用的是一种有机膜涂层，在干燥过程中需要使有机膜产生交联反应，分子重新组合成稳态的有机分子链，所以要求达到一定的温度才能使化学反应进行到底，所以这一温度是带钢板面的峰值温度 PMT 决定的，一般有 120℃和 80℃两种 PMT 温度的耐指纹板。某厂 2 号热镀锌机组耐指纹生产时设备能力为 PMT100℃。

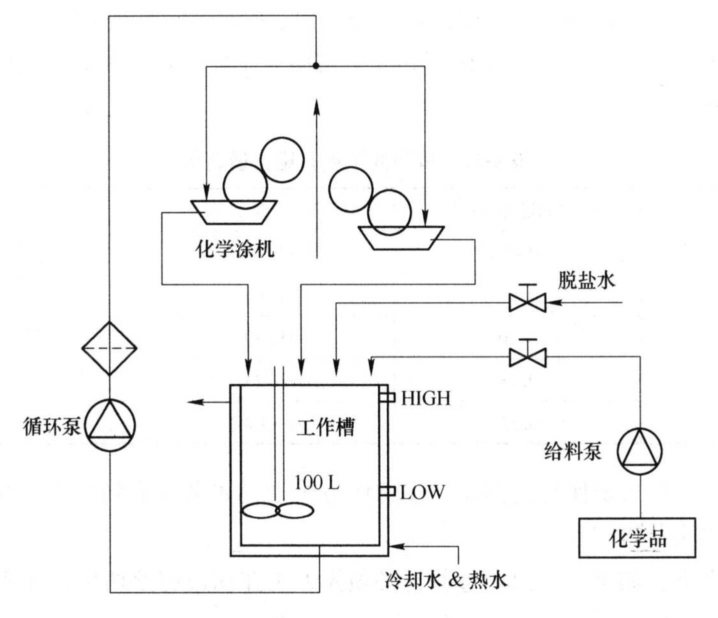

图 4-67　耐指纹循环系统

思考题

4-7-1　简述化学后处理的作用和原理。

4-7-2　简述化学后处理的几种典型类型和处理方式。

4-7-3　涂机如何控制涂层重量？

4.8　出口段

1 号机组出口段主要包括切边、带钢检查、涂油和卷取，2 号机组没有切边。

4.8.1　切边

对于汽车板，部分产品要求切去边部。切边剪由底座、两个移动框架、两个转塔、去毛刺辊和刀盘调整机构等组成。

转塔装在移动框架上，上面装有剪刃支架和剪刃。按剪刃传动方式有动力剪和拉力剪，动力剪是指刀盘直接传动，拉力剪是指刀盘不直接驱动，由剪后的张力辊或卷取机拖动带钢经过切边剪进行剪切。一般在热镀锌机组上都是拉力剪。

切边后带钢进入废料处理装置。一般切边废料有三种处理方式：压块、卷球和碎断，三种方式各有特色。压块是用高压液压缸将废料挤成方块，比较安全，但是设备负责，成本高；卷球是采用一个卷球机将废料缠成圆盘球状，比压块成本稍低；碎断是将废料剪断成 20~50mm 长的废料。某厂冷轧 1 号机组采用废料碎断方式，然后用皮带直接送到厂房外的废料箱中。

切边质量的调节参数有剪刃重合量和剪刃侧向间隙量，它们是根据剪切厚度和材质来进行调整的。冷轧带钢时，重合量一般为厚度的 1/3~1/2，间隙量为厚度的 10%。合理的调节量可使剪切负荷减小，剪切作业顺利并获得切口整齐的剪断面。上述调节量过小都会增加剪切负荷，加快刀刃的磨损，间隙过小还会出现毛刺、毛边缺陷。上述调节量的过大会使剪边“竖立”或剪切断面产生撕裂，使剪边质量不良。切边剪剪刃间隙量和重合量调节的基准见表 4-11。

表 4-11　剪刃间隙量和重合量调节

带钢厚度/mm	剪刃间隙量 A/mm	剪刃重合量 B/mm	
0.3~0.9	0.09	+0.45	A　B
0.9~1.4	0.14	+0.65	
1.4~2.0	0.20	+0.40	
2.0~2.8	0.28	+0.23	
2.8~3.5	0.35	+0.08	

生产时要注意切边要保持正偏差，注意切边质量，如果有毛刺产生，需要及时停车调整间隙或更换刀头。

在停车状态下，如果要退出切边剪，必须先人工在切边剪处切出月牙弯。

4.8.2　带钢检查站

在带钢切边后，就进入立式和水平检查站，布置如图 4-68 所示。带钢经转向辊后将下表面翻转到水平检查台的上面，然后进入立式检查台。

对于汽车板，在带卷头尾和中部，都要停车检查带钢质量。在水平检查台，一般只检查一面质量，在立式检查台要检查两面的质量。必要时释放带钢张力，在水平检查台上采

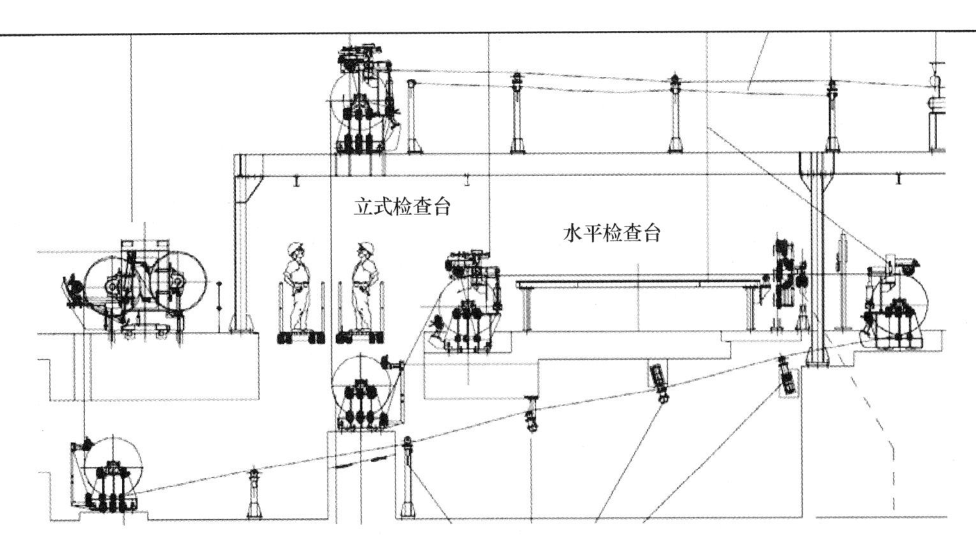

图 4-68 水平和立式检查站

用油石打磨检查带钢表面质量。如果发现有周期性缺陷，必须及时查找缺陷原因。

4.8.3 涂油

当热镀锌产品处于潮湿及带有腐蚀的气氛中，镀锌层表面会很快生成质地疏松的白锈，它的主要成分是 ZnO 或 $Zn(OH)_2$。这种白锈不仅影响美观也大大降低镀锌产品的耐蚀性。热镀锌产品在使用前的防腐前面讲了采用钝化方式，但这种方式存在一定的局限性：一是钝化液在潮湿状态下钝化膜将被溶解，防腐作用就大打折扣；二是汽车板不采用钝化处理而必须涂油。因此，热镀锌产品防腐采用钝化+涂油或仅涂油处理。

带钢涂油设备现在一般采用静电涂油。这种方式涂油均匀，效果好，省油，但一次投资大。由于带钢的运输方式和使用周期的不同，所需要的防锈油的性能要求也不同，所以此机组设有三种不同的防锈油用于不同防锈要求的带钢，并可根据生产要求随时进行切换。静电涂油的涂油量可根据生产线的速度，调节静电涂油机的涂油量，控制过程为自动过程。

静电涂油机的工作原理是由储存罐内的防锈油通过计量泵被送到上、下喷梁上，喷梁与供电系统连接，供电系统的高电压使油带电，由于同种电荷相互排斥，所以带电油滴被分解成更小的油滴，当带钢经过时，带电的小油滴由于带有负电荷，所以被接地的带钢吸附，就形成了静电涂油。提高电压和减小计量泵流量都可以使油滴细小化，所以可以通过调整电压输出及流量来控制涂油量大小，即控制油膜厚度，如图 4-69 所示。

在上喷梁外侧有一个可旋转的集油盘，而下喷梁的集油盘就在喷梁的下面，当不生产涂油产品时，可将上集油盘落下，这样就不会使残存的油滴到带钢表面。

每个喷梁都有一个放电棒，在不使用静电涂油机时，可以将涂油机移出线外，在移出前需要将高压电放掉，用放电棒挂在喷梁的钩头上，放电棒的另一端与地面相连，这样就可以通过放电棒释放残存电压，不会使操作工发生触电危险。

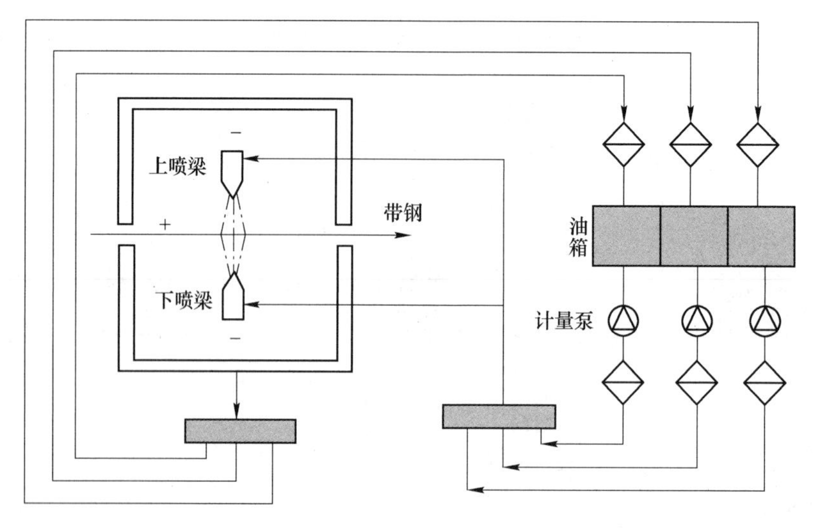

图 4-69　涂油机系统示意图

影响涂油精度的因素有以下几点：

（1）电压波动。电压波动会造成油滴大小不均，因而会产生涂油不均。

（2）设备振动。设备的振动使带钢吸附油滴时发生抖动，造成涂油不均。

（3）带钢速度。带钢运行速度一定的情况下，单位面积油滴吸附量是一定的，如果速度发生变化，则会产生涂油量的变化。

（4）油的黏度。油的黏度主要是影响油滴的分解，当油的黏度过大时，油滴就不易分解成小油滴。

（5）油温。油温对涂油精度的影响也是通过影响黏度来影响的。因此在静电涂油机上设有保温装置。

热镀锌产品表面涂油的油质油质必须具有较高的防腐性能；还必须具有良好的脱脂性能，这样才能保证用户在使用前，在碱性脱脂剂中很容易清洗，不损伤镀层。

4.8.4　卷取

连续热镀锌机组一般均配置两台卷取机。卷取机的结构基本同开卷机，这里不做介绍。卷取机一般要求具有两种卷取功能，直边卷取和错边卷取。

直边卷取与普通冷轧带钢卷取无区别。错边卷取主要是解决热镀锌产品生产卷重量较大时，由于镀层边部增厚而出现的凹心卷问题，采用错边卷可以有效地防止边部增厚所造成的凹心卷。

思考题

4-8-1　简述切边剪的作用及参数调节。

4-8-2　为什么热镀锌产品要涂油？静电涂油量的原理是怎样的？

4-8-3　简述直边卷取和错边卷。

4.9　主要故障的处理措施

在实际生产中，经常出现的故障有光整拉矫断带、炉内断带、活套断带、停车故障和锌锅停电故障处理。下面就针对这些故障进行介绍处理措施。

4.9.1 光整拉矫断带的处理措施

当带钢在拉矫机部位断带后，出口段应减少或释放活套张力。若此时全线已自动停车，处理方法如下：

（1）光整拉矫前部带头处理。

方式：从入口活套向光整机前张力辊组送料。

方法：操作人员根据炉内张力显示，经将带钢拉至光整前张紧辊处，然后将带钢拉至光整拉矫断带处。并将带头剪成梯形以备焊接。

注意：薄带时，必须手动拉料到断带处，防止炉内高温烧断带钢。

（2）光整拉矫后部带头处理。

方式：从出口活套向光整拉矫方向送料。

方法：操作出口活套经后处理塔将带钢反向点动从出口活套送至光整拉矫断带处。并将带头剪成梯形以备焊接。焊接后，低速将带钢焊接部位拉入出口活套，恢复生产。

4.9.2 炉内断带处理措施

确认炉内断带后（生产线已停止运行）操作人员完成下列操作程序。关闭 H_2→由生产状态转为氮气吹扫状态→RTF、SF 炉炉温设定值应大于 650℃（不应低于 650℃），经约 1h 吹扫，测得炉内 H_2 体积分数小于 1%时，吹扫量逐步从开始的完全吹扫到 50%的流量吹扫。在炉子正常生产时断带后，从高温状态下关闭烧嘴到打开炉盖维修中间的吹扫时间接近 8h。在炉子完全冷却状态后下方可进入炉内。

方法如下：

（1）炉前张紧辊组点动回拉带钢入口活套内，拉料时应避免带钢过热损坏胶辊，如不能拉出则应在炉内割断带钢取出；将穿带链在炉内接好。

（2）打开入口密封辊，操作入口活套、炉前张紧辊组和炉辊将带钢送至炉鼻子处，将连接铁链取出。

（3）手动控制，将带钢拉出锌锅，与带尾焊接好，拉直带钢，关闭入口密封辊，按点炉有关要求恢复生产。

4.9.3 活套断带处理措施

出口活套入口断带时（全线自动停车）的处理方法如下：

在拉矫机操作盘点动拉矫出口张紧辊，将带头拉至后处理冷却塔处，用尼龙带与剪切成梯形状的带头联结，尼龙带另一端沿转向辊顺下，将带钢向活套前导向辊方向手动送料。在出口活套内，由人工拉尼龙带将带钢拉至另一带钢头部，人工焊接后，建立活套张力，爬行速度将焊接处送到分切剪，剪切焊缝，重新恢复生产。

4.9.4 停车时的操作和生产恢复

对于大型的连续作业机组，由于各种原因均可造成生产机组的停运状态而经过处理很快或需一定时间即可恢复生产，为了提高生产率降低损耗往往要求故障处理的时间越短越好，这就需要从设备到工艺为缩短故障处理时间创造条件，下面就因故障造成全线停车的操作归纳如下。

（1）短时停车。在很短时间内即可恢复生产的停车状况。说明：在此种状态下应有以下特点，不是由于炉内断带造成的停车，从故障处理到生产恢复的整个时间，经采取措施不应造成炉内断带。所采取的措施符合（安全技术操作规程）要求。由于不造成炉内断带的最大允许时间与生产的钢种、规格、炉温情况等有关，这就需操作人员有较强的判别能力和检修人员有较强的对故障处理时间的确定能力。

操作方法：全线停车后，H_2 将自动关闭，操作人员应确认 H_2 关闭是否确切无误。操作人员应根据品种、规格决定将生产状态转为吹扫状态并保持炉内正常压力。根据故障处理时间调整炉内参数以适应尽快恢复生产。炉温应保持 650℃。

（2）较长时间停车。因故障处理时间较长，带钢在炉内必须做断带处理或炉子必须作降温处理，不可能在短时恢复生产。

在此种状态有两种情况：一是当所生产品种规格的产品允许在较长时间内留在炉内并不会造成危害时，如生产 FH 较厚规格，只需炉内降温后保温并不需作炉内断带处理；二是对生产非 FH 品种，厚度较薄则必须将炉内带钢拉出。上述两种情况指非炉内断带原因。

（3）炉内断带。炉内断带属较长时间停车。

操作方法：

全线停车后，H_2 自动关闭，操作人员确认 H_2 关闭无误，将生产状态转为 N_2 吹扫状态，同时保持炉压。根据产品的品种，规格确定是否需作炉内带钢断带处理，如需断带处理应根据情况确定切断带钢位置，并完成拉出带钢工作。如不需断带处理，应按时转动炉辊。随时检查炉子情况。发现问题及时处理。严格执行“安全技术操作规程”确保安全操作。

故障处理结束后，操作人员应对机组设备进行检查。确认已正常方可进行生产恢复操作。短时停车后的生产恢复，点炉升温要求最高升温速度小于 200℃/h，其升温过程通过改炉温设定值实现，设定值改变是逐步提高。操作方法：炉温设定值=炉温实际值+28℃。即 $t_i = t_{i-1} + 28$℃。

炉压应保持在 10～20dapa，全炉保持正压。使其 SF 炉压大于 RTE 炉压。炉温超过 650℃后经 N_2 吹扫 JCF、SF、RTF 炉内氧体积分数小于 0. 6%方可。通入 H_2 应注意露点变化。为了保证炉内带钢不造成断带，应采用点动或爬行方式运行带钢。当带温及炉内工艺参数达到要求值机组升速（以上数据仅供参考）。

4. 9. 5　感应锌锅停电故障的处理

锌锅在日常生产中除进行温度检测外，最主要的是在事故尤其是在停电、冷风机故障时的处理。锌锅停电故障是指锌锅供电系统（包括备用电源）无法供电，锌锅处于停电状态。锌锅停电故障发生后的操作方法如下。

（1）操作人员应全线停车，按较长时间停车方式处理。

（2）操作人员必须在停电 15～20min 内，准确无误的将备用的 6 根铁棒手工插入锌锅感应器溶沟底部，插入时要求熟练、准确不能损坏溶沟。这就要求铁棒事先要准备好，放在锌锅附近，并在每根铁棒上标明插入深度的标志。

（3）停电同时要操作人员在5min内，采用强制通风冷却措施，对锌锅的两个感应加热线圈进行冷却，方法是采用压缩空气，将压缩空气大量的吹入感应加热器冷却风机的吹风口。

（4）若停电超过2h，应采取锌锅加盖保温，并通入燃气给表面加热。

（5）若停电超过5h，应将锌锅内锌液用锌泵抽出。抽锌温度应保持450℃以上，保证锌液在输送过程中不凝固，锌液液面降到炉喉下40mm左右方可停止抽锌，并在熔沟中插入铁棒，并将锌锅加盖继续保温。

当锌锅供电故障处理结束后，操作人员对机组设备检查确认已恢复正常方可进行生产恢复操作。操作方式如下：

（1）低功率投入感应加热器，并启动感应加热器冷却风机。若锌液已由泵抽出，需回泵锌液。

（2）待锌锅感应器熔沟内锌液熔化后取出铁棒。

（3）当锌锅液面已上升超过热电偶位置，投入自动加热方式，并可投入高功率加热。

（4）锌锅液面恢复正常后，按生产恢复方式操作恢复生产。

思考题

4-9-1 简述断带的处理措施。

4-9-2 简述停车的处理措施。

4-9-3 感应锌锅停电故障如何处理?

参 考 文 献

[1] 李九岭 . 带钢连续热镀锌 [M]. 北京：冶金工业出版社 . 2001.
[2] 戴达煌，周克崧，袁镇海 . 现代材料表面技术科学 [M]. 北京：冶金工业出版社，2004.
[3] 常铁军，祁欣 . 材料近代分析测试方法 [M]. 哈尔滨：哈尔滨工业大学出版社，1999.
[4] 朱立 . 钢材热镀锌 [M]. 北京：化学工业出版社，2006.